Microsoft® Office Specialist (MOS) 2010 : Master Level

微软办公软件国际认证（MOS）Office 2010大师级通关秘籍

戴建耘　叶　维　陈　明　吴　玹　编著

中国铁道出版社
CHINA RAILWAY PUBLISHING HOUSE

内 容 简 介

随着我国高等教育改革的不断深入，大学录取率越来越高，大学毕业生的就业压力也逐年增大，Microsoft Office Specialist（MOS）成为越来越多学子提升就业竞争力的选择。

本书针对 MOS 2010 大师级认证考试编写，包含 Word 2010 Expert、Excel 2010 Expert、PowerPoint 2010 Core、Access 2010 Core 及 Outlook 2010 Core 五项；并以题目的形式提供考前复习模拟题组、图解式解答方法以及完整的视频解答教程。借由本书能提升读者 Office 的应用技能，并能顺利通过考试，晋升为 MOS 大师。

本书适合作为相关院校学生参加 MOS 考试的参考教材，也适合作为相关 MOS 培训机构的培训用书。

北京市版权局著作权合同登记　图字：01-2013-4155

图书在版编目（CIP）数据

微软办公软件国际认证（MOS）Office 2010大师级通关秘籍/戴建耘等编著．—北京：中国铁道出版社，2013.7（2016.7重印）
ISBN 978-7-113-16988-6

Ⅰ．①微…　Ⅱ．①戴…　Ⅲ．①办公自动化—应用软件—教材　Ⅳ．①TP317.1

中国版本图书馆CIP数据核字(2013)第155810号

书　　名：微软办公软件国际认证（MOS）Office 2010 大师级通关秘籍
作　　者：戴建耘　叶维　陈明　吴玹　编著

策　　划：秦绪好
责任编辑：秦绪好　冯彩茹
封面设计：付　巍
封面制作：白　雪
责任印制：李　佳

出版发行：中国铁道出版社（100054，北京市西城区右安门西街 8 号）
网　　址：http://www.51eds.com
印　　刷：北京米开朗优威印刷有限责任公司
版　　次：2013 年 7 月第 1 版　　2016 年 7 月第 2 次印刷
开　　本：787 mm×1 092 mm　1/16　**印张**：16.75　**字数**：414 千
印　　数：3 001 ～ 5 000 册
书　　号：ISBN 978-7-113-16988-6
定　　价：59.00 元（附赠光盘）

前 言

随着我国高等教育改革的不断深入，大学录取率越来越高，大学毕业生的就业压力也逐年增大，单凭一纸大学文凭已经很难在求职应聘中脱颖而出了。目前，全国计算机等级考试二级、英语四级、六级证书等已经很难满足大学毕业生的求职需求。所以，拥有别人没有的，且能证明能力的认证——Microsoft Office Specialist（MOS）成为越来越多学子最好的选择。

Microsoft Office Specialist（MOS）中文名称为“微软办公软件国际认证”，全球共有168个国家和地区认可Office软件国际性专业认证，至2013年4月初全球已超过1 400万人次参加考试认证，可使用中文、英文、德文、法文、阿拉伯文、拉丁文、韩文、日文等24种语言进行考试。

该认证可以协助企业、政府机构、学校、主管、员工与个人确认对于Microsoft Office各软件应用知识与技能的专业程度，包括Word、Excel、PowerPoint、Access以及 Outlook等软件的实际应用能力。

当代大学生获取MOS的优势是：更好的求职机会及薪资待遇；提高留学入学申请竞争力；美国ACE下属1 800所大学可抵免学分。职场人士具备MOS的优势是：工作和学习效率更高，竞争力更强，据调查显示，平均薪水比没有通过MOS认证的多出20%；在接受技术移民的国家，MOS可作为申请参考资料；是职场晋升或推荐甄试的重要佐证资料。MOS对企业的优势是：确保使用者都具备一定Office操作水平；大幅提升企业工作效能和生产力；降低企业对员工培训的成本；相较其他企业更具竞争优势与效率。

本书针对MOS 2010大师级认证考试编写，包含Word 2010 Expert、Excel 2010 Expert、PowerPoint 2010 Core、Access 2010 Core及Outlook 2010 Core五项，并以题目形式提供考前复习模拟题组、图解式解答方法以及完整的视频解答教程。借由本书能提升读者Office的应用技能，并能顺利通过考试，晋升为MOS大师。

最后，感谢劲园信息科技（成都）有限公司范文豪总经理，JYiC.net的合作伙伴，四川工商职业技术学院陈明老师以及相关人士为本书的出版所提供的帮助和支持。希望随着本书的出版，MOS认证能得到更大范围的推广和普及。

编 者

2013年4月

目录

第一章 Word 2010......1

题目	页码	题目	页码	题目	页码	题目	页码
题目1	3	题目8	18	题目15	30	题目22	40
题目2	4	题目9	20	题目16	31	题目23	42
题目3	6	题目10	22	题目17	33	题目24	43
题目4	8	题目11	23	题目18	35	题目25	43
题目5	11	题目12	24	题目19	36	题目26	45
题目6	14	题目13	26	题目20	38	题目27	46
题目7	16	题目14	27	题目21	39		

第二章 Excel 2010......49

题目	页码	题目	页码	题目	页码	题目	页码
题目1	52	题目9	64	题目17	76	题目25	86
题目2	53	题目10	66	题目18	76	题目26	87
题目3	55	题目11	67	题目19	78	题目27	88
题目4	56	题目12	69	题目20	79	题目28	90
题目5	58	题目13	71	题目21	81	题目29	91
题目6	60	题目14	72	题目22	82		
题目7	60	题目15	73	题目23	84		
题目8	62	题目16	75	题目24	85		

CONTENTS

第三章 PowerPoint 2010 95

题目1	98	题目11	111	题目21	121	题目31	132
题目2	99	题目12	111	题目22	122	题目32	133
题目3	100	题目13	112	题目23	123	题目33	134
题目4	101	题目14	113	题目24	124	题目34	136
题目5	103	题目15	114	题目25	125	题目35	137
题目6	104	题目16	115	题目26	126	题目36	138
题目7	105	题目17	117	题目27	128	题目37	139
题目8	106	题目18	117	题目28	128	题目38	139
题目9	108	题目19	118	题目29	130	题目39	140
题目10	109	题目20	120	题目30	131	题目40	142

第四章 Access 2010 145

题目1	148	题目10	159	题目19	172	题目28	186
题目2	149	题目11	161	题目20	173	题目29	187
题目3	150	题目12	162	题目21	174	题目30	188
题目4	152	题目13	163	题目22	176	题目31	190
题目5	154	题目14	165	题目23	178	题目32	192
题目6	155	题目15	166	题目24	179	题目33	194
题目7	156	题目16	167	题目25	180	题目34	196
题目8	157	题目17	169	题目26	182		
题目9	158	题目18	171	题目27	185		

CONTENTS

第五章 Outlook 2010 199

题目1	207	题目11	219	题目21	235	题目31	249
题目2	208	题目12	221	题目22	238	题目32	251
题目3	209	题目13	223	题目23	239	题目33	252
题目4	210	题目14	225	题目24	240	题目34	253
题目5	211	题目15	226	题目25	241	题目35	254
题目6	212	题目16	227	题目26	242	题目36	255
题目7	214	题目17	229	题目27	244	题目37	257
题目8	215	题目18	230	题目28	245	题目38	258
题目9	217	题目19	231	题目29	247		
题目10	218	题目20	233	题目30	248		

第一章

Word 2010

Word 2010 Expert认证题目共27题，包括“共享和维护文档”、“设置内容格式”、“跟踪和引用文档”、“执行邮件合并操作”、“管理宏和窗体”五项技能，满分1 000分，及格所需分数为700分。

题号	模拟题目	类别	页码
1	限制编辑，以便使用者只能在文档中添加批注。输入 1234 作为密码（注意：接受所有其他的默认设置）	共享和维护文档	3
2	为表格添加“会议安排”作为“可选文字”的标题，并将表的“指定宽度”设置为 75%	设置内容格式	4
3	从“Word 练习题组”文件夹的模板文件“w03.dotx”中删除样式“样式 1”，保存文件	共享和维护文档	6
4	根据当前文档创建信函合并。使用“Word 练习题组”文件夹中的“w04 列表 .docx”填充收件人列表。添加姓名字段，以替换注释“请在此处插入字段”。（注意：接受所有其他的默认设置） 从合并中排除重复的记录并预览合并结果	执行邮件合并操作	8
5	将“Word 练习题组”文件夹中的“w05.docx”和“w05- 草稿 .docx”这两个文件合并到一个新文档中。将“w05- 草稿 .docx”设置为原文档。接受文档中的所有修订，并在默认位置将其另存为“合并 .docx”	跟踪和引用文档	11
6	比较“Word 练习题组”文件夹中的“w06.a.docx”和“w06.b.docx”。将“w06.a.docx”作为原文档。显示新文档中的修订并接受所有修订。在“Word 练习题组”文件夹中将新文档另存为“新 .docx”	跟踪和引用文档	14
7	为名称为“其他”的“下拉型窗体域”添加如下的帮助文字“请从列表中选择一个选项”	管理宏和窗体	16
8	更新当前索引，以使其包括所有出现的“公式”	跟踪和引用文档	18
9	仅调整第 2 节的字符间距，使用 0.5 磅的加宽间距	设置内容格式	20
10	将页脚中的图形另存为构建基块。将构建基块命名为“公司页脚图像”，然后将其保存到“页脚”库	设置内容格式	22
11	添加“充值金额”作为“组合框内容控件”的“标记”，然后锁定此“内容控件”，使其无法被删除	管理宏和窗体	23
12	录制新宏，对文本应用倾斜和加粗效果。将该宏命名为“强调”，并将宏指定到键盘快捷键【Ctrl+7】。对表“会议安排”中的“综合意见”行的内容应用此宏	管理宏和窗体	24
13	更新“引文目录”，使用“古典”格式。去掉“制表符前导符”	跟踪和引用文档	26
14	创建对文本应用“首行缩进”样式的宏。将宏命名为“缩进”，然后对所有“标题 1”应用此宏	管理宏和窗体	27
15	在设置兼容性选项中，设置当前文档的版式，使其看似创建于 Microsoft Word 2002	共享和维护文档	30

续表

题号	模 拟 题 目	类别	页码
16	设置所有“标题 1”文本的格式，使其“首行缩进”1 厘米，并将行间距设置为 1.4	设置内容格式	31
17	向当前信封合并中添加新字段（不要新建邮件合并），以替换突出显示的相应占位符。使用“Word 练习题组”文件夹中的“w17 列表 .docx”填充收件人列表。选择“编辑单个文档”以完成合并，然后在“Word 练习题组”文件夹中将合并另存为“信封”（注意：请不要打印合并或通过电子邮件发送合并）	执行邮件合并操作	33
18	断开第一页上两个文本框之间的链接	设置内容格式	35
19	删除与“王安石”相关的引文。更新引文目录	跟踪和引用文档	36
20	使用“源管理器”将“Word 练习题组”文件夹中的“w20 引文 .xml”添加到可用源列表	跟踪和引用文档	38
21	将“文本域（窗体控件）”替换为“文本框（ActiveX 控件）”	管理宏和窗体	39
22	将 [标题]“文档属性”添加至页脚	设置内容格式	40
23	在“个人信息”一节中的所有字段旁，添加“文本型窗体域”	管理宏和窗体	42
24	添加一个新的网站源，设置如下： 作者 =Liumeiwen 年份 =2009 标记名称 =Liu09web	跟踪和引用文档	43
25	对当前打开的文档应用“Word 练习题组”文件夹下的模板“w25 模板 .dotx”，自动更新文档样式	共享和维护文档	43
26	复制“w26.docm”中的宏，并将其保存至“Word 练习题组”文件夹中的“宏 .docm”中	管理宏和窗体	45
27	限制编辑，但不使用密码，以便使用者只能填写第 3、4 和 6 节中的窗体（注意：接受所有其他的默认设置）	共享和维护文档	46

题目1

限制编辑，以便使用者只能在文档中添加批注。输入1234作为密码。（注意：接受所有其他的默认设置）

打开练习文档（Word练习题组/w01.docx）。

解法

01 单击“审阅”选项卡；

02 单击“保护”组中的“限制编辑”按钮；

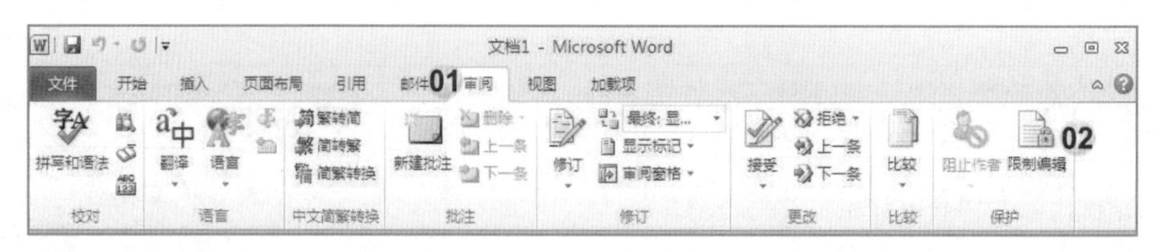

03 在“限制格式和编辑”任务窗格的“编辑限制”区域中勾选“仅允许在文档中进行此类型的编辑”复选框；

04 在其下拉列表中选择“批注”；

05 在“限制格式和编辑”任务窗格的“启动强制保护”区域中单击“是，启动强制保护”按钮；

06 在“启动强制保护”对话框的“新密码（可选）”文本框中输入题目要求的密码；

07 在“确认新密码”文本框中重复输入密码；

08 单击“确定”按钮。

完成后“限制格式和编辑”任务窗格如下右图所示。

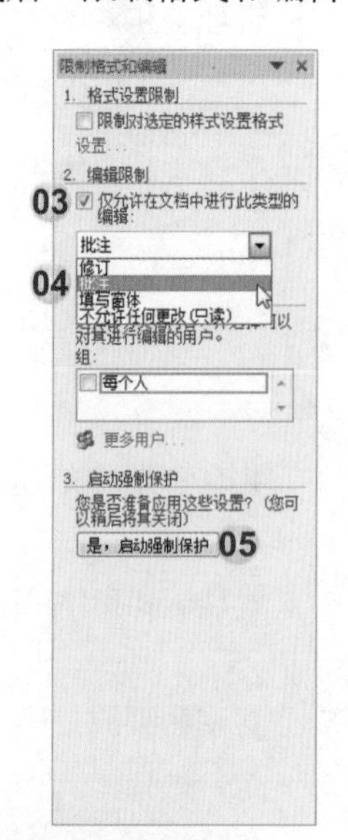

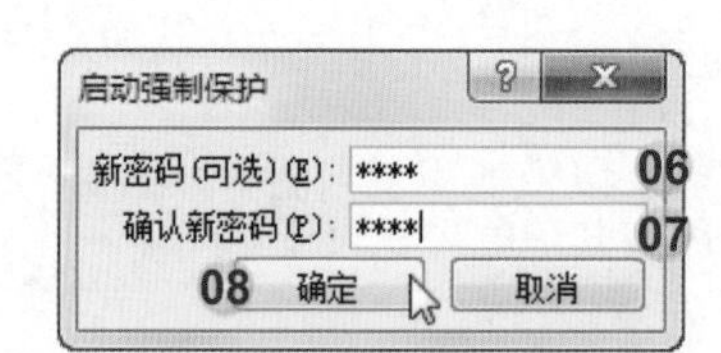

题目2

为表格添加“会议安排”作为“可选文字”的标题，并将表的“指定宽度”设置为75%。

打开练习文档（Word练习题组/w02.docx）。

解法

01 在表格内任意位置处单击；

02 单击“布局”选项卡；

03 单击“表”组中的“属性”按钮；

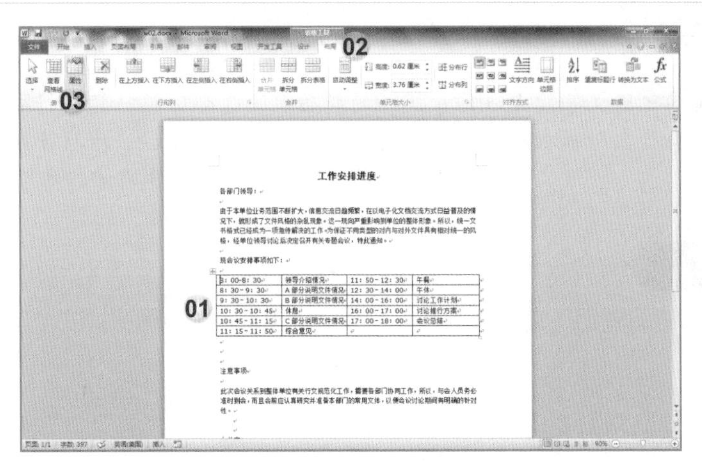

04 在“表格属性”对话框中单击“可选文字”选项卡；

05 在“标题”文本框中输入“会议安排”；

06 单击“表格”选项卡；

07 在“尺寸”的“度量单位”下拉列表中选择“百分比”；

08 在“指定宽度”文本框中输入75%；

09 单击“确定”按钮。

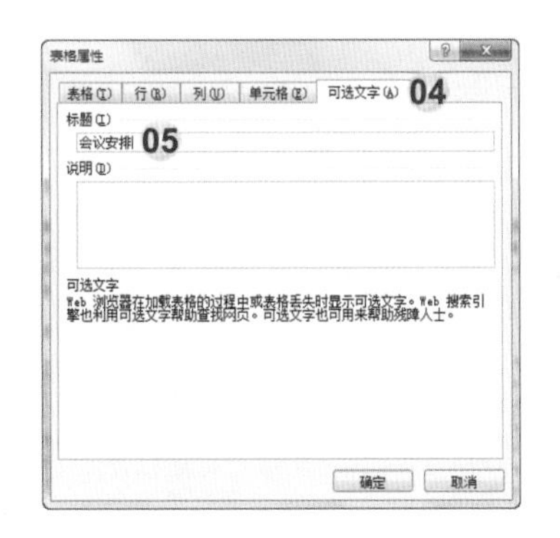

完成后效果如下图所示。

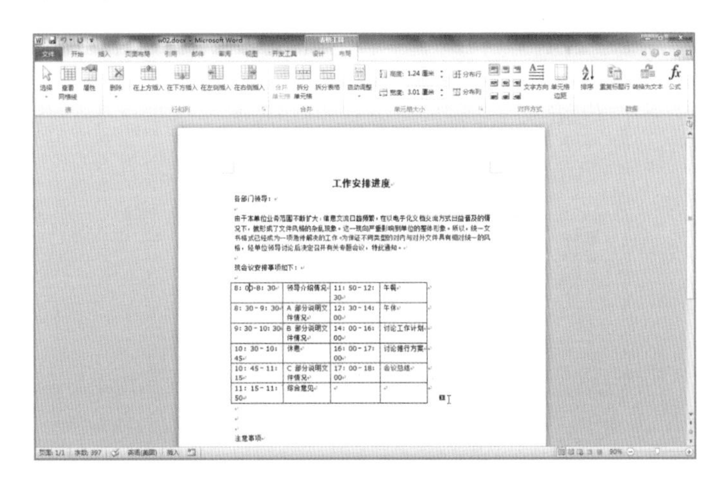

NOTE

为表格添加“可选文字”是Office 2010的新功能，这个功能一般在将文档存为网页时比较常用，Web浏览器在加载表格或图片丢失时用可选文字来显示。网站搜索引擎可利用可选文字来帮助查找网页。可选文字还可用来帮助残障人士通过屏幕阅读器来读出表格的介绍。

题目3

从“Word练习题组”文件夹的模板文件“w03.dotx”中删除样式“样式1”，保存文件。

打开练习文档（Word练习题组/w03.dotx）。

解法

01 单击“文件”选项卡；

02 单击“打开”选项；

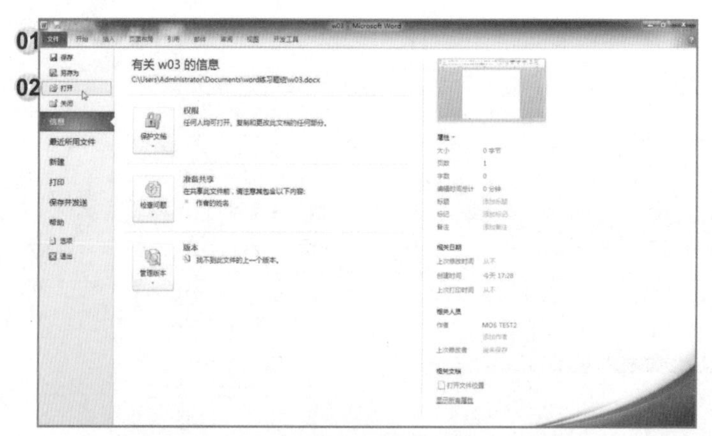

03 在“打开”对话框中选择“Word练习题组”文件夹的模板文件“w03.dotx”；

04 单击“打开”按钮；

05 单击“开始”选项卡；

06 单击“样式”组中“显示样式窗口”按钮；

07 在“样式”任务窗格中单击“管理样式”按钮，弹出“管理样式”对话框；

08 在“管理样式”对话框中选择“样式1”；

09 单击“删除”按钮；

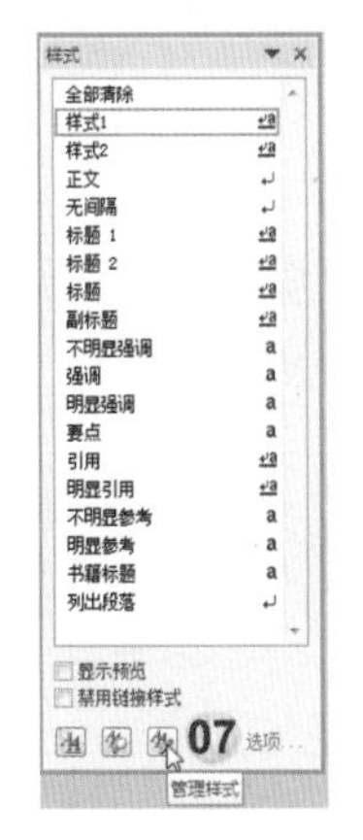

10 在“删除确认”对话框中单击“是”按钮；

11 在“管理样式”对话框中单击“确定”按钮，关闭“管理样式”对话框；

12 单击“保存”按钮，保存该文件。

完成后效果如下图所示。

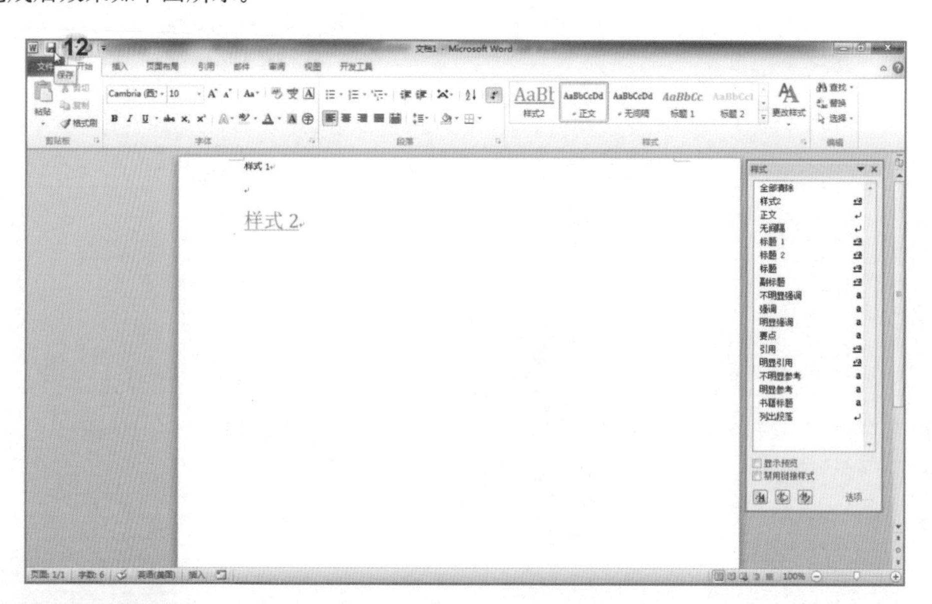

题目4

1．根据当前文档创建信函合并。使用“Word练习题组”文件夹中的“w04列表.docx”填充收件人列表。添加姓名字段，以替换注释“请在此处插入字段”。（注意：接受所有其他的默认设置）

2．从合并中排除重复的记录并预览合并结果。

打开练习文档（Word练习题组/w04.docx）。

解法

第1小题

01 单击“邮件”选项卡；

02 单击“开始邮件合并”组中“选择收件人”下拉列表中的“使用现有列表”按钮；

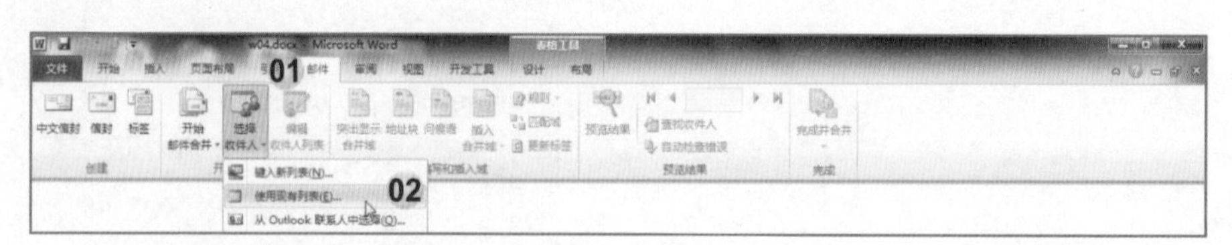

03 在“选择数据源”对话框中选择题目要求的文件；（注意：真实考试时，素材文件的路径是“C:\Certiport\iQsystem\Exams\Microsoft Office Specialist\文档”，请注意区别）

04 单击“打开”按钮；

05 拖动鼠标选中文档中“请在此处插入字段”的注释文字；

06 单击“邮件”选项卡；

07 单击“编辑和插入域”组中“插入合并域”下拉列表中的“姓名”按钮。

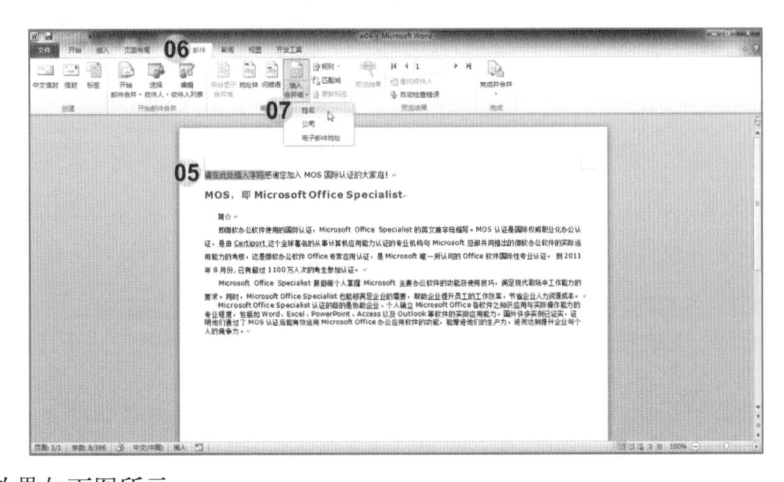

完成后效果如下图所示。

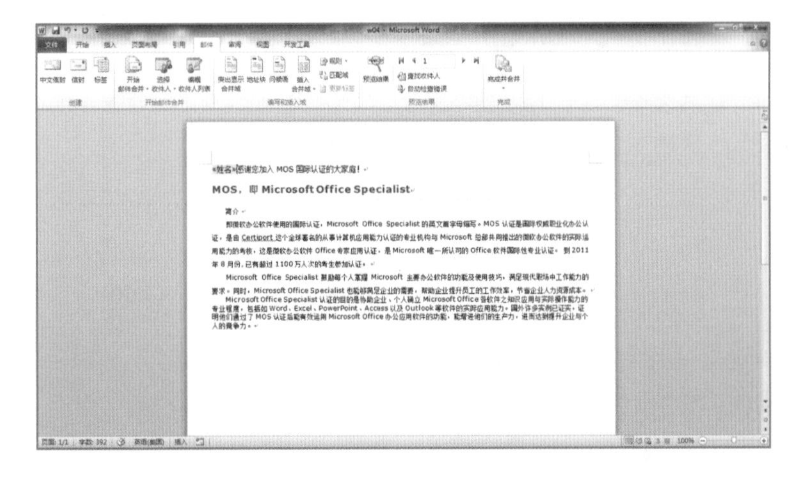

第2小题

01 单击“邮件”选项卡；

02 单击“开始邮件合并”组中的“编辑收件人列表”按钮；

03 在“邮件合并收件人”对话框中选择“查找重复收件人”；

04 取消选择重复的收件人；

05 单击“确定”按钮；

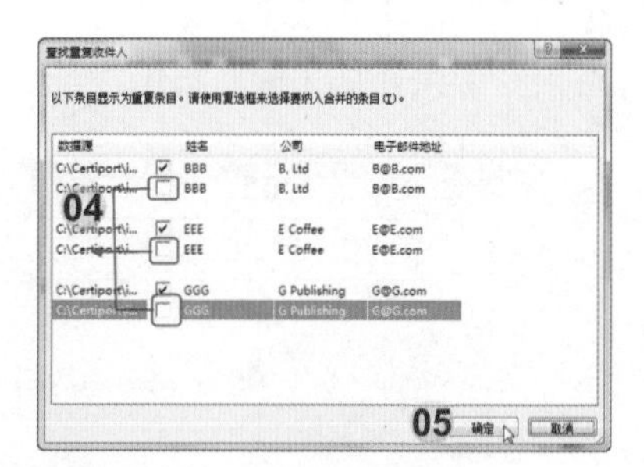

06 在“邮件合并收件人”对话框中单击“确定”按钮；

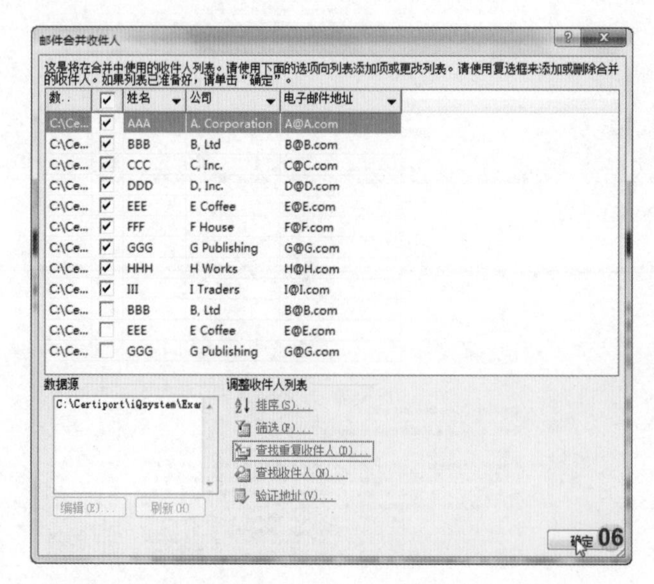

07 单击“邮件”选项卡“预览结果”组中的“预览结果”按钮。

完成后效果如下图所示。

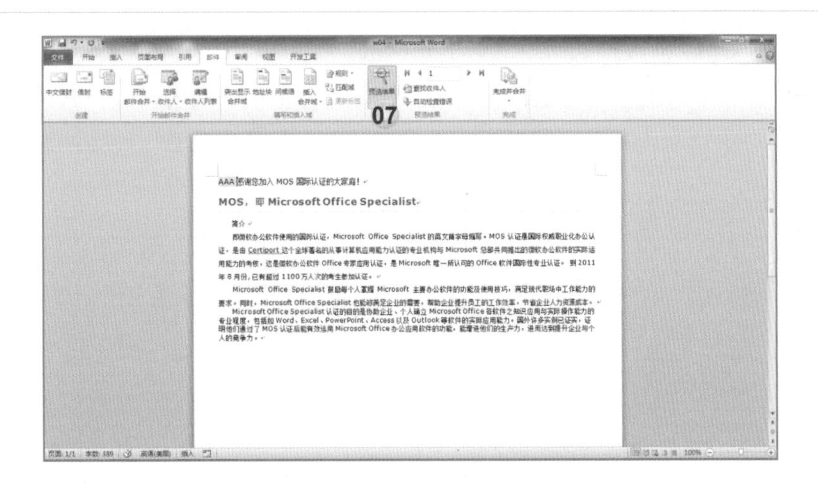

NOTE 1

在“邮件”选项卡的“预览结果”组中单击“向右箭头”按钮可以预览下一个收件人，也可验证是否还有重复的收件人。

NOTE2

此题目不要求完成邮件合并，所以不要单击“邮件”选项卡“完成”组中的“完成并合并”按钮。

题目5

将“Word练习题组”文件夹中的“w05.docx”和“w05-草稿.docx”这两个文件合并到一个新文档中。将“w05-草稿.docx”设置为原文档。接受文档中的所有修订，并在默认位置将其另存为“合并.docx”。

打开练习文档（Word练习题组/w05.docx）。

解法

01 单击“审阅”选项卡；

02 单击“比较”下拉列表中的“合并”按钮；

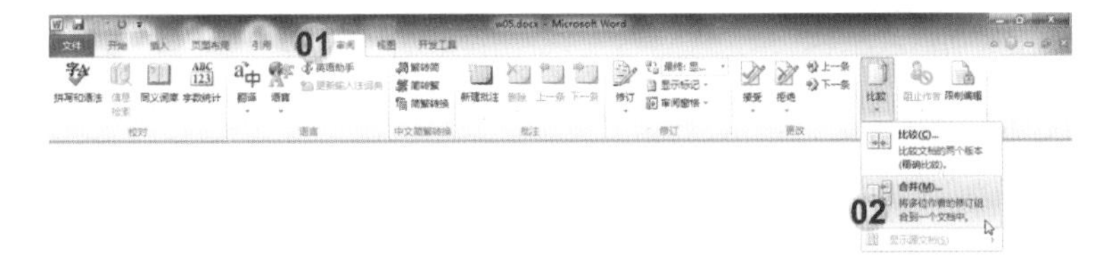

03 在“合并文档”对话框的“原文档”处单击“打开”按钮；

04 在“打开”对话框中选择题目要求的文件；（注意：真实考试时，素材文件的路径是“C:\Certiport\iQsystem\Exams\Microsoft Office Specialist\文档”，请注意区别）

05 单击“打开”按钮；

06 在“合并文档”对话框的“修订的文档”处单击“打开”按钮；

07 在“打开”对话框中选择题目要求的文件；

08 单击“打开”按钮；

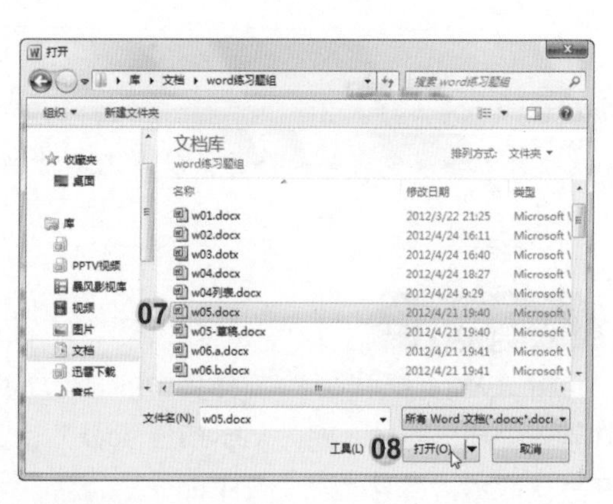

09 在“合并文档”对话框中单击“确定”按钮；

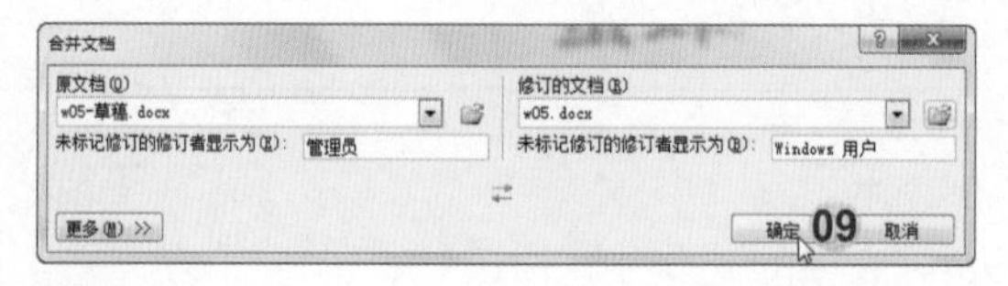

10 单击“审阅”选项卡；

11 单击“更改”组“接受”下拉列表中的“接受对文档的所有修订”按钮；

12 单击“文件”选项卡；

13 单击“另存为”按钮；

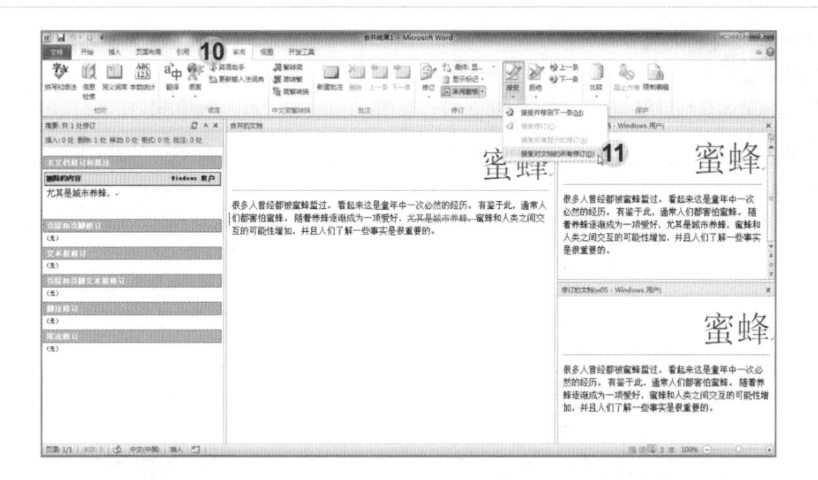

14 在“另存为”对话框中的默认保存位置将其另存为“合并.docx”；

15 单击“保存”按钮。

Word 2010

题目6

比较“Word练习题组”文件夹中的“w06.a.docx”和“w06.b.docx”。将“w06.a.docx”作为原文档。显示新文档中的修订并接受所有修订。在“Word练习题组”文件夹中将新文档另存为“新.docx”。

打开练习文档（Word练习题组/W06.docx）。

解法

01 单击“审阅”选项卡；

02 单击“比较”下拉列表中的“比较”按钮；

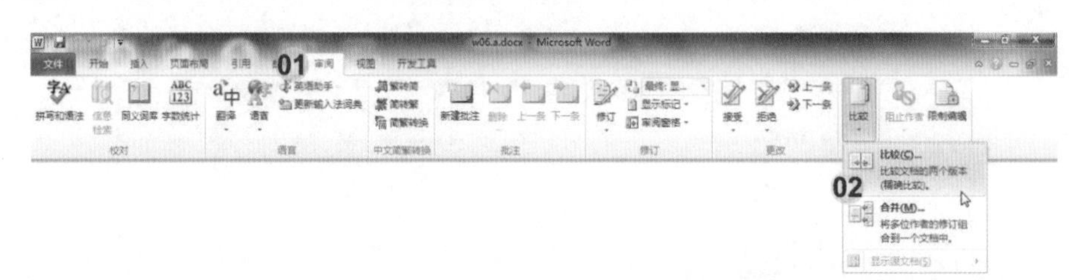

03 在“比较文档”对话框的“原文档”处单击“打开”按钮；

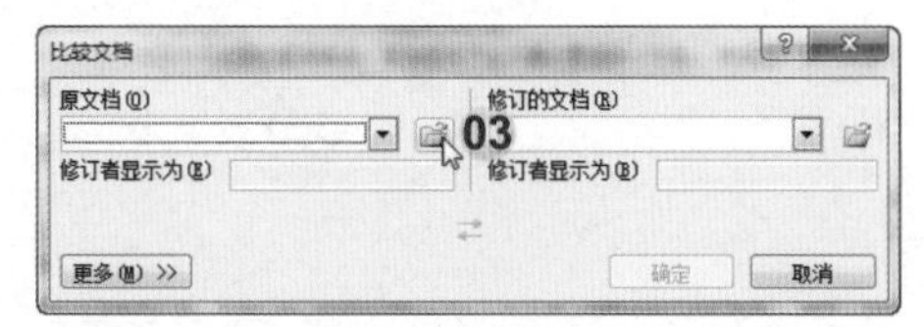

04 在“打开”对话框中选择题目要求的文件；（注意：真实考试时，素材文件的路径是“C：\Certiport\iQsystem\Exams\ Microsoft Office Specialist\文档”，请注意区别）

05 单击“打开”按钮；

06 在“比较文档”对话框的“修订的文档”处单击“打开”按钮；

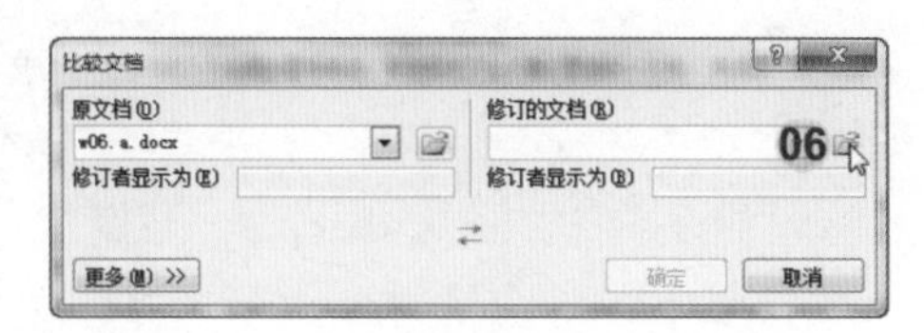

07 在“打开”对话框中选择题目要求的文件；

08 单击“打开”按钮；

09 在“比较文档”对话框中单击“确定”按钮；

10 单击“审阅”选项卡；

11 单击“更改”组“接受”下拉列表中的“接受对文档的所有修订”按钮；

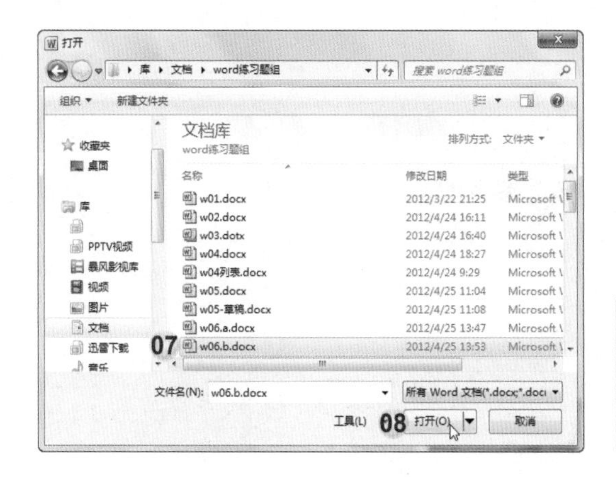

12 单击“文件”选项卡；

13 单击“另存为”按钮；

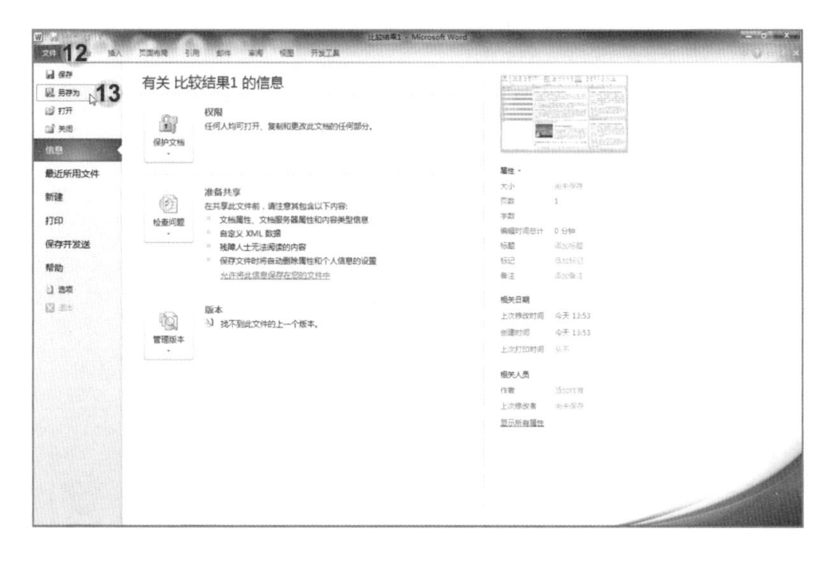

14 在“另存为”对话框中的“保存位置”处选择“文档”中的“Word练习题组”文件夹；

15 将其另存为文件名“新.docx”；

16 单击“保存”按钮。

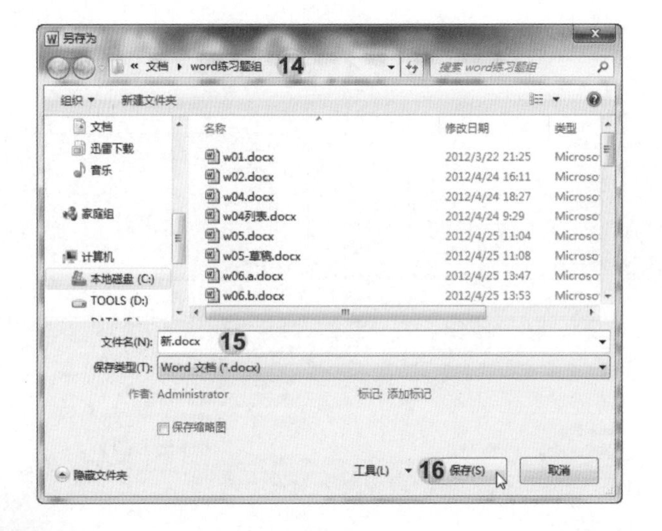

题目7

为名称为“其他”的“下拉型窗体域”添加如下的帮助文字：请从列表中选择一个选项。

打开练习文档（Word练习题组/w07.docx）。

解法

01 单击文档中名称为“其他”的“下拉型窗体域”；

02 单击“开发工具”选项卡；

03 单击“控件”组中的“属性”按钮；

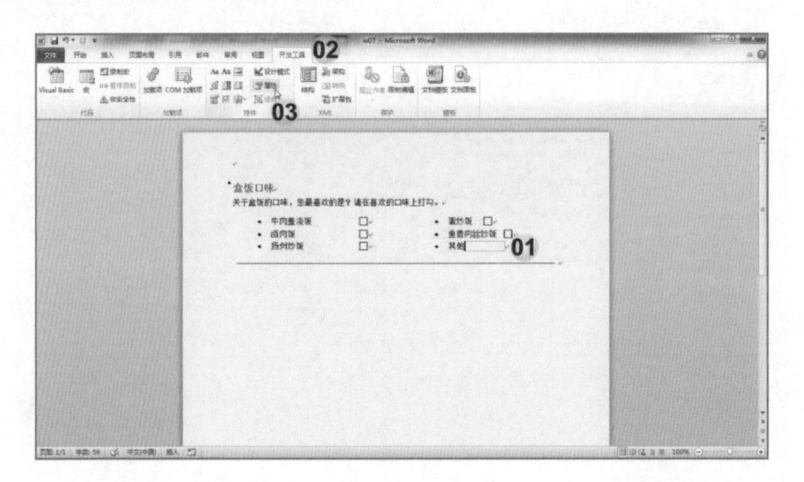

04 在“下拉型窗体域选项”对话框中单击“添加帮助文字”按钮；

05 单击“F1帮助键”选项卡；

06 选择“自己键入”单选按钮；

07 输入题目要求的文字；

08 单击“确定”按钮；

09 在“下拉型窗体域选项”对话框中单击“确定”按钮。

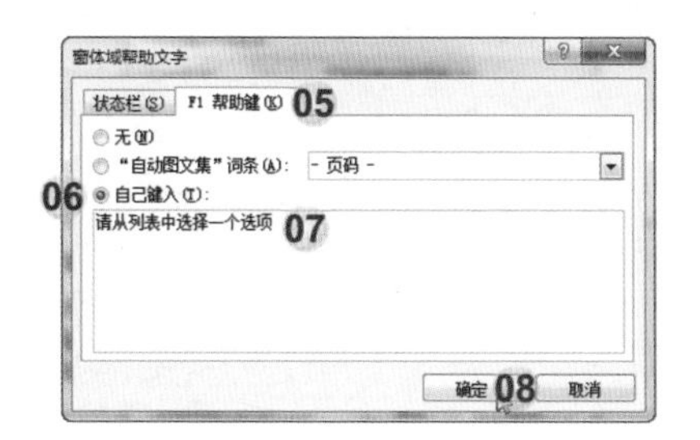

NOTE

若菜单栏没有显示“开发工具”选项卡，则可以通过以下步骤显示该选项卡：

（1）单击“文件”选项卡的“选项”按钮；

（2）单击“自定义功能区”按钮；

（3）在右侧的“自定义功能区”勾选“开发工具”选项卡；

（4）单击“确定”按钮即可。

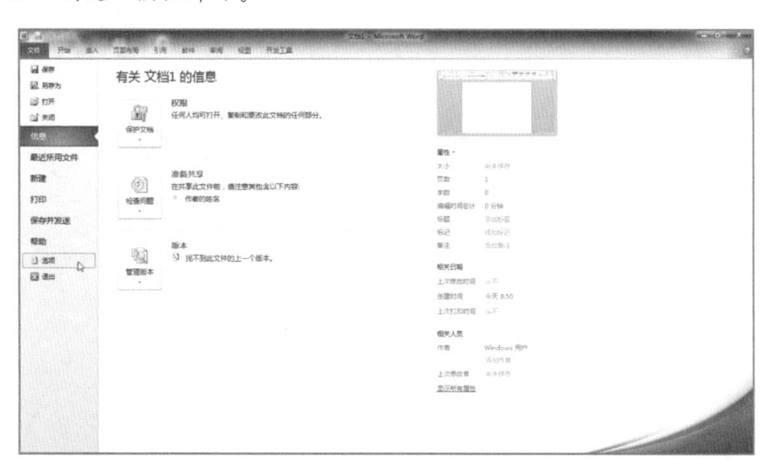

Word 2010

题目8

更新当前索引，以使其包括所有出现的“公式”。

打开练习文档（Word练习题组/w08.docx）。

解法

01 单击文档中的任意一组“公式”文字；

02 单击“引用”选项卡；

03 单击“索引”组中的“标记索引项”按钮；

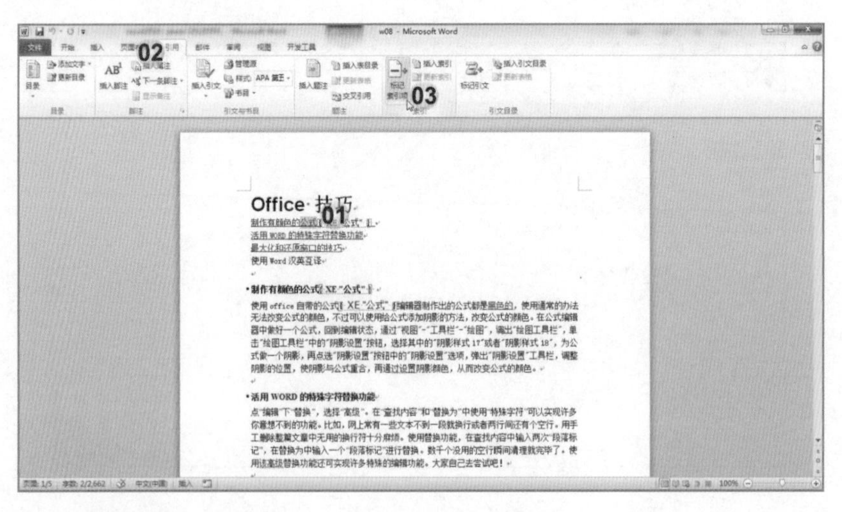

04 在“标记索引项”对话框中单击“标记全部”按钮；

05 单击“关闭”按钮；

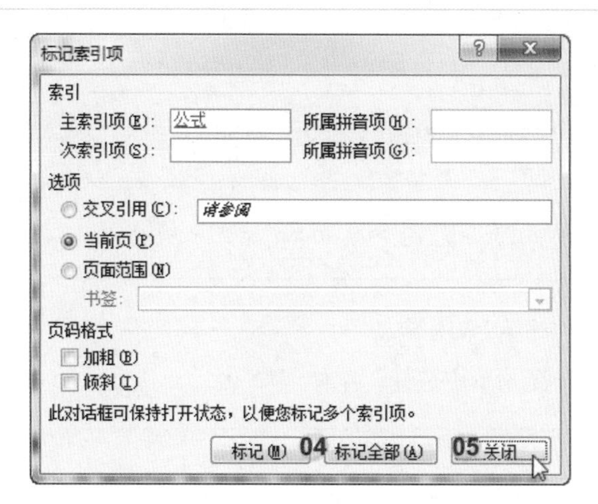

06 选中文档中的“索引”部分；

07 单击“引用”选项卡“索引”组中的“更新索引”按钮。

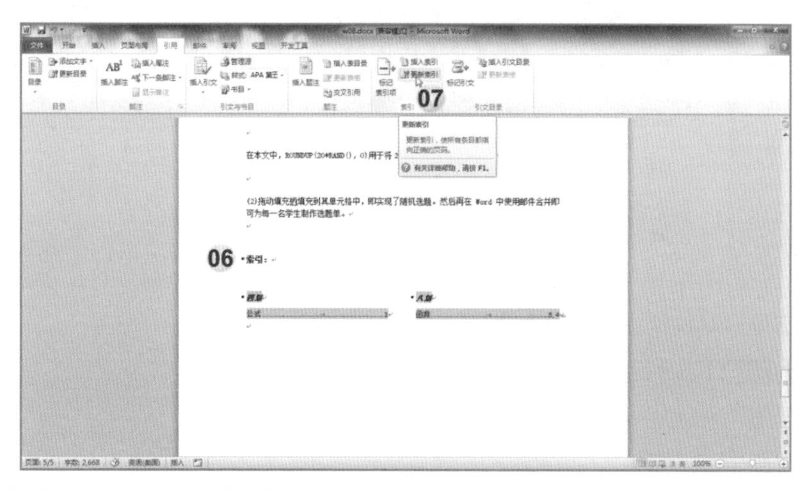

完成后效果如下图所示。(包含公式的页码都显示出来)

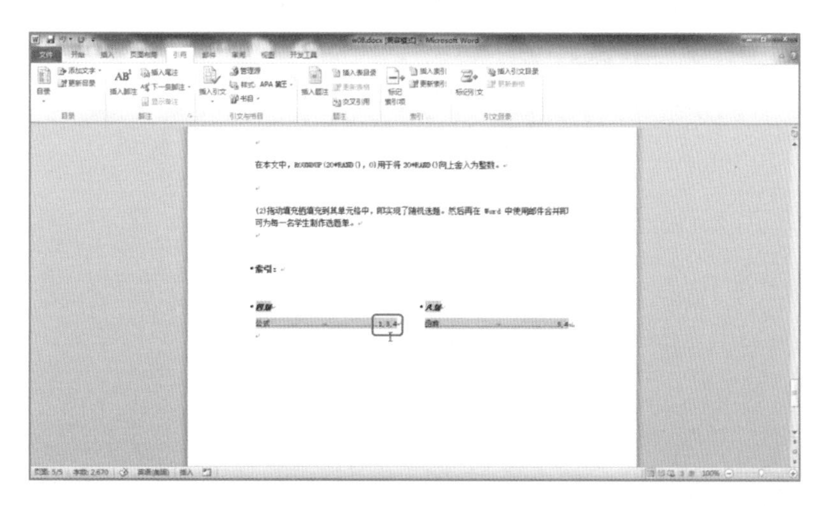

题目9

仅调整第2节的字符间距，使用0.5磅的加宽间距。

打开练习文档（Word练习题组/w09.docx）。

解法

01 拖动鼠标选中文档的第2节内容；

02 右击，在弹出的快捷菜单中选择“字体”命令；

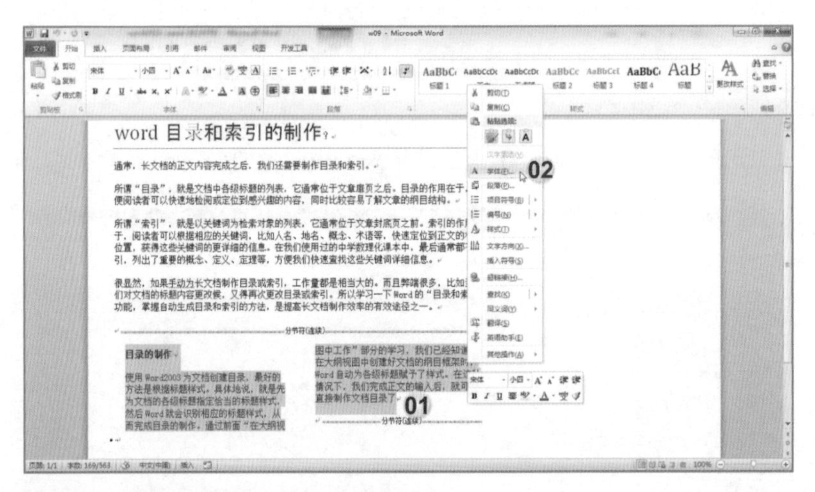

03 在“字体”对话框中单击“高级”选项卡；

04 在“间距”下拉列表中选择“加宽”；

05 在“磅值”数值框中设置为“0.5磅”；

06 单击“确定”按钮。

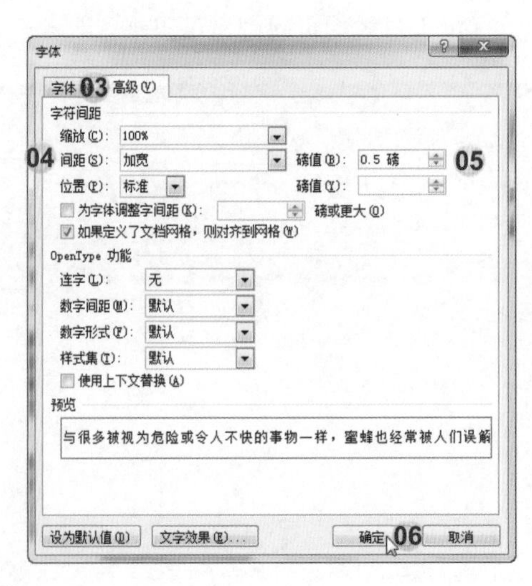

完成后效果如下图所示。

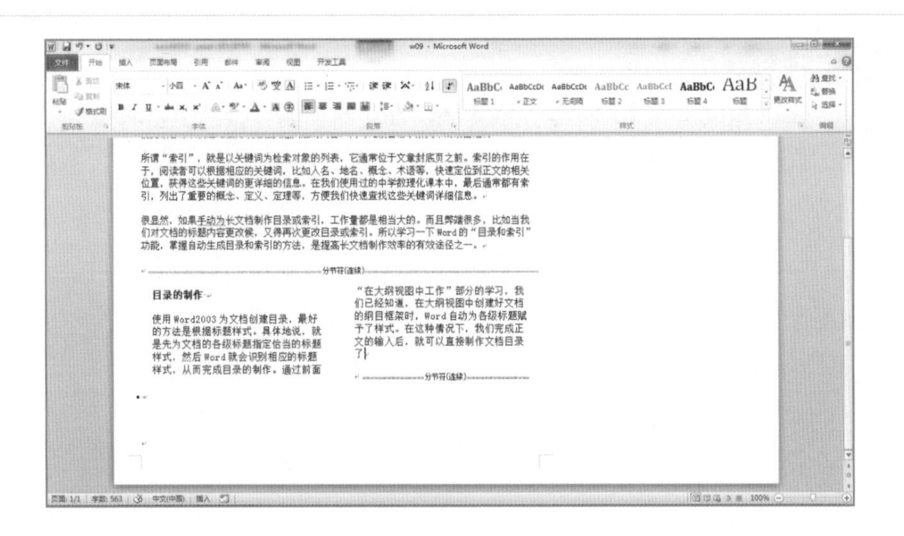

NOTE

如果考试时素材文件默认没有显示分节符，请用如下方法设置显示分节符：

(1) 单击“文件”选项卡；

(2) 单击“选项”按钮；

(3) 在“Word选项”对话框中单击“显示”选项；

(4) 在“始终在屏幕上显示这些格式标记”区域中勾选“显示所有格式标记”复选框；

(5) 单击“确定”按钮。

题目10

将页脚中的图形另存为构建基块。将构建基块命名为“公司页脚图像”，然后将其保存到“页脚”库。

打开练习文档（Word练习题组/w10.docx）。

解法

01 找到页脚中有“公司页脚图像”的页；

02 双击页脚位置，在“页脚编辑区”选中“公司页脚”图像；

03 单击“插入”选项卡；

04 单击“文档部件”下拉列表中的“将所选部件保存到文档部件库”按钮；

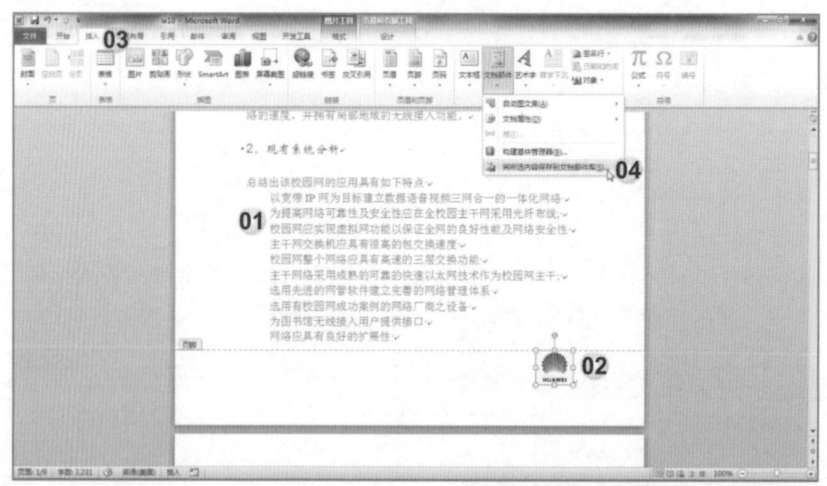

05 在“新建构建基块”对话框的“名称”中输入“公司页脚图像”；

06 在“库”下拉列表中选择“页脚”；

07 单击“确定”按钮，完成题目要求。

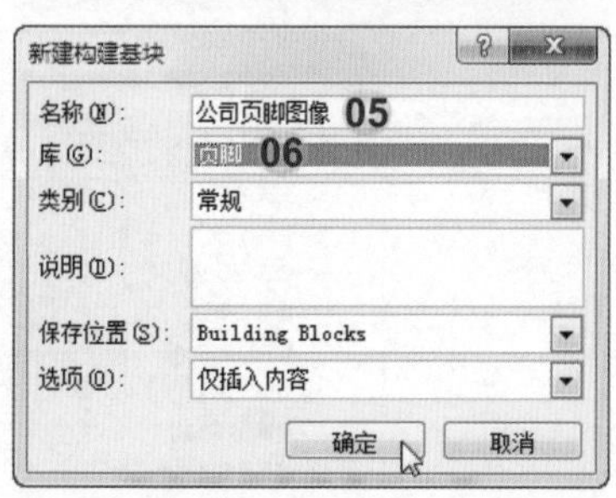

NOTE

（以下步骤考试时不用操作！只是说明该功能的使用）如果这时关闭Word程序，会弹出如下图所示的警告对话框。

单击“保存”按钮即可保存该构建基块。以后可直接在其他Word文档中调用该构建基块，如下图所示。

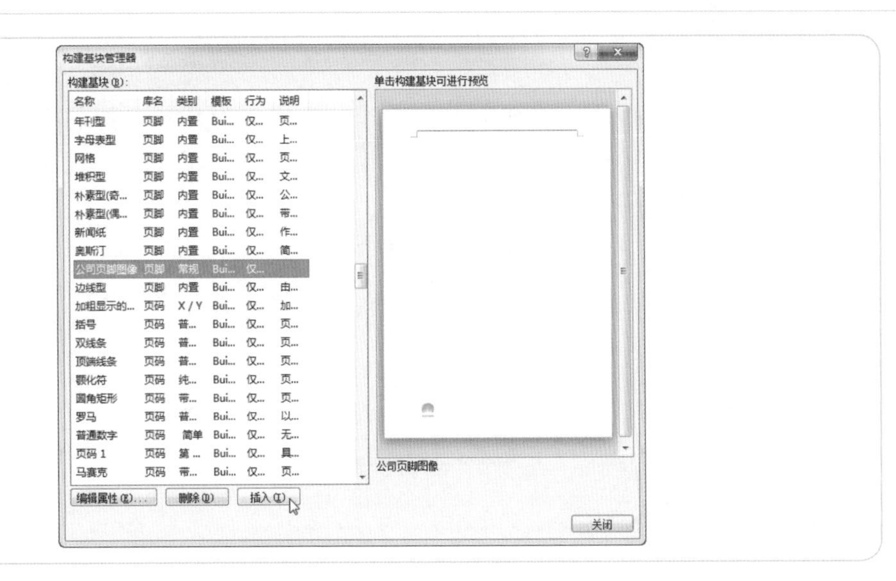

题目11

添加“充值金额”作为“组合框内容控件”的“标记”，然后锁定此“内容控件”，使其无法被删除。

打开练习文档（Word练习题组/w11.docx）。

解法

01 选中文档中的“组合框内容控件”；

02 单击“开发工具”选项卡；（若没有显示该选项卡，可参考题目7的NOTE部分）

03 单击“控件”组中的“属性”按钮；

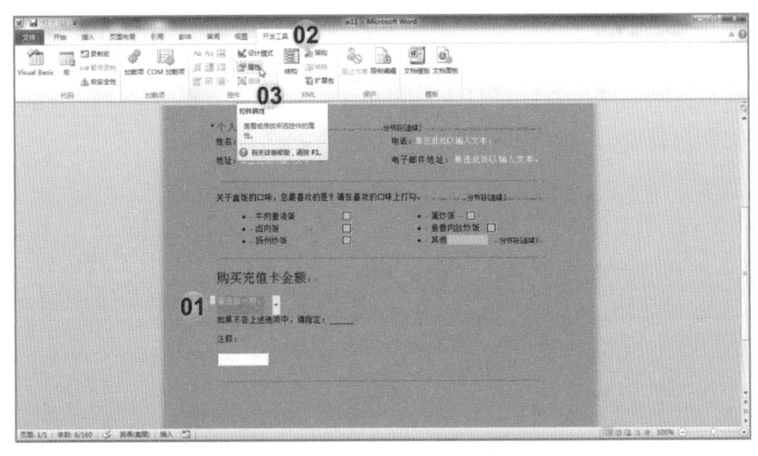

04 在“内容控件属性”对话框的“标记”文本框中输入“充值金额”；

05 在“锁定”组中勾选“无法删除内容控件”；

06 单击“确定”按钮。

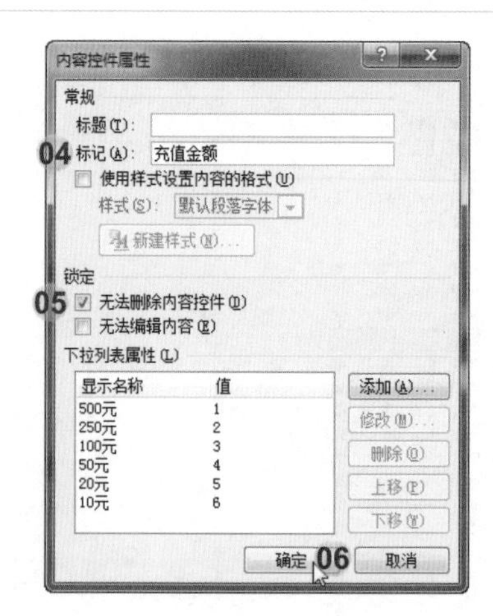

题目12

录制新宏，对文本应用倾斜和加粗效果。将该宏命名为“强调”，并将宏指定到键盘快捷键【Ctrl+7】。对表“会议安排”中的“综合意见”行的内容应用此宏。

打开练习文档（Word练习题组/w12.docx）。

解法

01 单击“开发工具”选项卡；（若没有显示“开发工具”选项卡，可参考题目7的NOTE部分）

02 单击“代码”组中的“录制宏”按钮；

03 在“录制宏”对话框中“宏名”文本框输入“强调”；

04 在“将宏指定到”处单击“键盘”按钮；

05 在“请按新快捷键”文本框中同时按“Ctrl”和“7”键；

06 单击“指定”按钮；

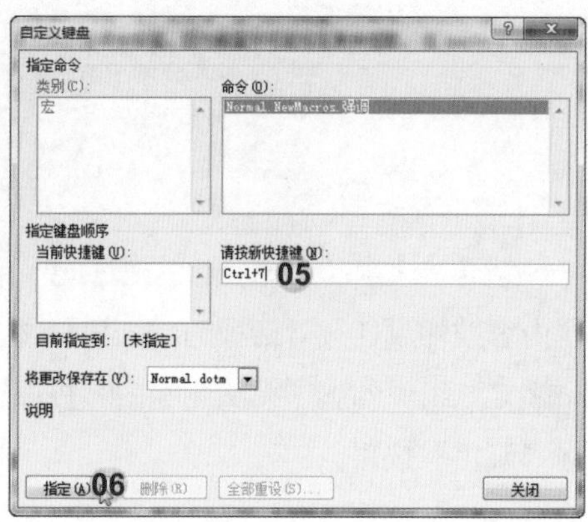

07 单击“关闭”按钮；

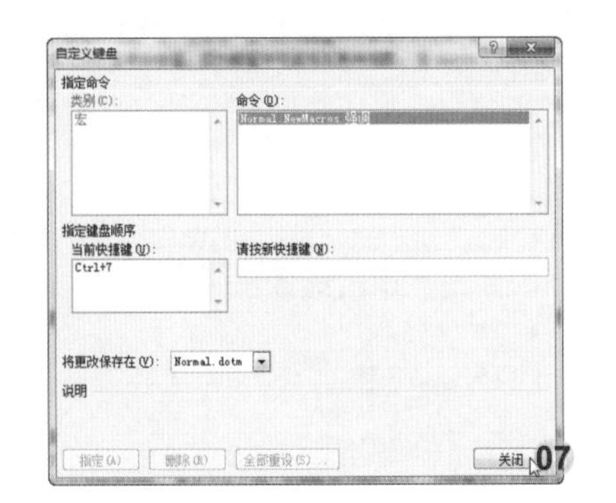

08 单击“开始”选项卡；

09 单击“字体”组中的“加粗”按钮；

10 单击“倾斜”按钮；

11 单击“开发工具”选项卡；

12 单击“代码”组中的“停止录制”按钮；

13 选中表“会议安排”中的“综合意见”行的内容；

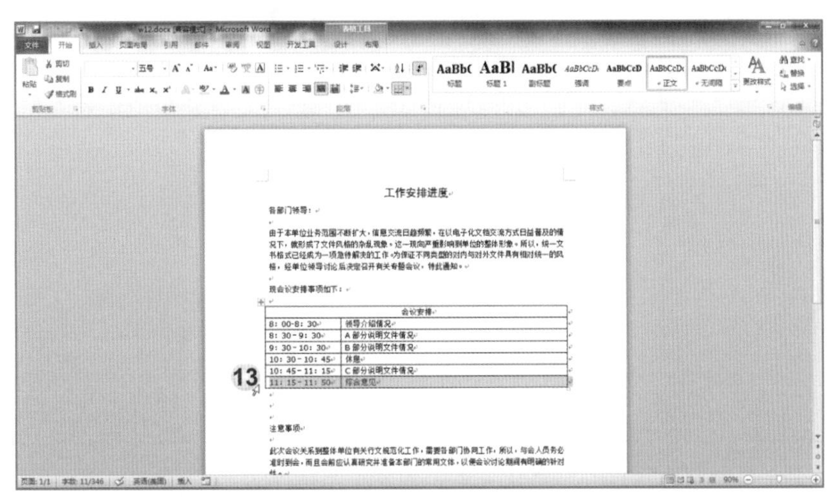

14 按下【Ctrl+7】组合键应用该宏。

完成后效果如下图所示。

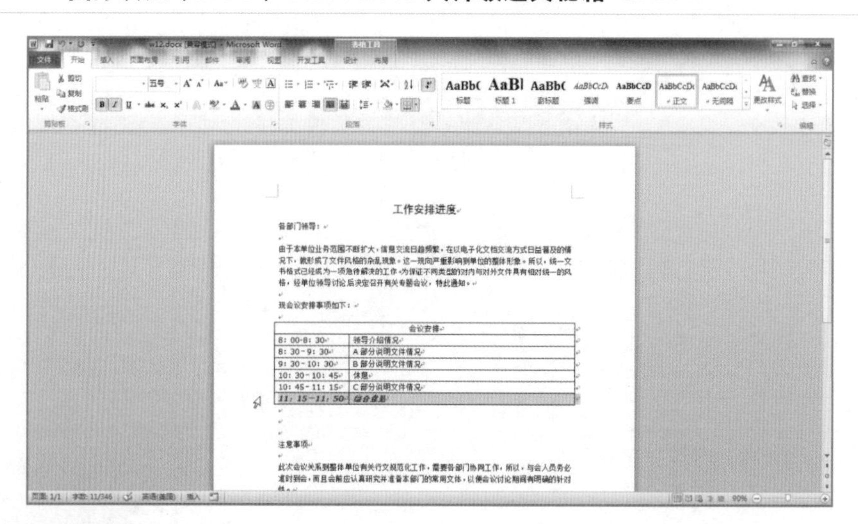

题目13

更新“引文目录”，使用“古典”格式。去掉“制表符前导符”。

打开练习文档（Word练习题组/w13.docx）

解法

01 选中文档中的引文目录；

02 单击“引用”选项卡；

03 单击“插入引文目录”按钮；

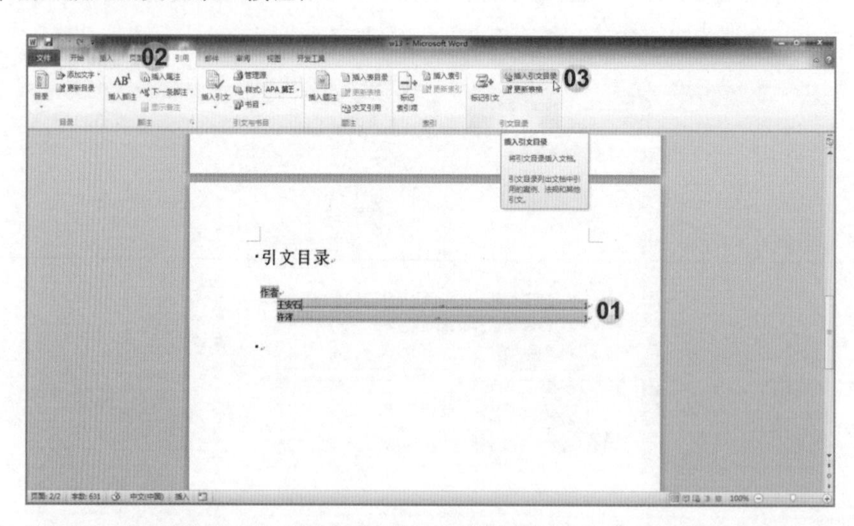

04 在“引文目录”对话框的“格式”下拉列表中选择“古典”；

05 在“制表符前导符”下拉列表中选择“无”；

06 单击“确定”按钮；

07 在“是否替换所选权限表分类”对话框中单击“确定”按钮。

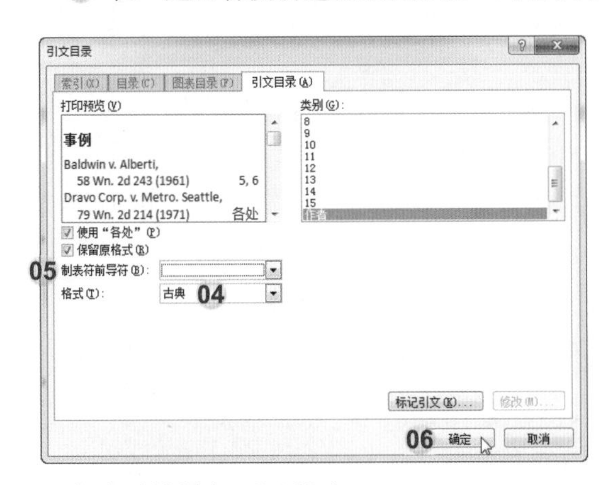

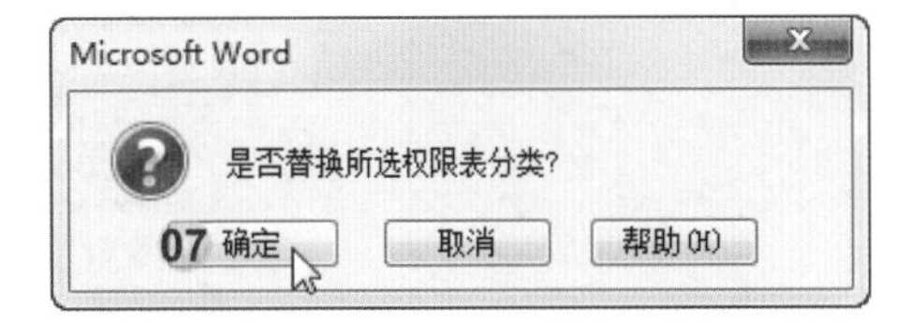

完成后效果如下图所示。

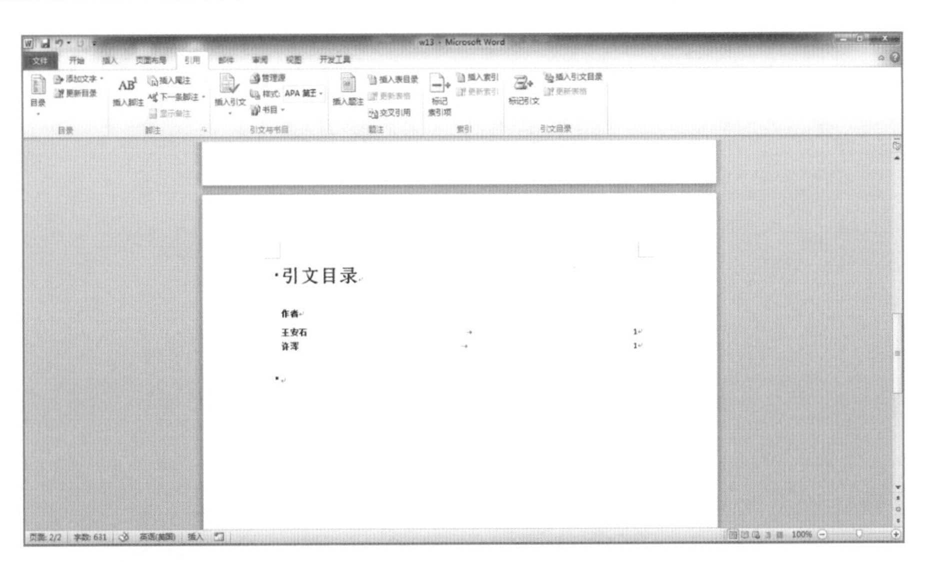

题目14

创建对文本应用“首行缩进”样式的宏。将宏命名为“缩进”，然后对所有“标题1”应用此宏。

打开练习文档（Word练习题组/w14.docx）。

解法

01 选择文档中“标题1”所在的段落；

02 单击“开始”选项卡；

03 单击“选择”下拉列表中的“选择格式相似的文本”，选中其他所有“标题1”的文本；

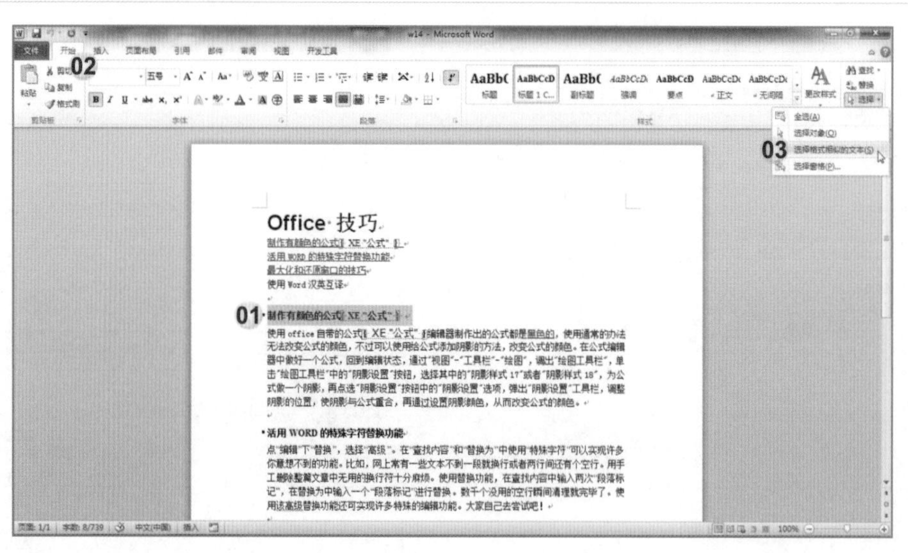

04 单击“开发工具”选项卡；

05 单击“代码”组中的“录制宏”按钮；

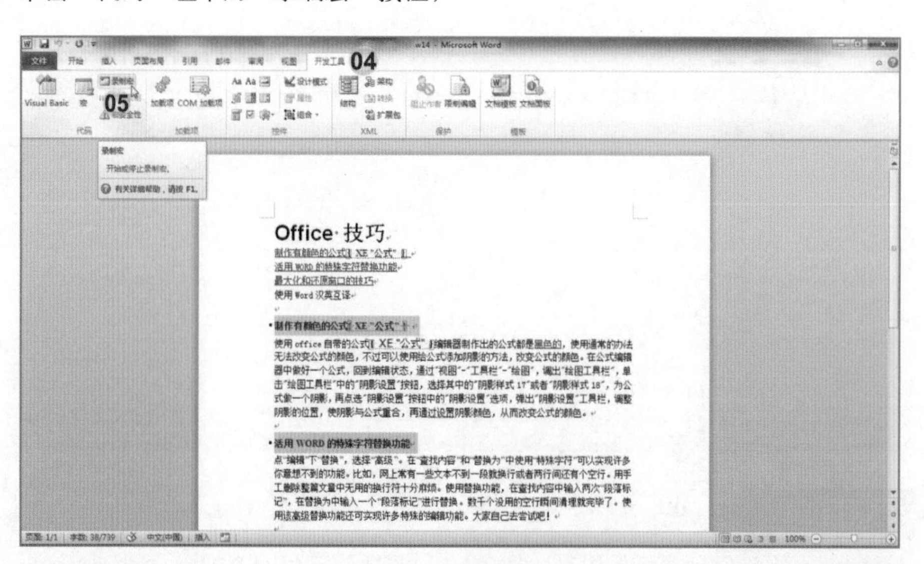

06 在“录制宏”对话框的“宏名”文本框中输入题目要求的“缩进”；

07 单击“确定”按钮；

08 单击“开始”选项卡；

09 单击“段落”组中的“显示‘段落’对话框”按钮；

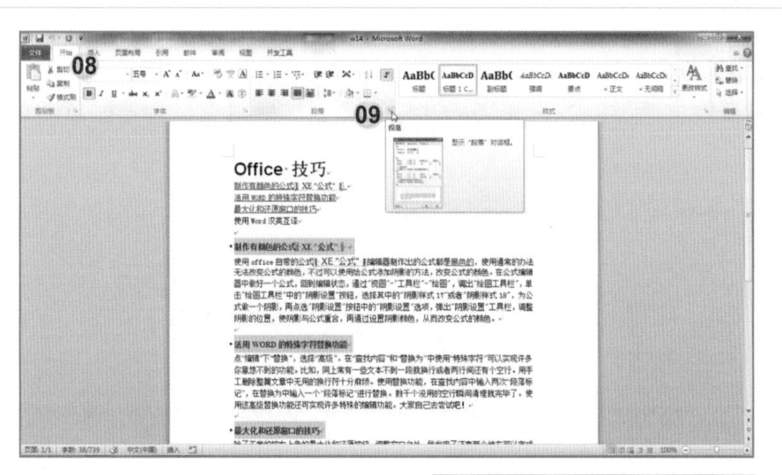

10 在“段落”对话框“缩进和间距”选项卡的“特殊格式”下拉列表中选择“首行缩进”；

11 单击“确定”按钮；

12 单击“开发工具”选项卡；

13 单击“代码”组中的“停止录制”按钮；

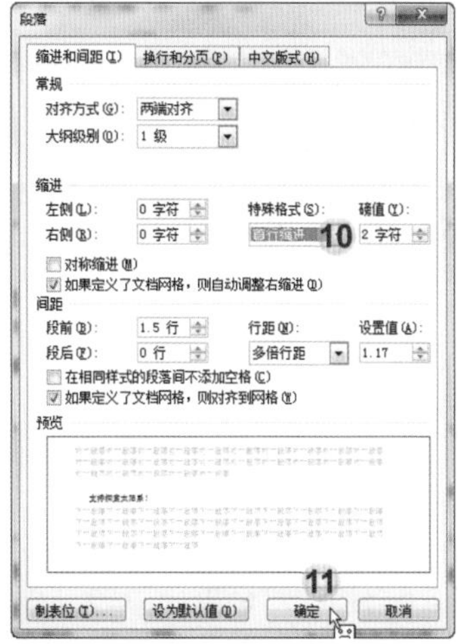

14 在空白处单击。

完成后效果如下图所示。

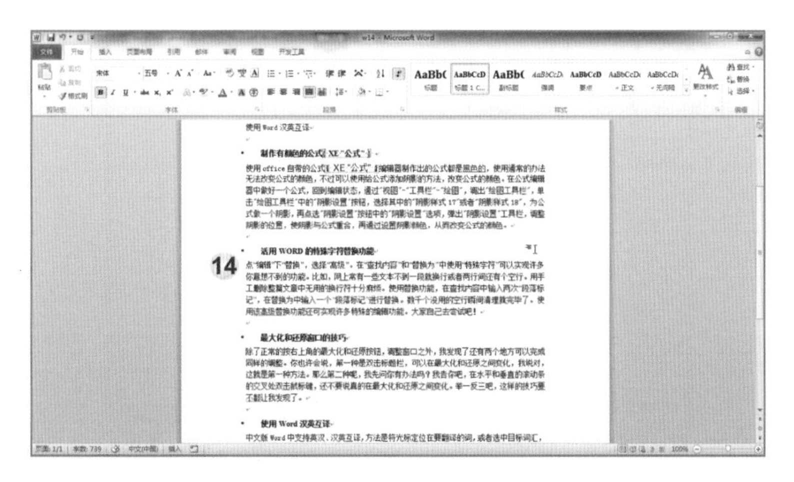

题目15

在设置兼容性选项中，设置当前文档的版式，使其看似创建于Microsoft Word 2002。

打开练习文档（Word练习题组/w15.docx）。

解法

01 单击“文件”选项卡；

02 单击“选项”按钮；

03 在“Word选项”对话框中单击“高级”按钮；

04 在右侧“兼容性”区域的“设置此文档版式，使其看似创建于”下拉列表中选择“Microsoft Word 2002”；

05 单击“确定”按钮。

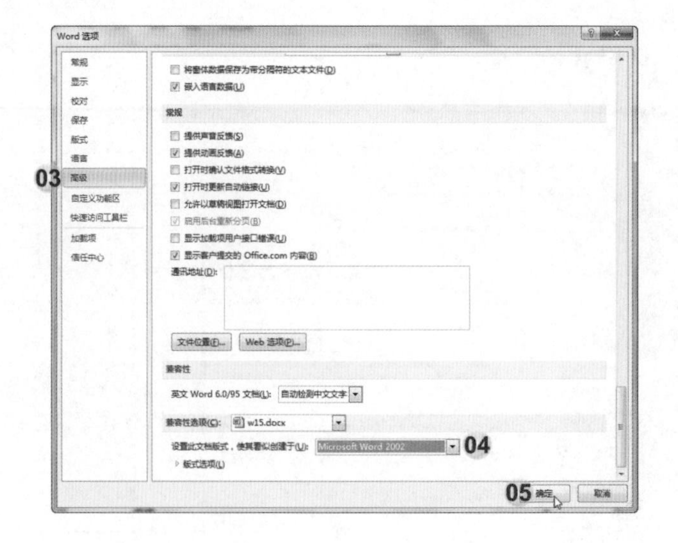

题目16

设置所有“标题1”文本的格式，使其“首行缩进”1厘米，并将行间距设置为1.4。

打开练习文档（Word练习题组/w16.docx）。

解法

01 单击“开始”选项卡“样式”组中的“显示“样式”窗口”按钮；

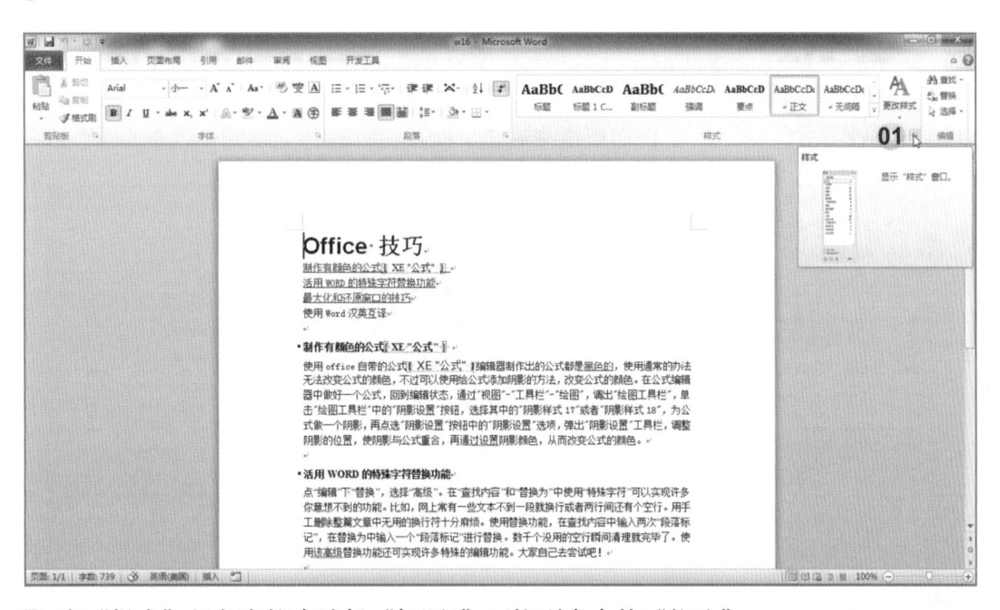

02 在“样式”任务窗格中选择“标题1”下拉列表中的“修改”；

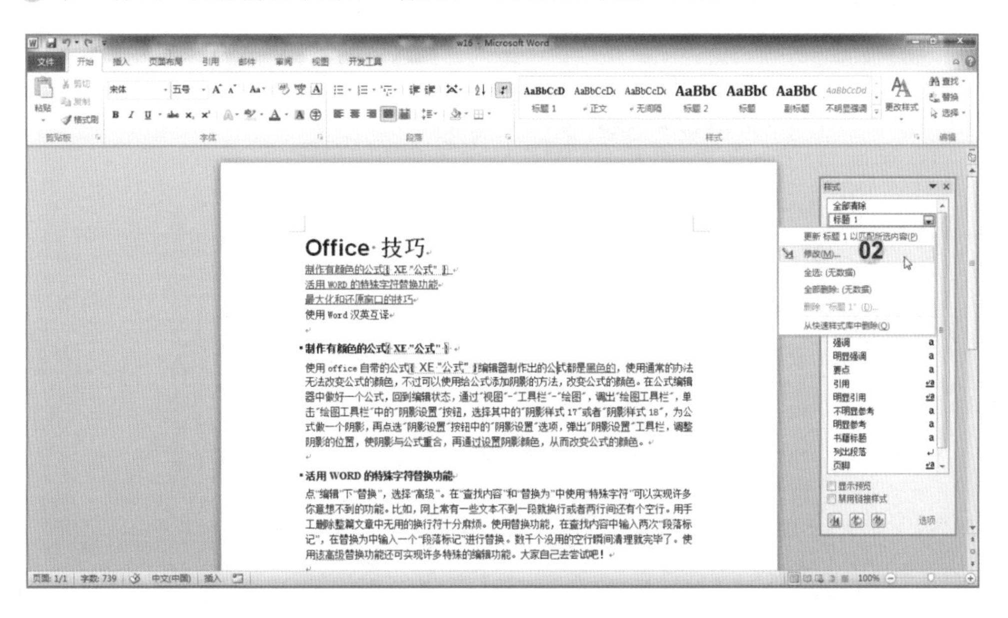

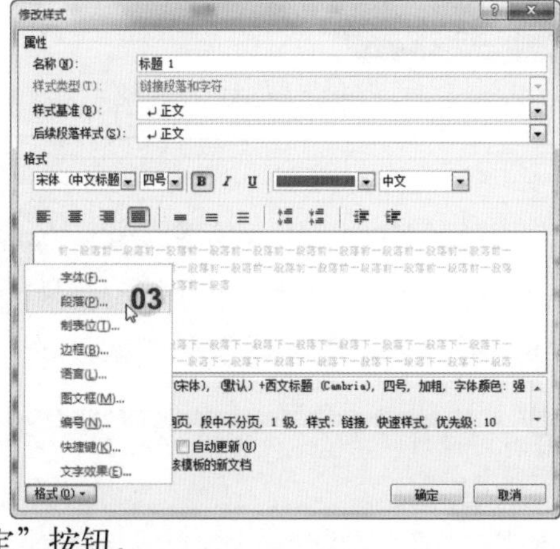

03 在“修改样式”对话框中选择“格式”列表中的“段落”；

04 在“段落”对话框“缩进和间距”选项卡的“特殊格式”下拉列表中选择“首行缩进”；

05 在“磅值”文本框中输入“1厘米”；

06 在“行距”的“设置值”文本框中输入1.4；

07 单击“确定”按钮；

08 在“修改样式”对话框中再次单击“确定”按钮。

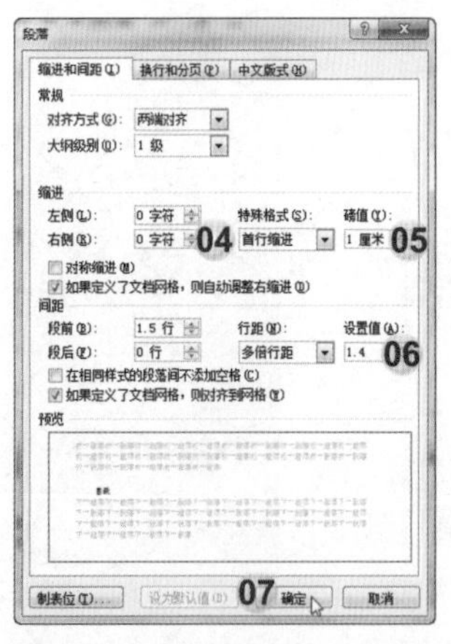

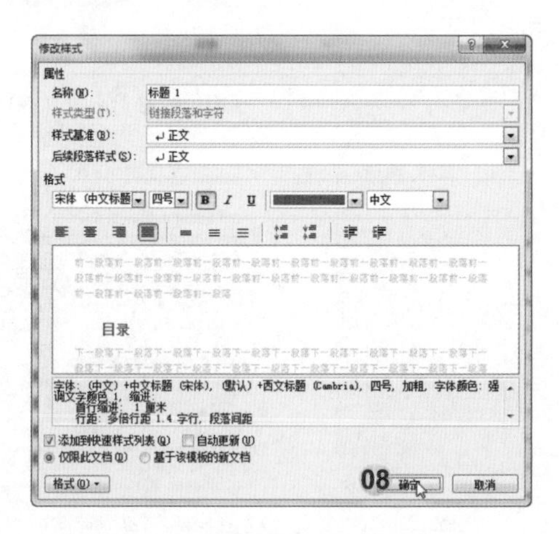

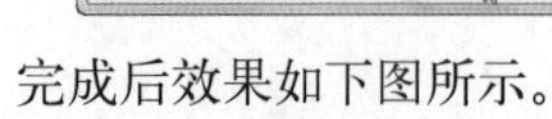
完成后效果如下图所示。

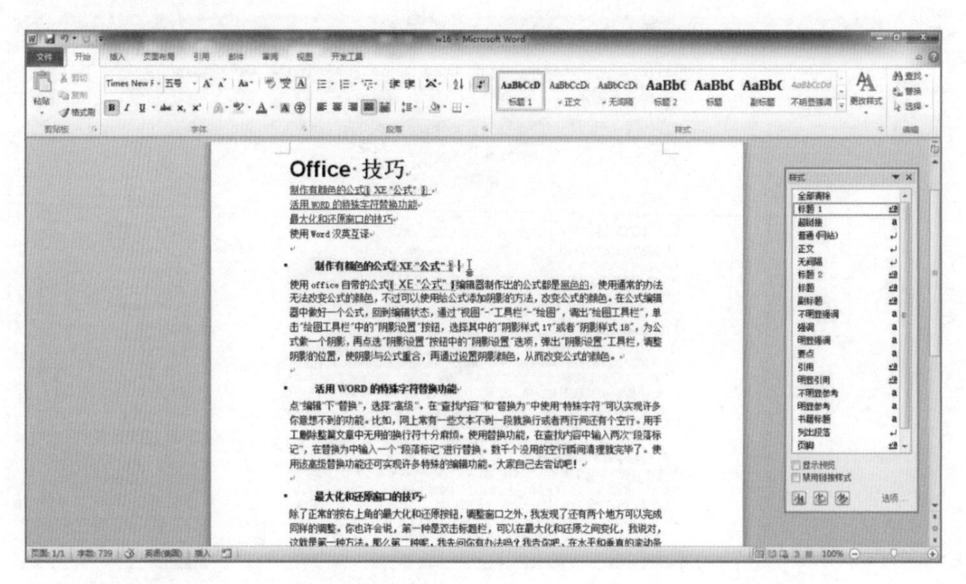

题目17

向当前信封合并中添加新字段（不要新建邮件合并），以替换突出显示的相应占位符。使用“Word练习题组”文件夹中的“w17列表.docx”填充收件人列表。选择“编辑单个文档”以完成合并，然后在“Word练习题组”文件夹中将合并另存为“信封”。（注意：请不要打印合并或通过电子邮件发送合并）

打开练习文档（Word练习题组/w17.docx）

解答

01 单击“邮件”选项卡；

02 单击“开始邮件合并”组中“选择收件人”下拉列表中的“使用现有列表”；

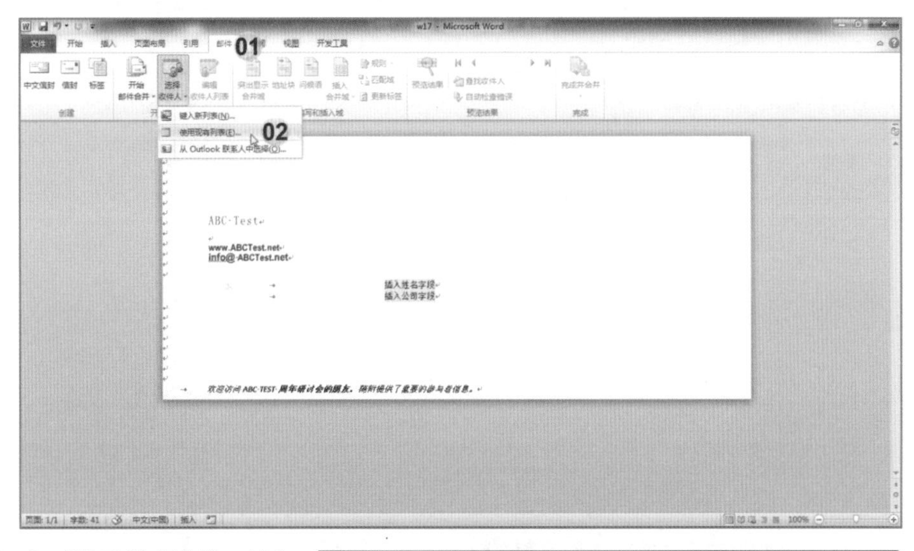

03 在“选取数据源”对话框中选择“Word练习题组”文件夹中的“w17列表.docx”；（注意：真实考试时，素材文件的路径是“C:\Certiport\iQsystem\Exams\Microsoft Office Specialist\文档”，请注意区别）

04 单击“打开”按钮；

05 选中文档中“插入姓名字段”文字；

06 单击“邮件”选项卡“插入合并域”下拉列表中的“姓名”；

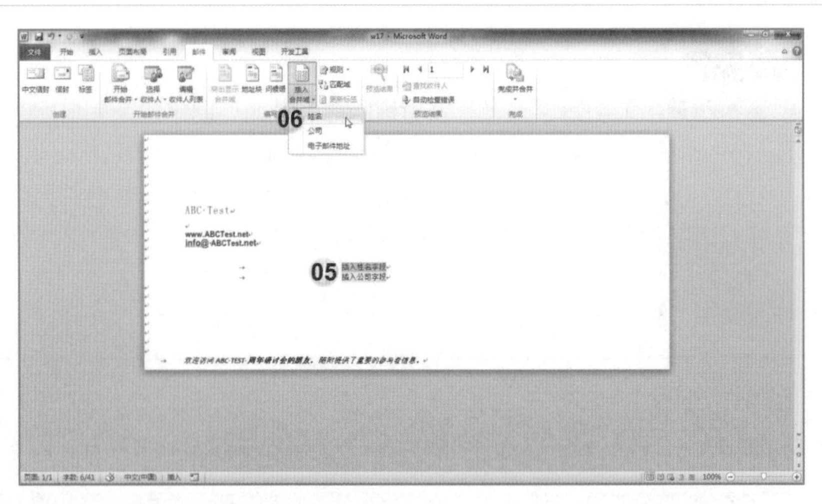

07 选中文档中“插入公司字段”文字；

08 单击“邮件”选项卡“插入合并域”下拉列表中的“公司”；

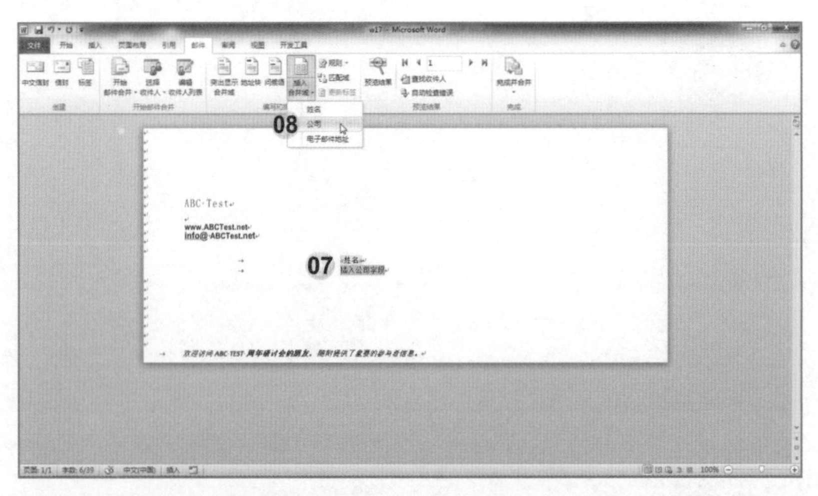

09 单击“邮件”选项卡“完成并合并”下拉列表中的“编辑单个文档”；

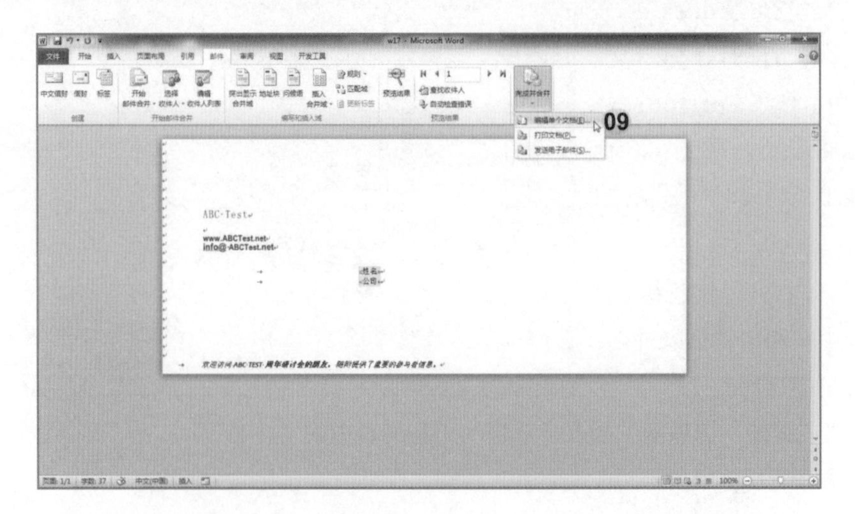

10 在“合并到新文档”对话框的“合并记录”区域中选择“全部”；

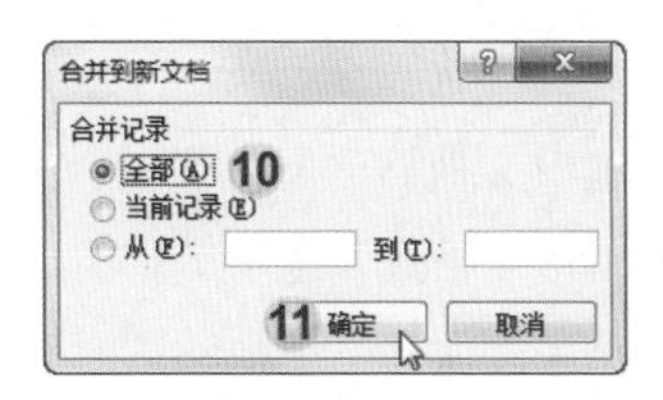

11 单击“确定”按钮；

12 单击“文件”选项卡的“另存为”按钮；

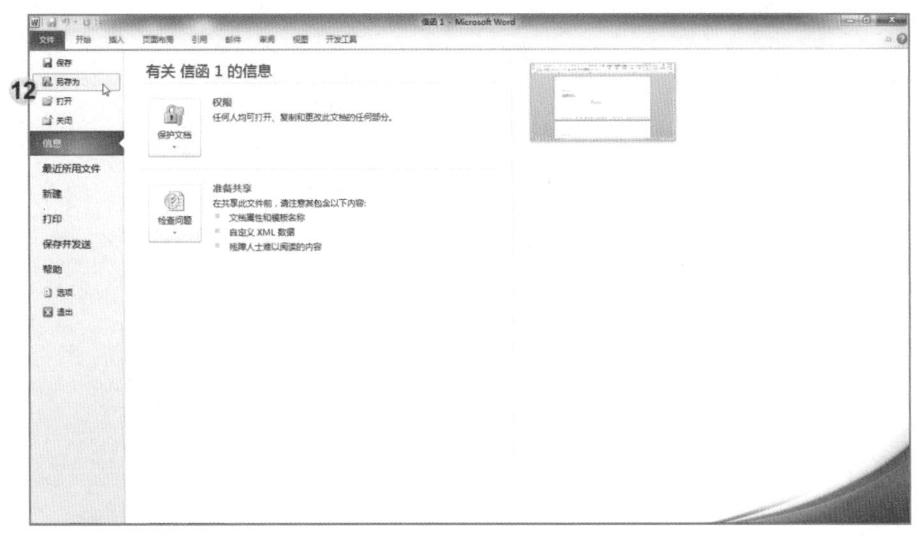

13 在“另存为”对话框的“位置”下拉列表中选择“Word练习题组”文件夹；

14 在“文件名”文本框中输入“信封”；

15 单击“保存”按钮。

题目18

断开第一页上两个文本框之间的链接。

打开练习文档（Word练习题组/w18.docx）。

Word 2010

解法

01 选中文档第一页中第一个文本框；

02 单击“格式”选项卡；

03 单击“文本”组中的“断开链接”。

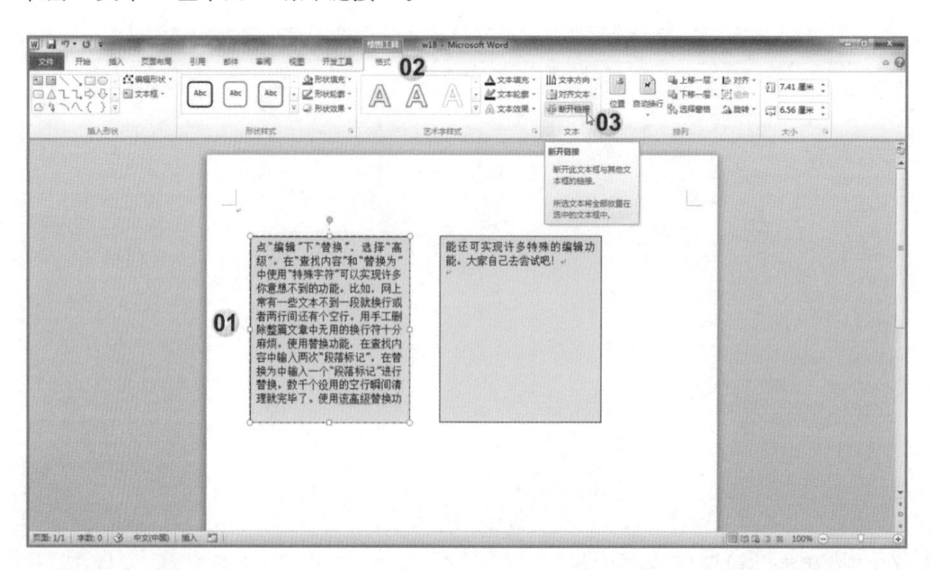

完成后效果如下图所示。

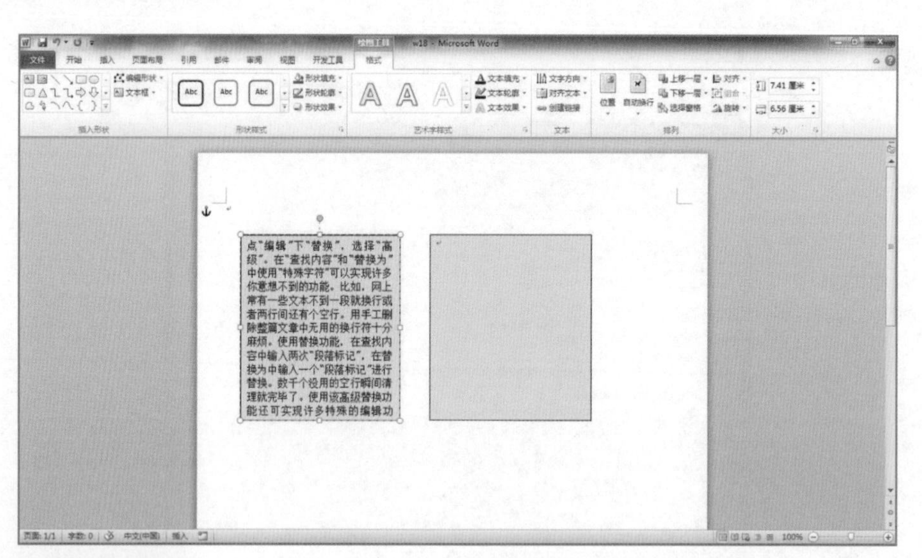

题目19

删除与“王安石”相关的引文，更新引文目录。

打开练习文档（Word练习题组/w19.docx）。

解法

01 选中文档中与“王安石”相关的引文“{ TA \1 "王安石" \s "王安石" \c 16 }”，然后按【Delete】键删除选中的内容；

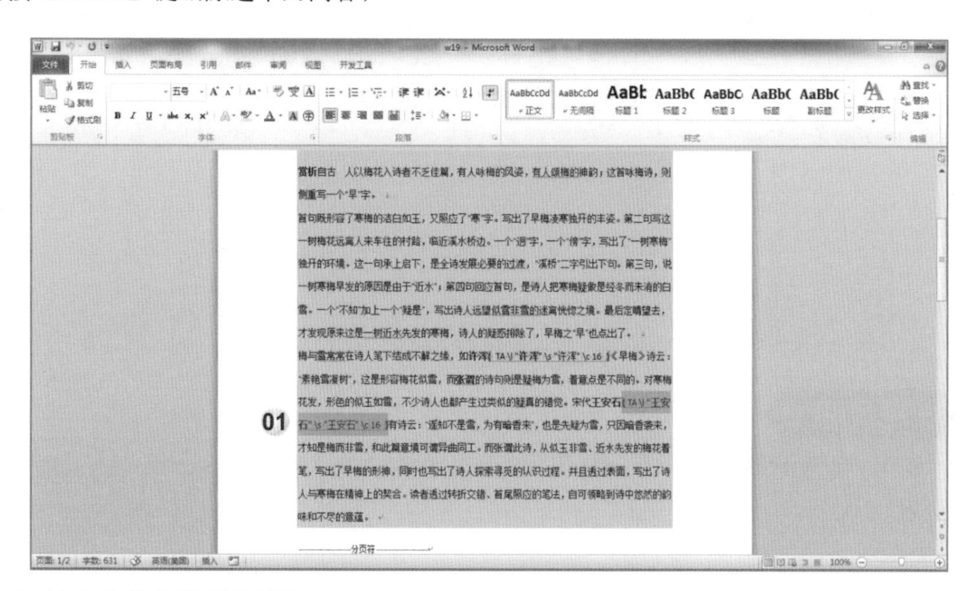

02 选中文档中的引文目录；

03 在其上右击，在弹出的快捷菜单中选择“更新域”命令。

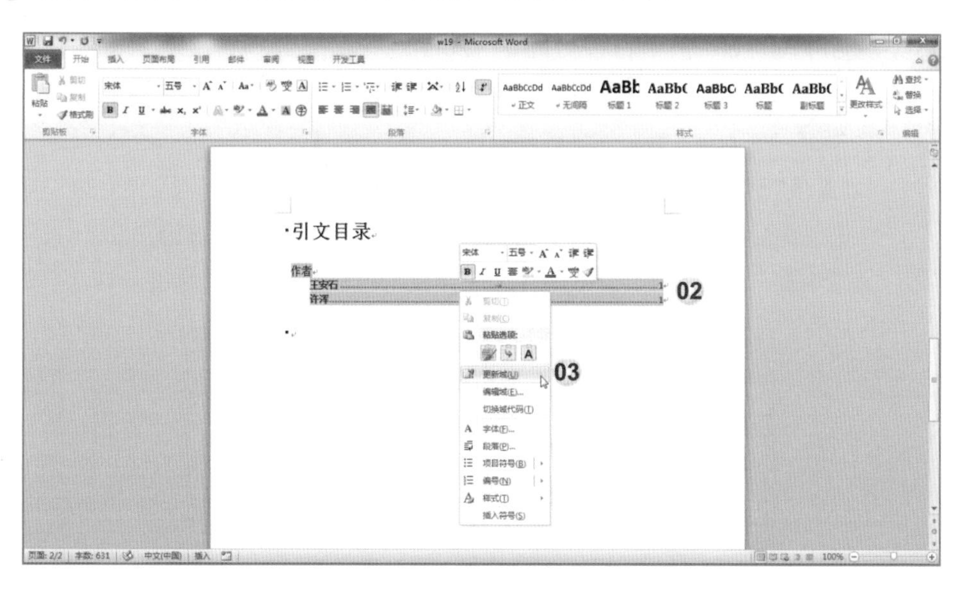

> **NOTE**
>
> 选择引文目录后，按【F9】功能键可更新所选引文目录。

完成后效果如下图所示。

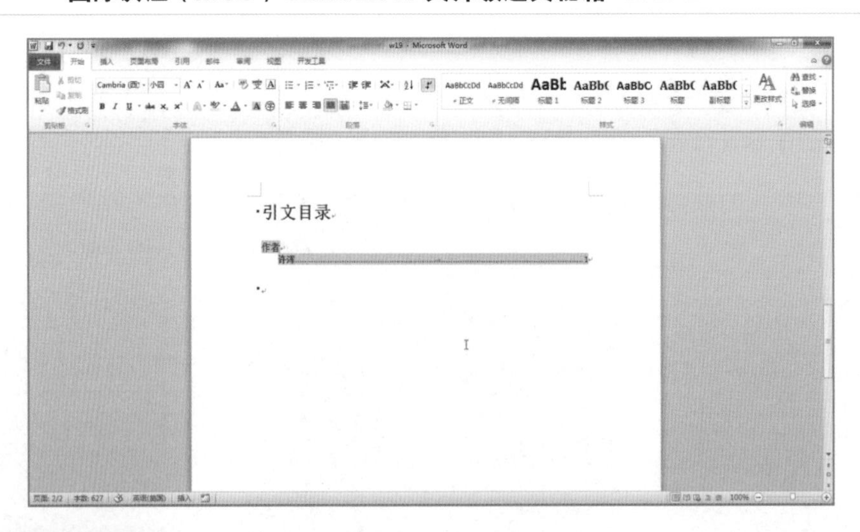

题目20

使用“源管理器”将“Word练习题组”文件夹中的“w20引文.xml”添加到可用源列表。

打开练习文档（Word练习题组/w20.docx）。

解法

01 单击“引用”选项卡；

02 单击“引文与书目”组中的“管理源”按钮；

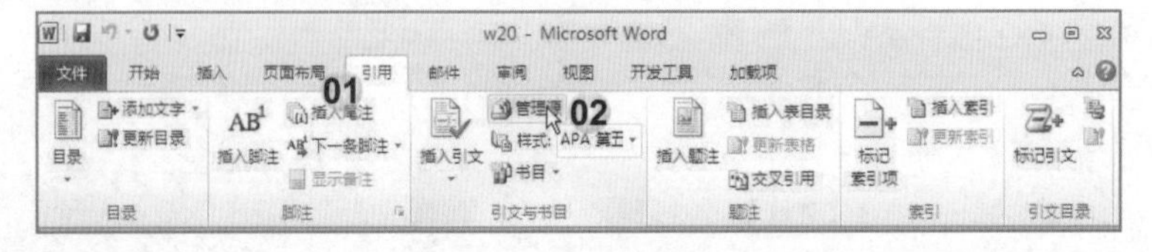

03 在“源管理器”对话框“以下位置中的可用源”中单击“浏览”按钮；

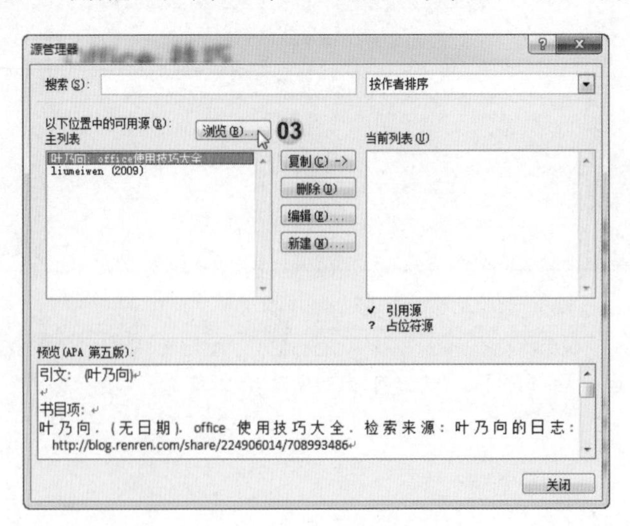

04 在“打开源列表”对话框中选择“Word练习题组”文件夹中的“w20引文.xml”；（注意：真实考试时，素材文件的路径是“C:\Certiport\iQsystem\Exams\Microsoft Office Specialist\文档”，请注意区别）

05 单击“确定”按钮；

06 在“源管理器”对话框中单击“关闭”按钮。

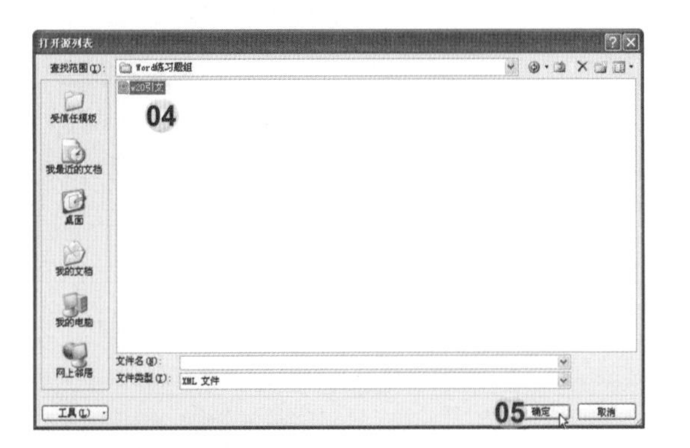

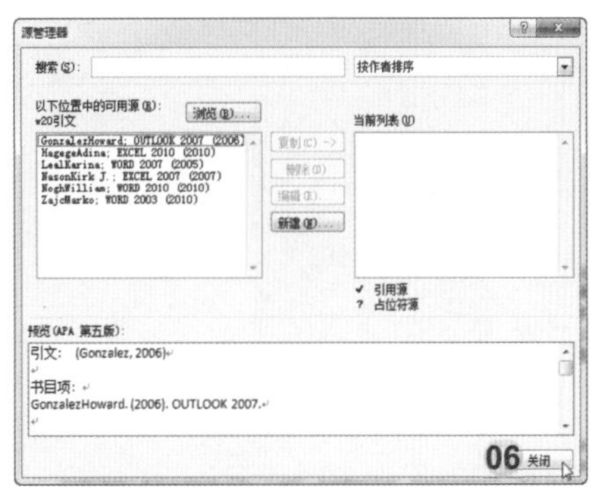

题目21

将“文本域（窗体控件）”替换为“文本框（ActiveX控件）”。

打开练习文档（Word练习题组/w21.docx）。

解答

01 选中文档中的“文本域（窗体控件）”，然后按【Delete】键删除该控件；

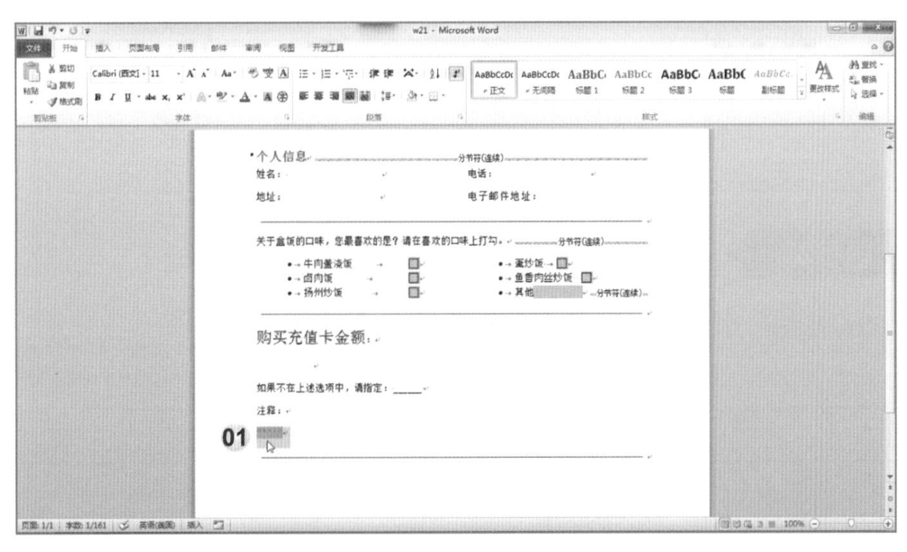

02 单击“开发工具”选项卡；（若没有显示“开发工具”选项卡，可参考题目7的NOTE部分）

03 单击“控件”组“旧式工具”下拉列表中的“文本框（ActiveX控件）”按钮。

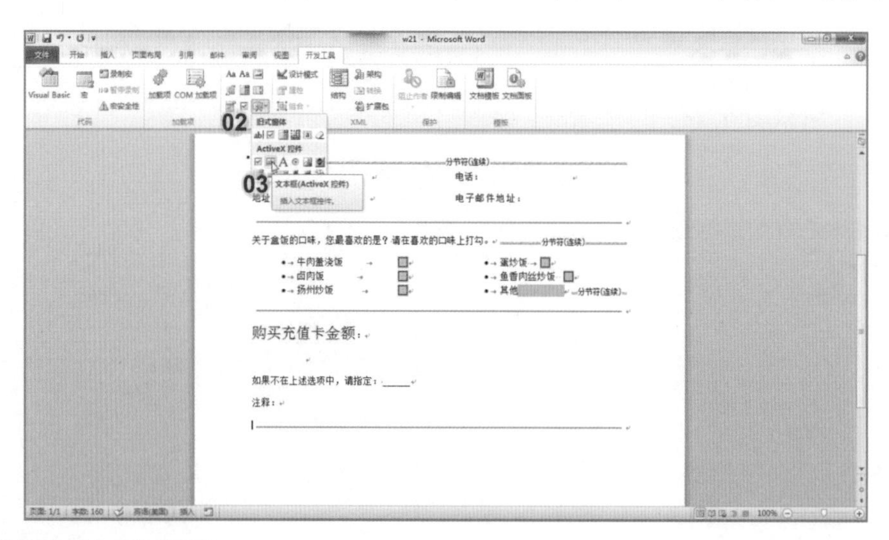

完成后效果如下图所示。

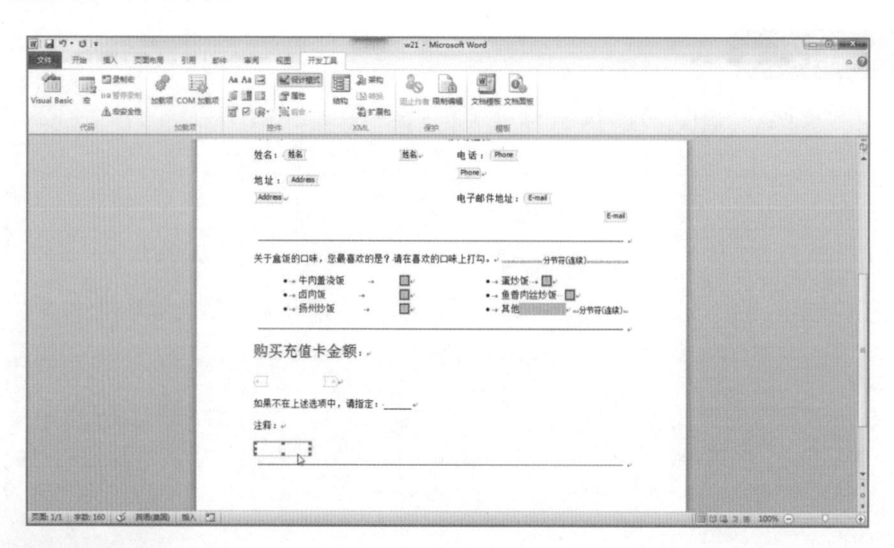

题目22

将[标题]的“文档属性”添加至页脚。

打开练习文档（Word练习题组/w22.docx）

解法

01 在页脚位置处双击，打开页脚编辑区；

02 单击“插入”选项卡；

03 单击“文本”组“文档部件”下拉列表中的“文档属性”/“标题”；

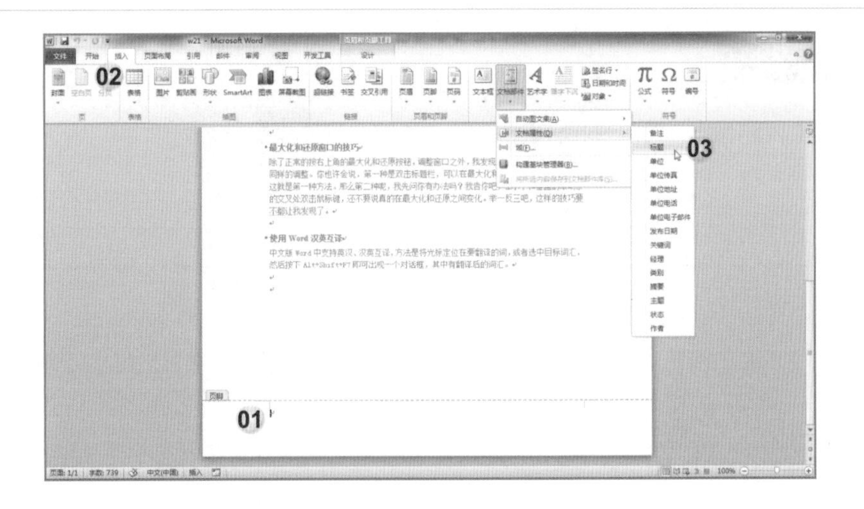

04 在正文空白区域双击，关闭页脚编辑区。

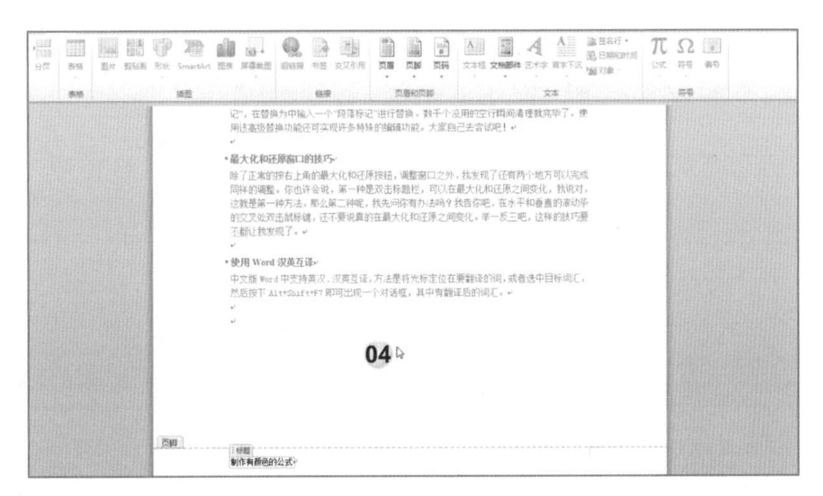

完成后效果如下图所示。

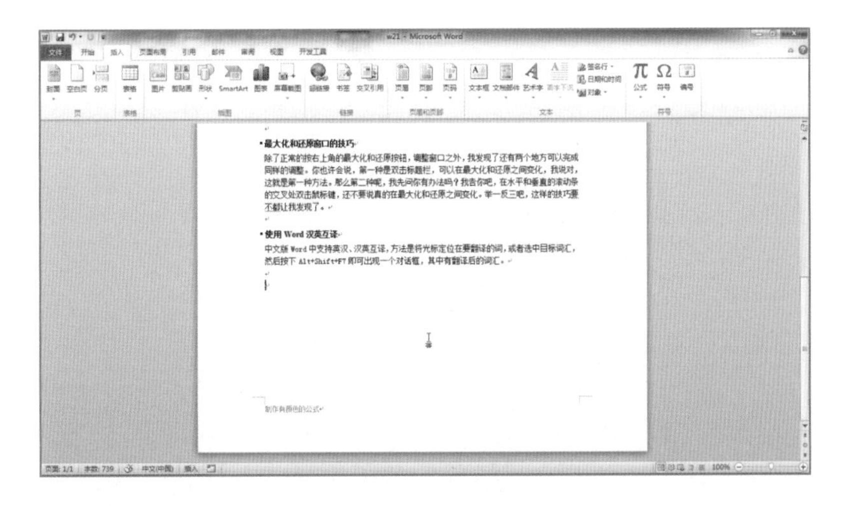

题目23

在“个人信息”一节中的所有字段旁，添加“文本型窗体域”。

打开练习文档（Word练习题组/w23.docx）。

解法

01 单击文档中“个人信息”一节中“姓名”处；

02 单击“开发工具”选项卡；（若没有显示“开发工具”选项卡，可参考题目7的NOTE部分）

03 单击“控件”组“旧式工具”下拉列表中的“文本域（窗体控件）”按钮；

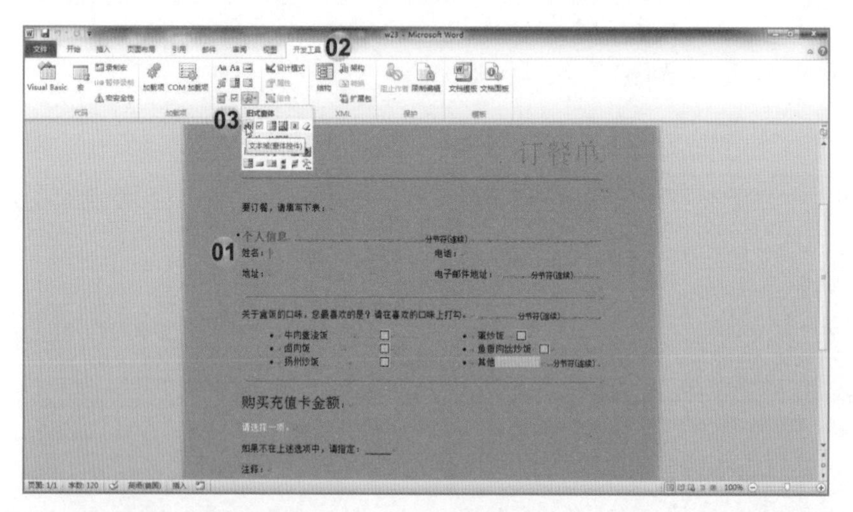

04 重复上述步骤，对“个人信息”一节中其他字段：“电话”“地址”“电子邮件地址”都添加“文本型窗体域”。

完成后效果如下图所示。

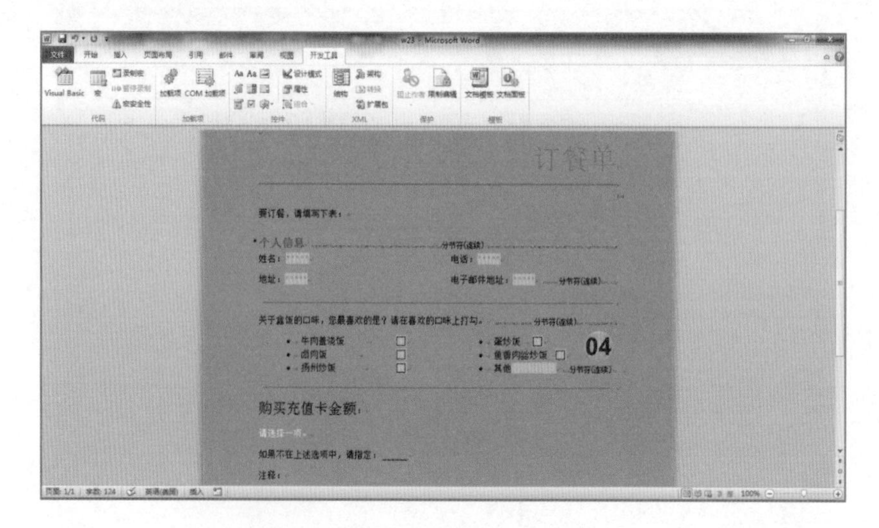

题目24

添加一个新的网站源，设置如下：
作者=Liumeiwen
年份=2009
标记名称=Liu09web

打开练习文档（Word练习题组/w24.docx）。

解法

01 单击“引用”选项卡；
02 单击“引文与书目”组中的“管理源”按钮；

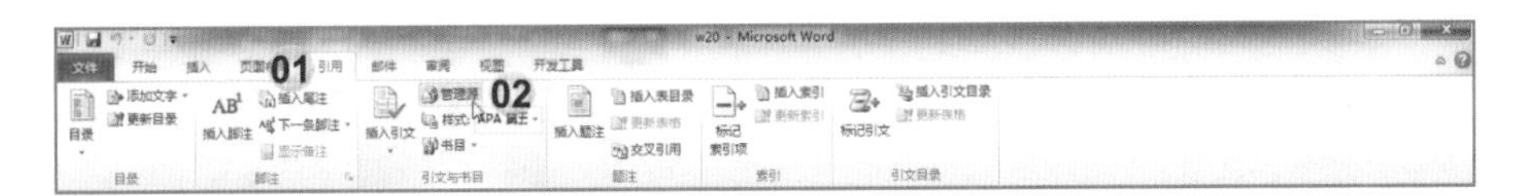

03 在“源管理器”对话框中单击“新建”按钮；
04 在“创建源”对话框的“源类型”下拉列表框中选择“网站”；
05 在“作者”文本框中输入“Liumeiwen”；
06 在“年份”文本框中输入“2009”；
07 在“标记名称”文本框中输入“Liu09web”；
08 单击“确定”按钮；
09 在“源管理器”对话框中单击“关闭”按钮。

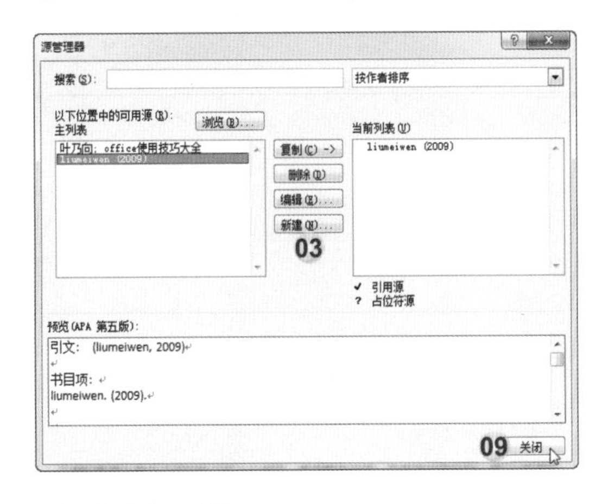

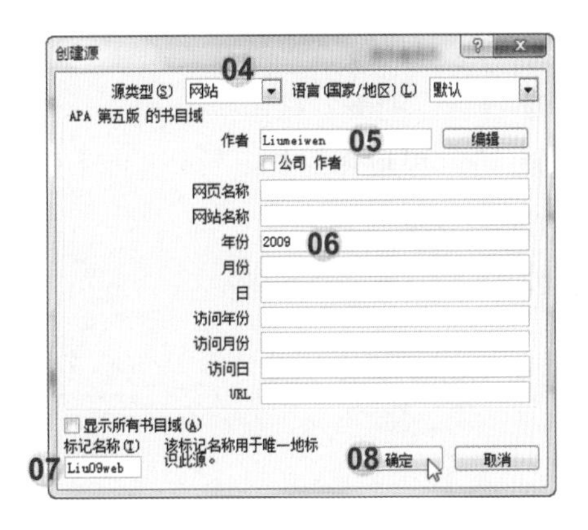

题目25

对当前打开的文档应用“Word练习题组”文件夹下的模板“w25模板.dotx”，自动更新文档样式。

打开练习文档（Word练习题组/w25.docx）。

解法

01 单击“开发工具”选项卡；（若没有显示“开发工具”选项卡，可参考题目7的NOTE部分）

02 单击“模板”组中的“文档模板”按钮；

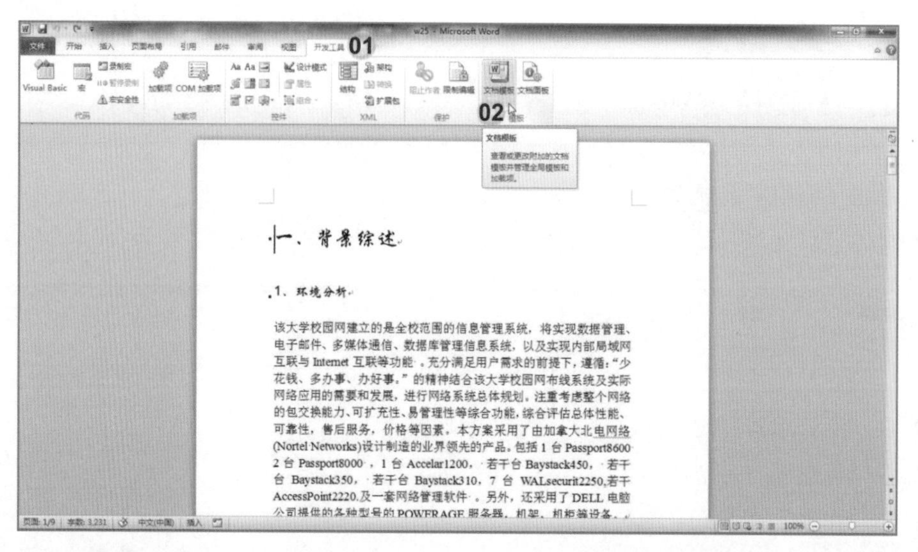

03 在“模板和加载项”对话框的“文档模板”处单击“选用”按钮；

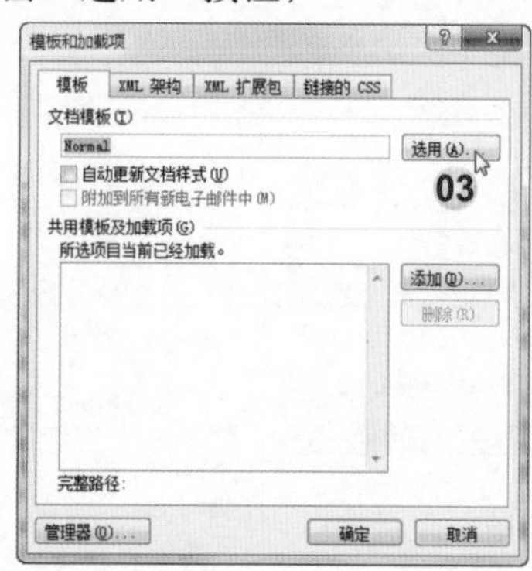

04 在“选用模板”对话框中选择“Word练习题组”文件夹下的模板“w25模板.dotx”；（注意：真实考试时，素材文件的路径是“C：\Certiport\iQsystem\Exams\ Microsoft Office Specialist\文档”，请注意区别）

05 单击“打开”按钮；

06 在“模板和加载项”对话框中勾选“自动更新文档样式”复选框；

07 单击“确定”按钮。

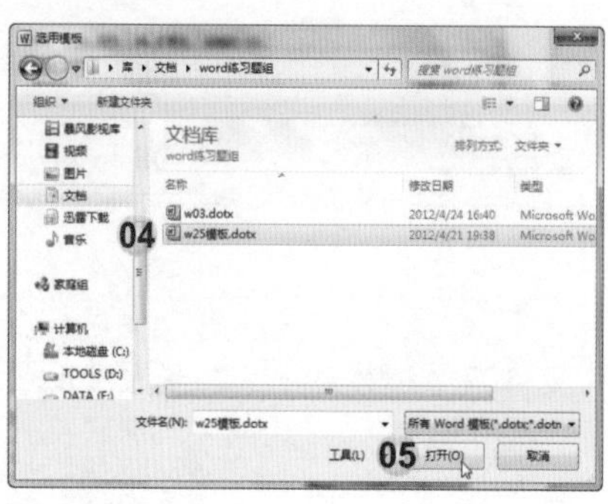

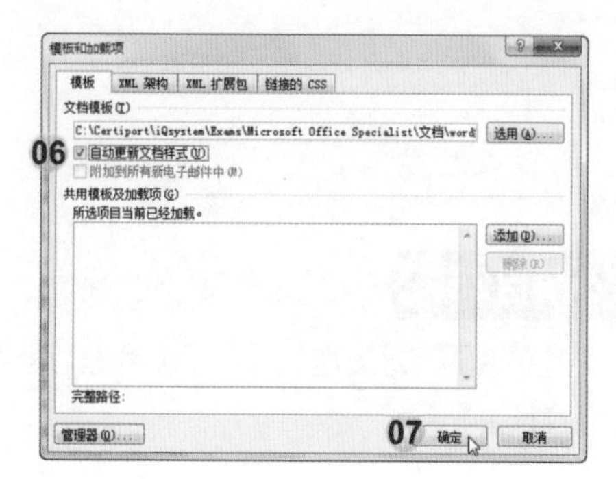

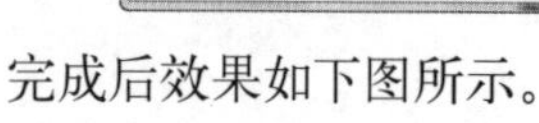
完成后效果如下图所示。

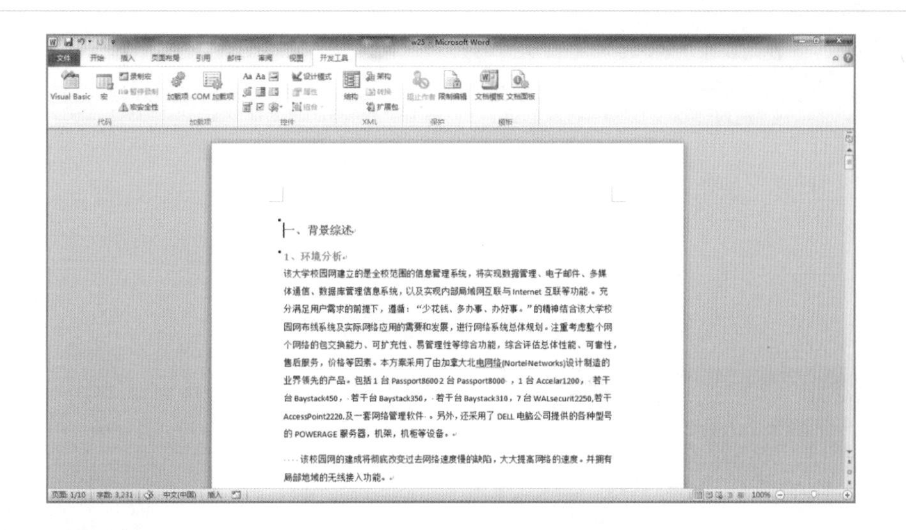

题目26

复制“w26.docm”中的宏，并将其保存至“Word练习题组”文件夹中的“宏.docm”中。

打开练习文档（Word练习题组/w26.docm）。

解法

01 单击“开发工具”选项卡；（若没有显示“开发工具”选项卡，可参考题目7的NOTE部分）

02 单击“代码”组中的“宏”按钮；

03 在“宏”对话框中单击“管理器”按钮；

04 在“管理器”对话框的“宏方案项”选项卡中单击“关闭文件”按钮；

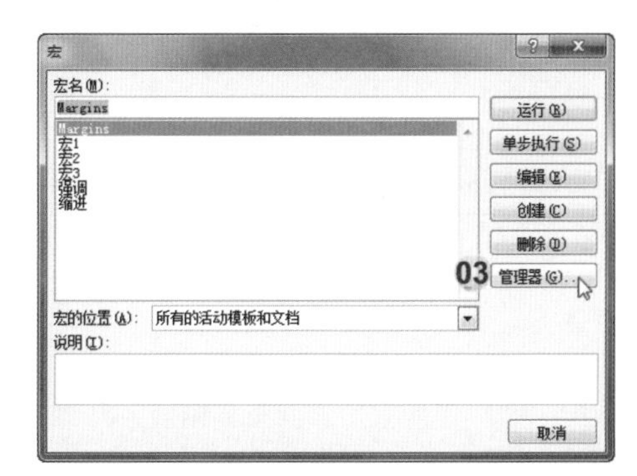

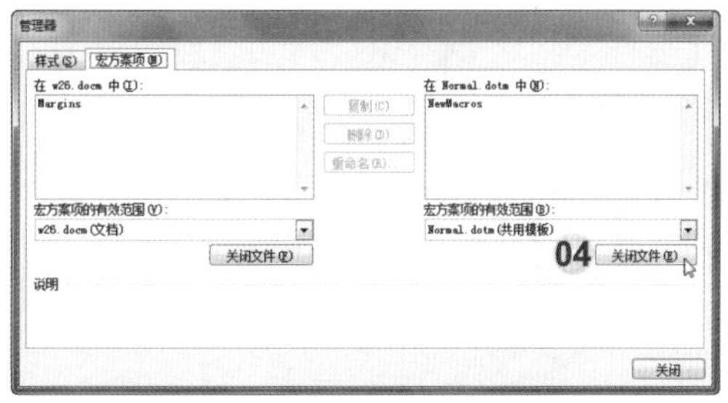

05 单击同样位置处的“打开文件”按钮；

06 在“打开”对话框中选择文件类型为“所有文件”；

07 选择到“Word练习题组”文件夹中的“宏.docm”文件；（注意：真实考试时，素材文件的路径是“C:\Certiport\iQsystem\Exams\Microsoft Office Specialist\文档”，请注意区别）

08 单击“打开”按钮；

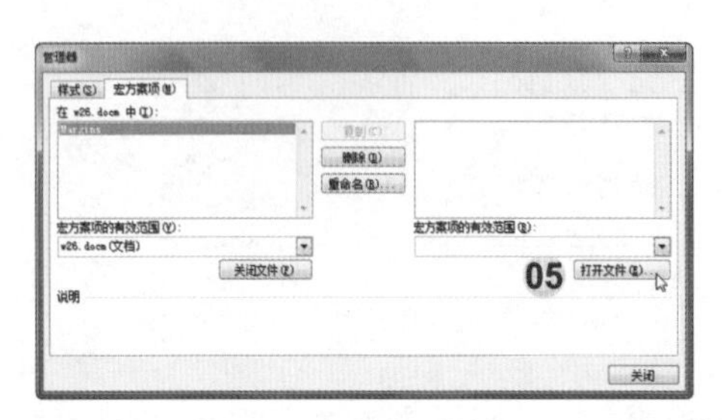

09 在“管理器”对话框中选择“在w26.docm中”的宏；

10 单击“复制”按钮，将其复制到“宏.docm”中；

11 单击“关闭”按钮；

12 在“是否将更改保存到宏.docm中”的对话框中单击“保存”按钮。

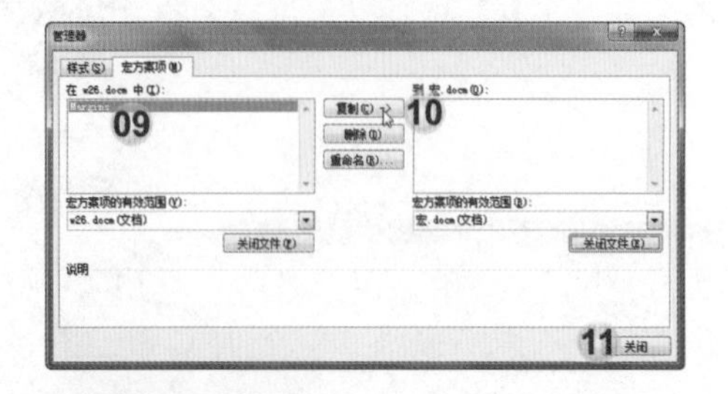

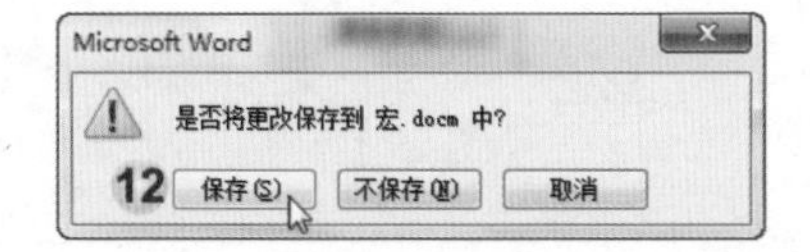

题目27

限制编辑，但不使用密码，以便使用者只能填写第3、4和6节中的窗体。（注意：接受所有其他的默认设置）

打开练习文档（Word练习题组/w27.docx）。

解法

01 单击“审阅”选项卡；

02 单击“保护”组中的“限制编辑”按钮；

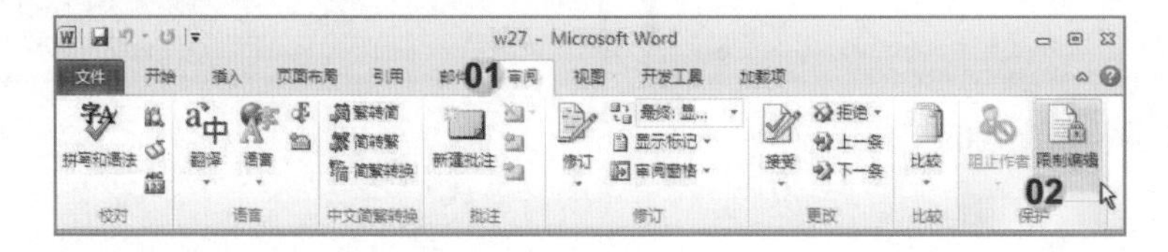

03 在“限制格式和编辑”任务窗格的“编辑限制”组中勾选“仅允许在文档中进行此类型的编辑”；

04 在下拉列表中选择“填写窗体”；

05 单击“选择节”超链接；

06 在“节保护”对话框中取消其他节的勾选，仅保留节3、节4、节6的勾选；

07 单击“确定”按钮；

08 在“限制格式和编辑”任务窗格中单击“是，启动强制保护”按钮；

09 在“启动强制保护”对话框中不输入密码，直接单击“确定”按钮。

完成后效果如下图所示。

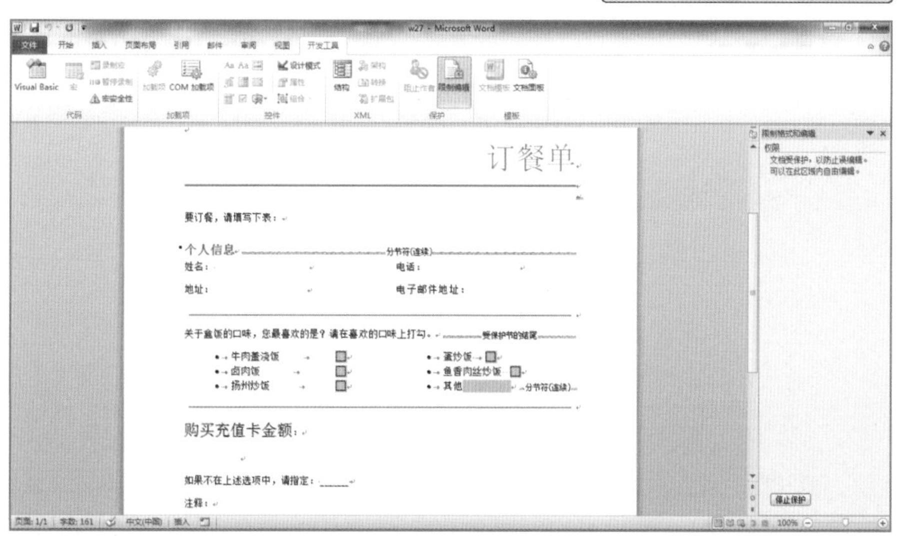

第二章
Excel 2010

Excel 2010 Expert认证题目共29题，包括“共享和维护工作簿”、“应用公式和函数”、“呈现可视化数据”、“使用宏和表单”四项技能，满分1 000分，及格所需分数为700分。

题号	模拟题目	类别	页码
1	在工作表“区域销售”的单元格 P3 中使用 COUNTIFS 函数，以计算区域“西南 1”中有多少名销售人员的销售量超过了 140 000 箱	应用公式和函数	52
2	在“产品库存”工作表中创建“数据透视图”，按照“产品”显示在“分店 4”中的“H1 箱数”、“H2 箱数”、“H3 箱数”和“H4 箱数”类别的库存量。使用“分店”作为报表筛选，但不作为轴字段。使用“产品”作为轴字段，并将该“数据透视图”放入新工作表中	呈现可视化数据	53
3	向“卡布奇诺”图表中添加多项式趋势线，该趋势线使用“顺序 4”，并且预测趋势前推 1 个周期	呈现可视化数据	55
4	在新工作表中创建“数据透视表”，该数据透视表的行标签为“产品”，列标签为“生产地”，最大值项为“订购盒数”	呈现可视化数据	56
5	在工作表“地区主管”的单元格 B9 中创建函数 HLOOKUP，以查找“西南 2”区域“主管”的“总销售箱数”	应用公式和函数	58
6	显示此共享文档的“除我之外每个人”已作的所有修订。在新工作表上显示修订（注意：接受所有其他的默认设置）	共享和维护工作簿	60
7	在工作表“区域销售”的单元格 P3 中插入 SUMIFS，该函数计算“西南 4”中以“克”字开头的“销售人员”的“咖啡第一季度销售量”的总计	应用公式和函数	60
8	在工作表“区域销售”的单元格 P3 中使用 AVERAGEIFS 函数，以查找“西南 1”中“牛奶第一季度销售量”的平均值。剔除值为 0 的情况	应用公式和函数	62
9	在工作表“区域销售”中，创建“数据透视图”，按照销售人员显示每个季度的区域“西南 4”的牛奶销售量。使用“区域”作为报表筛选，但不作为轴字段。使用“销售人员”作为轴字段，并将该“数据透视图”放入新工作表中	呈现可视化数据	64
10	配置 Excel，使用“黄色”标识检测到的公式错误	应用公式和函数	66
11	在工作表“区域销售”的单元格 A1 中，插入名为“表示公式”的“按钮（窗体控件）”，然后将此按钮指定给宏“说明公式单元格”	使用宏和表单	67
12	在工作表“区域销售”中，将图表样式更改为“样式 5”，并添加“茶色，背景 2”的“形状填充”。使用名称“新图表”将图表保存为图表模板	呈现可视化数据	69
13	在工作表“Sheet1”中更改“数值调节钮（窗体控件）”，以便它可以将单元格 E3 中的值更改为数字 1-12，步长为 1（注意：接受所有其他的默认设置）	使用宏和表单	71

续表

题号	模 拟 题 目	类别	页码
14	在工作表“日程安排”中，使用“公式求值”工具更正 L5 中的错误	应用公式和函数	72
15	在工作表“区域销售”中，追踪不一致公式的所有公式引用	应用公式和函数	73
16	将工作簿中名称为“_2009 年 _”、“_2010 年 _”、“_2011 年 _”的区域合并到工作表，并对其求和，起始单元格为 A1。在首行和最左列显示标签，并将新工作表命名为“3 年”	呈现可视化数据	75
17	在工作表“数据透视表”中，插入切片器以使“数据透视表”显示“产品”和“订单号	呈现可视化数据	76
18	在工作表“区域销售”中，追踪单元格 N3 的所有公式引用	应用公式和函数	77
19	在工作表“销售统计”中配置保护工作表，以便只能选择单元格区域 B4:D6，而所有其他单元格不可选。保护工作表，但不使用密码	共享和维护工作簿	78
20	创建并显示名为“预期目标 1”的方案，该方案允许你将“电脑销量（台）”的值更改为 30000	呈现可视化数据	79
21	启用“迭代计算”并将最多迭代次数设置为 25	应用公式和函数	81
22	在工作表“Sheet1”中，创建将“列宽”设置为 20，并对单元格内容应用“垂直居中”格式的宏。将宏命名为“宽度”，并将其仅保存在当前工作簿中（注意：接受所有其他的默认设置）	使用宏和表单	82
23	使用现有的 XML 映射对活动工作簿中的 XML 元素进行映射。然后在“文档”文件夹中将当前工作表导出为 .XML 数据文件，文件名为“订购情况 .XML”	共享和维护工作簿	84
24	共享当前的工作簿以将修订记录保存 120 天	共享和维护工作簿	85
25	在工作表“区域销售”中，创建对工作表单元格应用数字格式“货币”和“项目选取规则”、“值最小的 10% 项”的宏。将宏命名为“最小值”，并将其仅保存在当前工作簿中。对“当年总计”列中的数值应用此宏(注意:接受所有其他的默认设置)	呈现可视化数据	86
26	在工作表“主管”中，修复表格的数据源，以便柱形图包括“李达明”行的数值	呈现可视化数据	87
27	使用密码“67890“对工作簿进行加密，并将工作簿标记为最终状态	共享和维护工作簿	88
28	创建名为“用户 ID”的自定义属性，该属性是“数字”类型，“取值”为 101	共享和维护工作簿	90
29	在工作表“区域销售”的单元格 P3 中，添加一个函数以对“西南 1”中的“销售人员”进行计数	应用公式和函数	91

题目1

在工作表“区域销售”的单元格P3中使用COUNTIFS函数，以计算区域“西南 1”中有多少名销售人员的销售量超过了140 000箱。

打开练习文档（Excel练习题组/E01.xlsx）。

解法

01 单击工作表“区域销售”中的P3单元格；

02 在“编辑栏”中输入函数“=COUNTIFS()”；（注意：所有的字母不区分大小写，标点符号使用英文半角）

03 单击 *fx* 按钮；

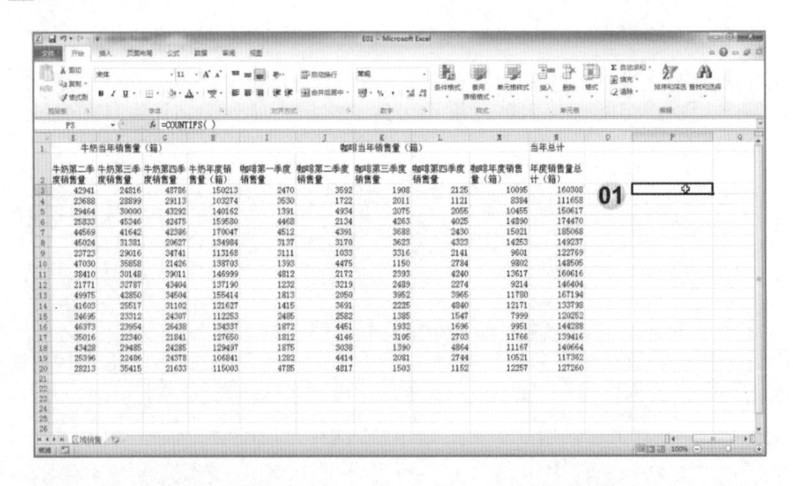

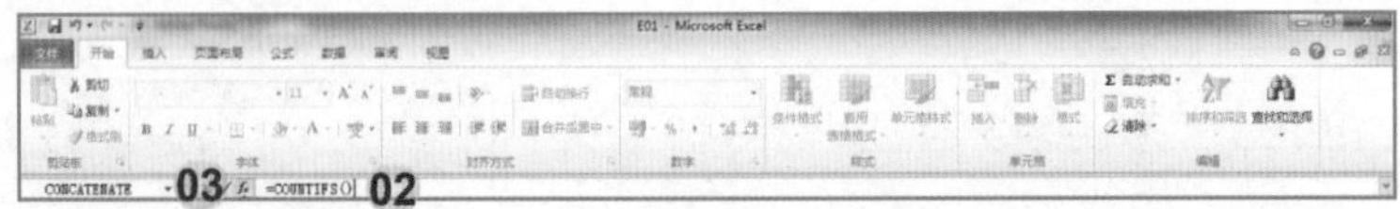

04 在“函数参数”对话框的“Criteria_range1”处单击“引用位置”按钮；

05 选择工作表的“区域”列；（代表条件1的范围是“区域”所在的列，即C列）

06 单击“返回”按钮；

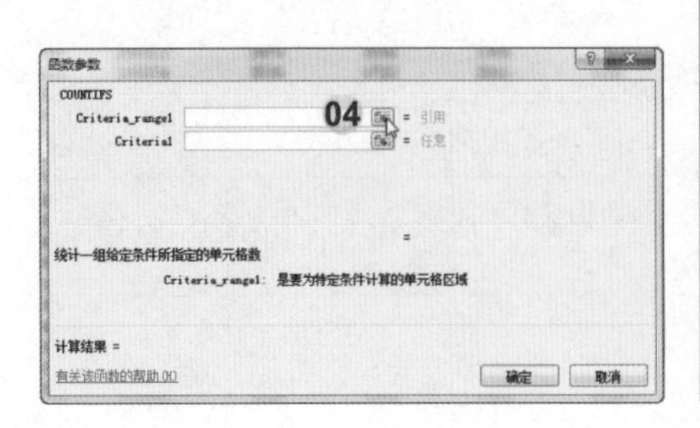

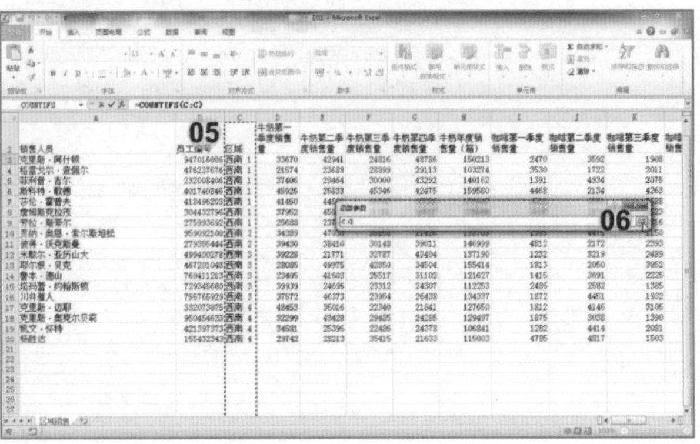

07 在“函数参数”对话框的“Criteria1”文本框输入“=西南 1”（代表条件1的查找条件是“区域”中为“西南 1”的值）；注意：考试时，中文“西南”和数字“1”之间可能有一空格，输入时需仔细核对。

08 在“Criteria_range2”处单击“引用位置”按钮；

09 在工作表中选择“年度销售量总计”列；（代表条件2的范围是“年度销售总计”所在的列，即N列）

10 单击“返回”按钮；

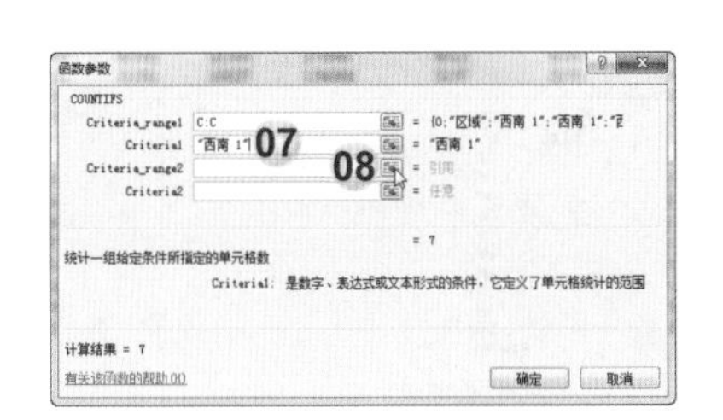

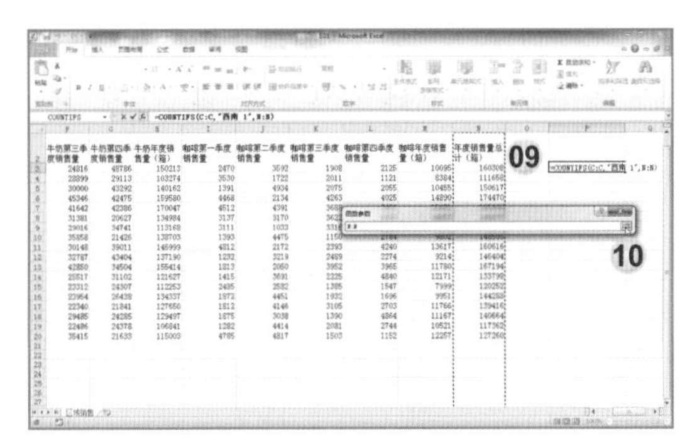

11 在“函数参数”对话框的“Criteria2”文本框中输入“>140000”；（代表条件2中的查找条件是“年度销售总计”中大于140000的值）

12 单击“确定”按钮；（即返回同时满足条件1和条件2的值的个数）

13 完成后效果如下右图所示。

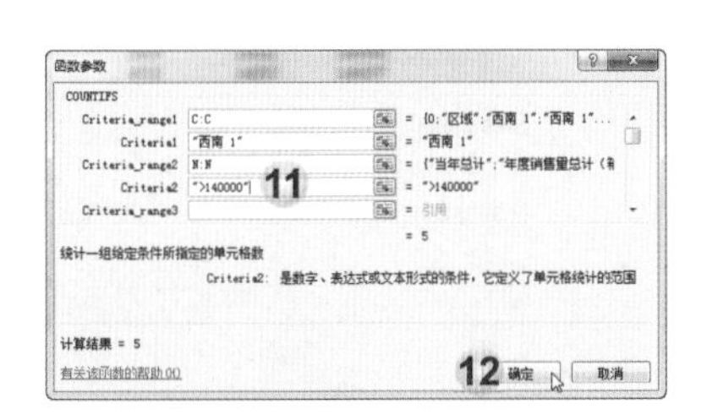

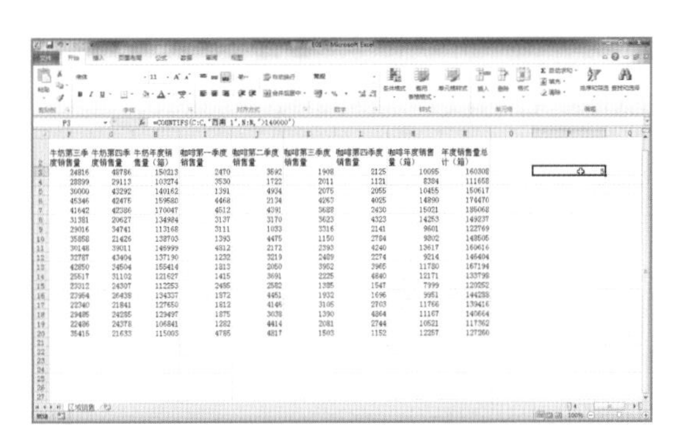

题目2

在“产品库存”工作表中创建“数据透视图”，按照“产品”显示在“分店4”中的“H1箱数”、“H2箱数”、“H3箱数”和“H4箱数”类别的库存量。使用“分店”作为报表筛选，但不作为轴字段。使用“产品”作为轴字段，并将该“数据透视图”放入新工作表中。

打开练习文档（Excel练习题组/E02.xlsx）。

解法

01 单击“插入”选项卡；

02 单击“表格”组中“数据透视表”下拉列表中的“数据透视图”按钮；

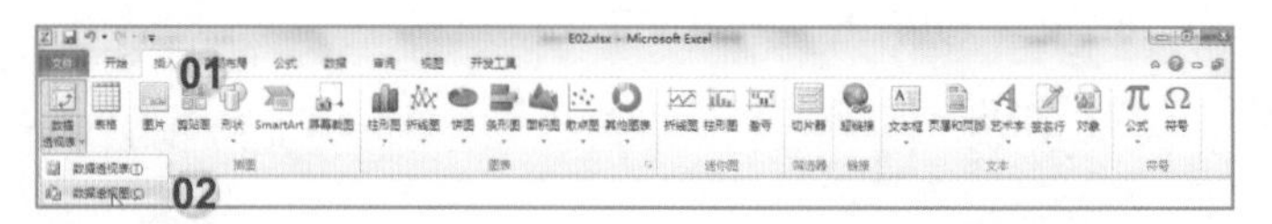

03 在“创建数据透视表及数据透视图”对话框中单击“确定”按钮；

04 在“数据透视表字段列表”任务窗格中选择“分店”复选框；

05 右击，在弹出的快捷菜单中选择“添加到报表筛选”命令；

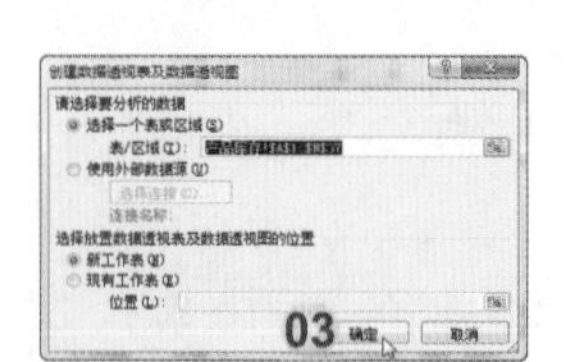

06 同样的方法选择“产品”复选框；

07 在右键菜单中选择“添加到轴字段（分类）”命令；

08 同样的方法选择“H1箱数”字段；

09 在右键菜单中选择“添加到值”命令；

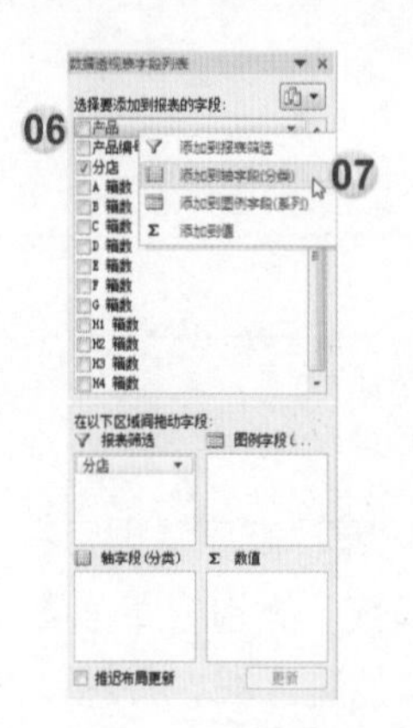

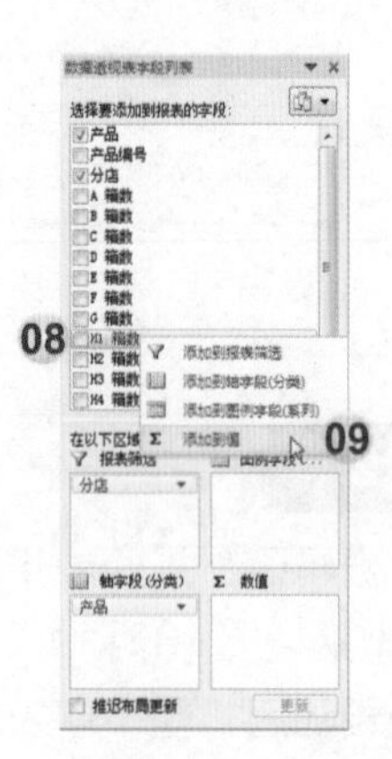

10 同理，依次把“H2箱数”字段、“H3箱数”字段、“H4箱数”字段添加到值；

11 在数据透视图的“报表筛选”列表框中单击“分店”；

12 在其下拉列表中选择“分店4”；

13 单击“确定”按钮；

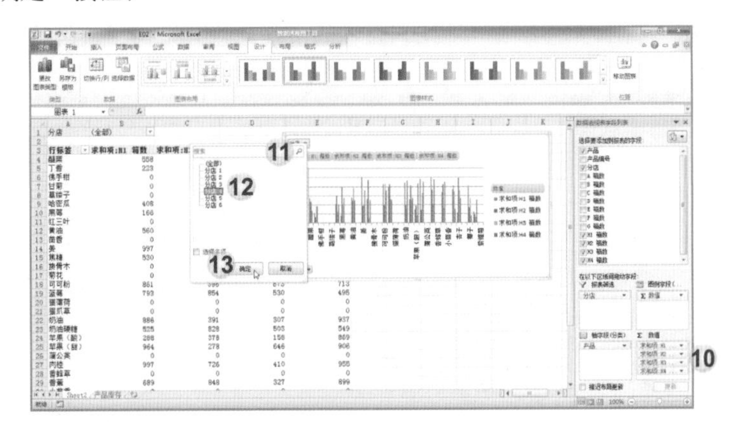

14 选择“设计”选项卡；

15 选择“位置”组的“移动图表”按钮；

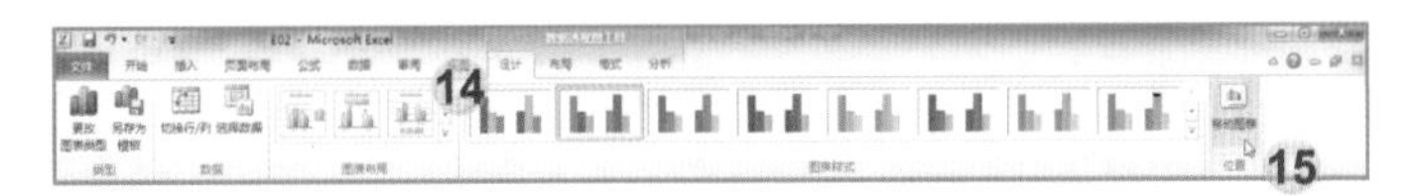

16 在“移动图表”对话框中选择“新工作表”单选按钮；

17 单击“确定”按钮。

完成后效果如下图所示。

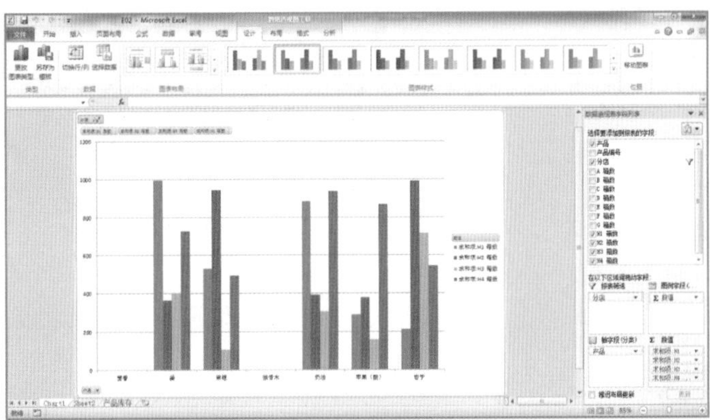

题目3

向“卡布奇诺”图表中添加多项式趋势线，该趋势线使用“顺序4”，并且预测趋势前推1个周期。

打开练习文档（Excel练习题组/E03.xlsx）。

解法

01 单击工作表中的图表；

02 单击“布局”选项卡；

03 单击“分析”组中“趋势线”下拉列表中的“其他趋势线选项”按钮；

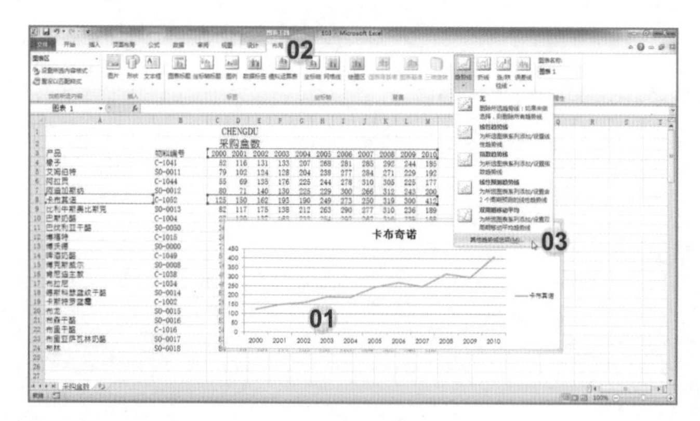

04 在“设置趋势线格式”对话框的“趋势预测/回归分析类型”区域中选择“多项式”单选按钮；

05 在“顺序”处设置为“4”；

06 在“趋势预测”“前推”处设置为“1”周期；

07 单击“关闭”按钮。

完成后效果如下右图所示。

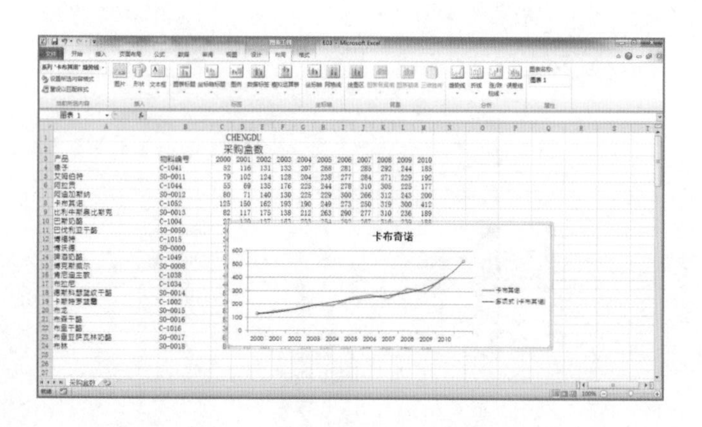

题目4

在新工作表中创建“数据透视表”，该数据透视表的行标签为“产品”，列标签为“生产地”，最大值项为“订购盒数”。

打开练习文档（Excel练习题组/E04.xlsx）。

解法

01 单击“插入”选项卡；

02 单击“表格”组“数据透视表”下拉列表中的“数据透视表”按钮；

03 在“创建数据透视表”对话框中单击“确定”按钮；

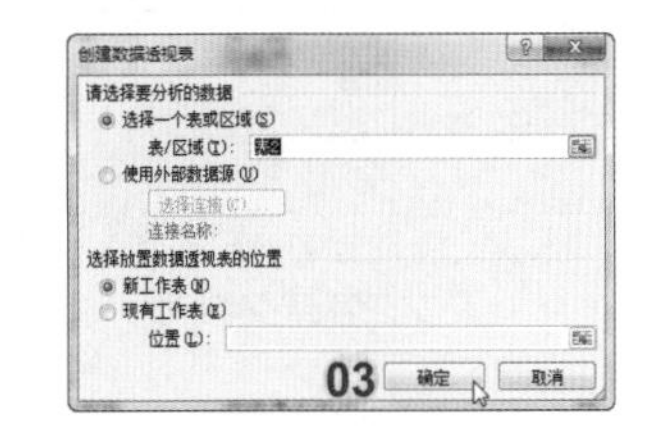

04 在“数据透视表字段列表”任务窗格中勾选“产品”复选框；

05 右击，在弹出的快捷菜单中选择“添加到行标签”命令；

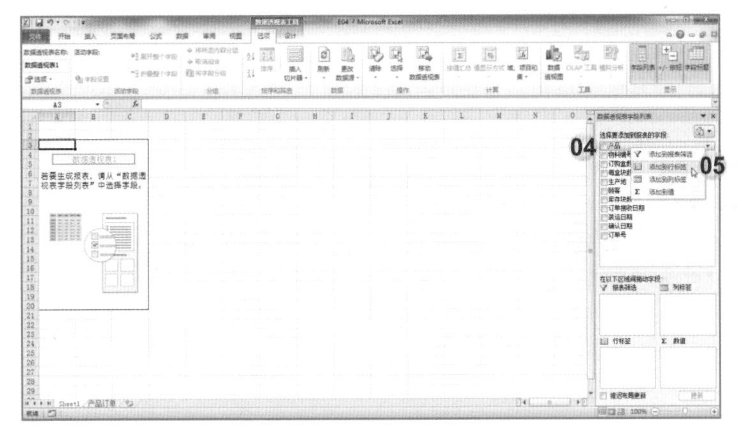

06 同样的方法选择“生产地”复选框；

07 右击，在右键菜单中选择“添加到列标签”命令；

08 同样的方法选择“订购盒数”复选框；

09 右击，在右键菜单中选择“添加到值”命令；

10 在“数据透视表字段列表”任务窗格中单击“求和项：订购盒数”；

11 在下拉列表中选择“值字段设置”；

12 在“值字段设置”对话框中选择“最大值”；

13 单击“确定”按钮。

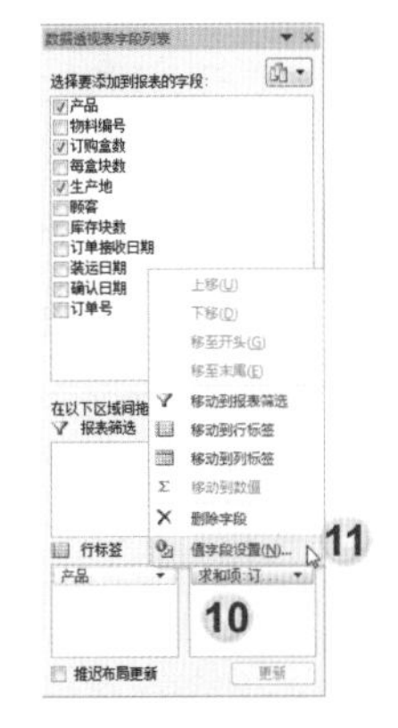

完成后效果如下图所示。

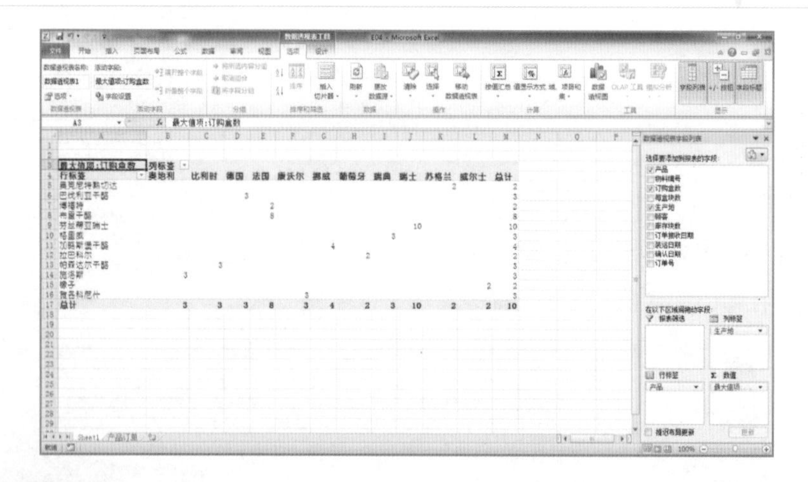

题目5

在工作表“地区主管”的单元格B9中创建函数HLOOKUP，以查找“西南2”区域“主管”的“总销售箱数”。

打开练习文档（Excel练习题组/E05.xlsx）。

解法

01 单击工作表“地区主管”中的单元格B9；

02 单击“公式”选项卡；

03 单击“函数库”组中的“插入函数”按钮；

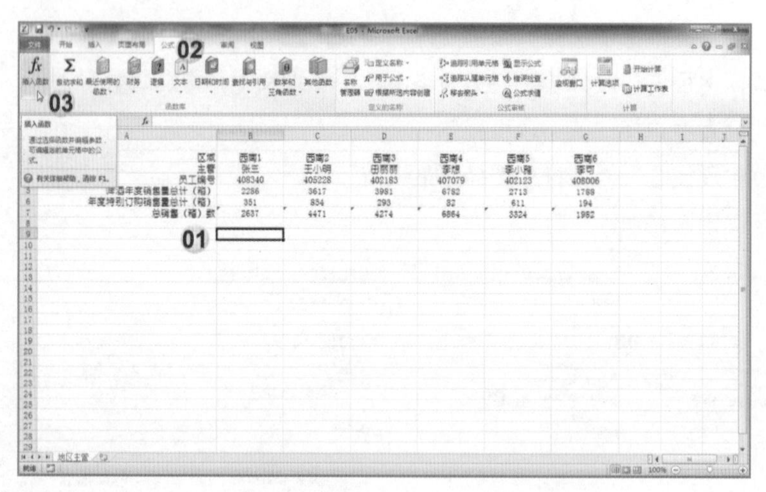

04 在“插入函数”对话框的“或选择类别”下拉列表中选择“全部”；

05 在“选择函数”列表框中选择“HLOOKUP”函数；

06 单击“确定”按钮；

07 在“函数参数”的“Lookup_value”处单击工作表中题目要求的“西南2”主管所在单元格C3（代表需要在数据表首行进行搜索的值）；

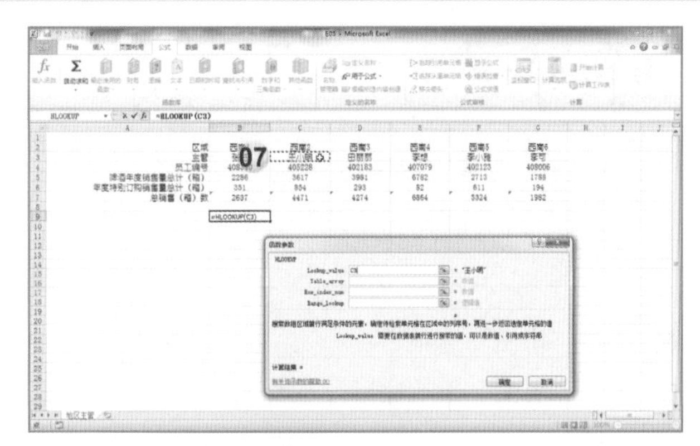

08 在“函数参数”的“Table_array”处单击“选择数据”按钮；

09 在工作表中选择单元格区域C3:C7（代表查找的数据表范围）；

10 单击“返回”按钮；

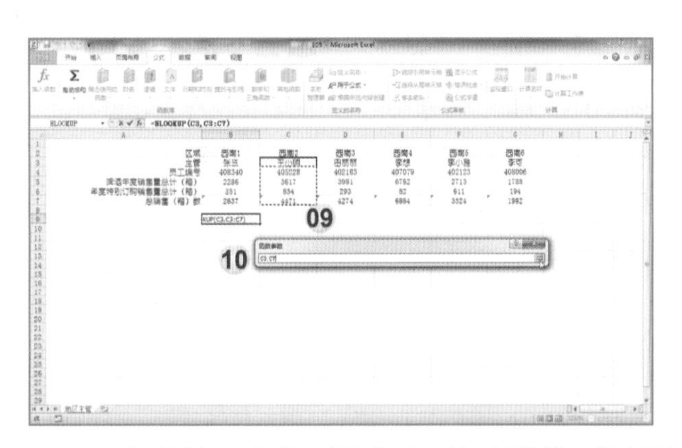

11 在“函数参数”的“Row_index_num”处输入“5”（代表返回第5行的值，即总销售盒数）；

12 在“函数参数”的“Range_lookup”处输入“0”或者“FALSE”（代表查找时精确匹配）；

13 单击“确定”按钮。

完成后效果如下右图所示。

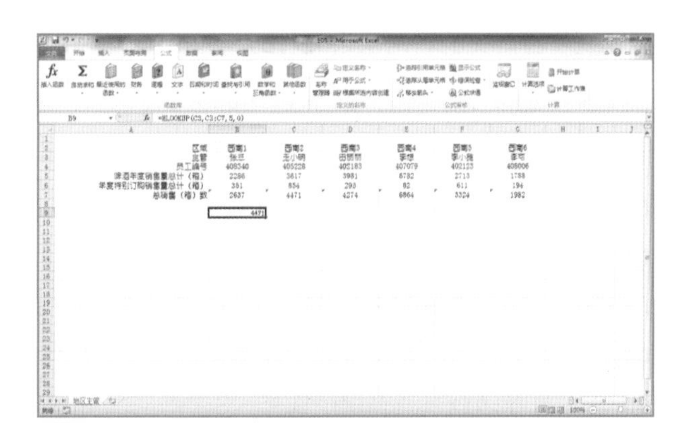

题目6

显示此共享文档的“除我之外每个人”已作的所有修订，在新工作表上显示修订。（注意：接受所有其他的默认设置）

打开练习文档（Excel练习题组/E06.xlsx）。

解法

01 单击“审阅”选项卡；

02 单击“更改”组“修订”下拉列表中的“突出显示修订”；

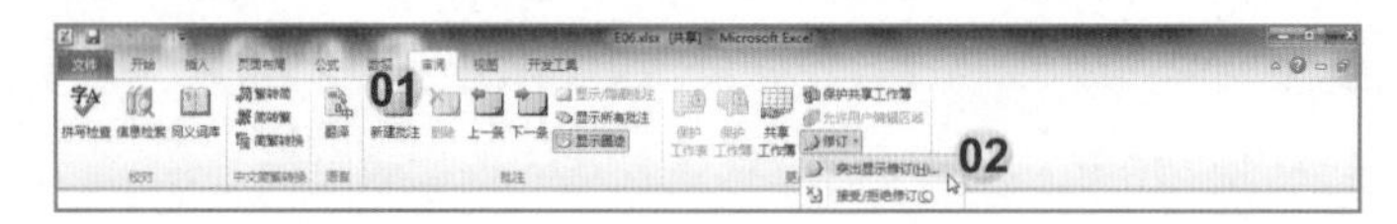

03 取消勾选“时间”复选框；

04 在“修订人”下拉列表中选择“除我之外每个人”；

05 取消勾选“在屏幕上突出显示修订”复选框；

06 勾选“在新工作表上显示修订”复选框；

07 单击“确定”按钮。

完成后效果如下右图所示。

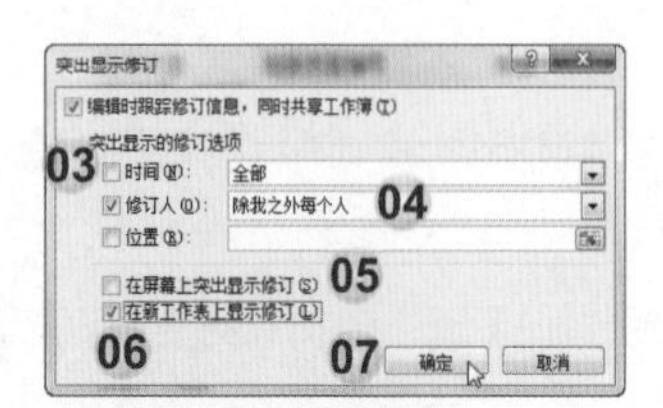

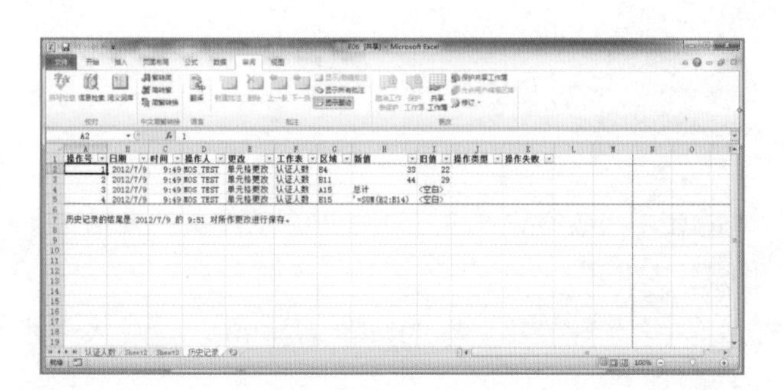

题目7

在工作表“区域销售”的单元格P3中插入函数SUMIFS，该函数计算“西南4”中以“克”字开头的“销售人员”的“咖啡第一季度销售量”的总计。

打开练习文档（Excel练习题组/E07.xlsx）。

解法

01 单击工作表“区域销售”的P3单元格；

02 单击“公式”选项卡；

03 单击“插入函数”按钮；

04 在“插入函数”对话框的“或选择类别”下拉列表中选择“全部”；

05 在“选择函数”列表框中选择“SUMIFS”函数；

06 单击“确定”按钮；

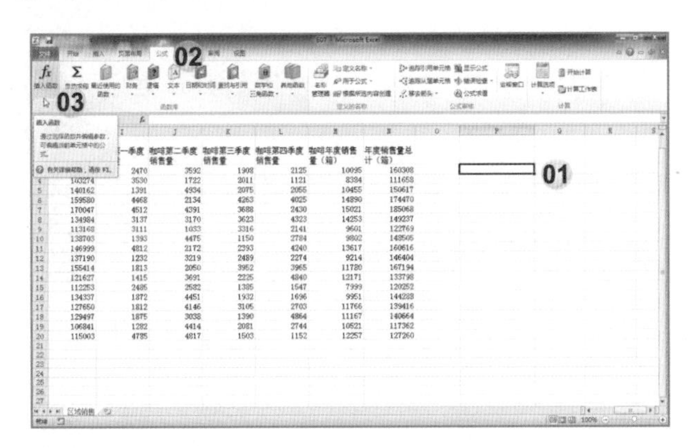

07 在“函数参数”对话框的“Sum_range”处单击选择工作表中“咖啡第一季度销售量”的数据区域“I3:I20”（代表要条件求和的数据区域）；

08 在“函数参数”对话框的“Criteria_range1”处单击“选择数据”按钮；

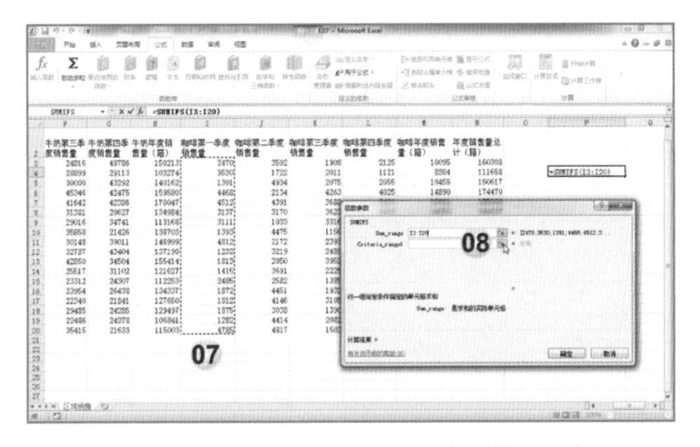

09 选择工作表中的数据区域“C3:C20”（代表条件1的区域）；

10 单击“返回”按钮；

11 在“函数参数”对话框的“Criteria1”处输入“西南 4”（代表条件1的值是“西南 4”）；（注意：考试时，中文“西南”和数字“4”之间可能有一空格，输入时需仔细核对）

12 在“函数参数”对话框的“Criteria_range2”处单击“选择数据”按钮；

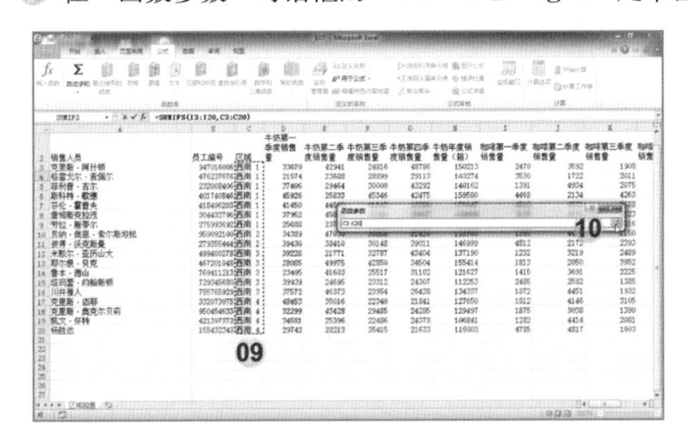

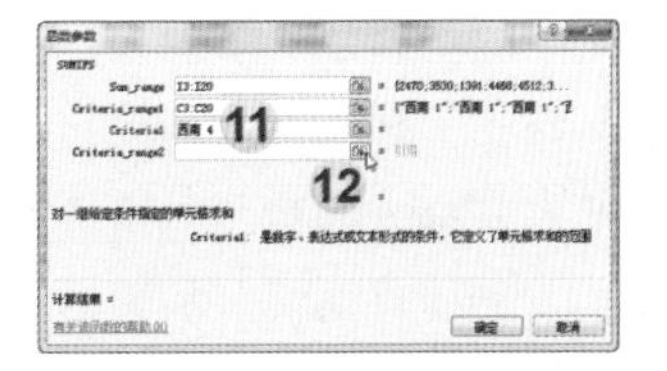

13 选择工作表中“销售人员”的数据区域“A3:A20”（代表条件2的区域）；

14 单击“返回”按钮；

15 在“函数参数”对话框的“Criteria2”处输入“克*”；（代表条件2是以“克”开头的所有数据）

16 单击“确定”按钮。（即求和出同时满足条件1和条件2的数据）

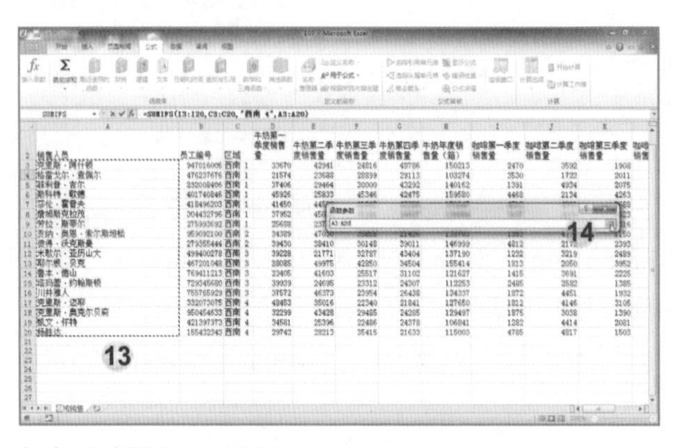

完成后效果如下图所示。

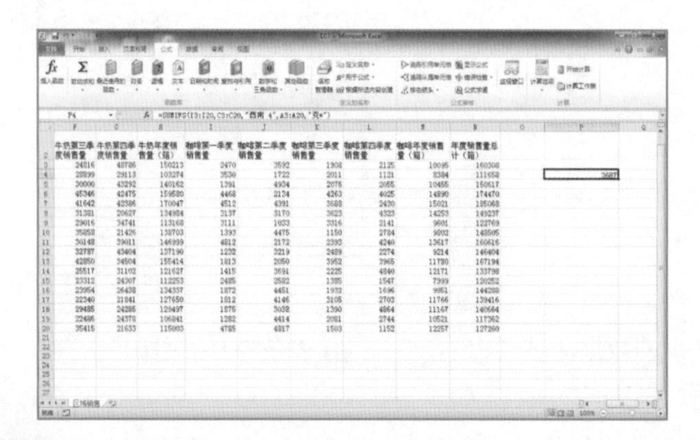

题目8

在工作表“区域销售”的单元格P3中使用AVERAGEIFS函数，以查找“西南 1”中“牛奶第一季度销售量”的平均值。剔除值为0的情况。

打开练习文档（Excel练习题组/E08.xlsx）

解法

01 单击工作表“区域销售”的P3单元格；

02 单击“公式”选项卡；

03 单击“插入函数”按钮；

04 在“插入函数”对话框的“或选择类别”下拉列表中选择“全部”；

05 在“选择函数”列表框中选择“AVERAGEIFS”函数；

06 单击“确定”按钮；

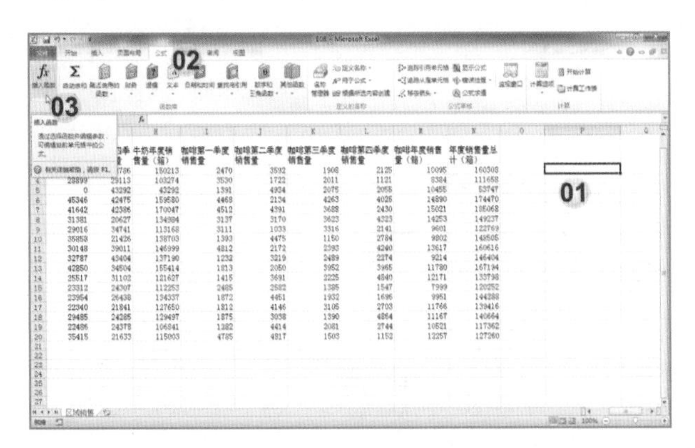

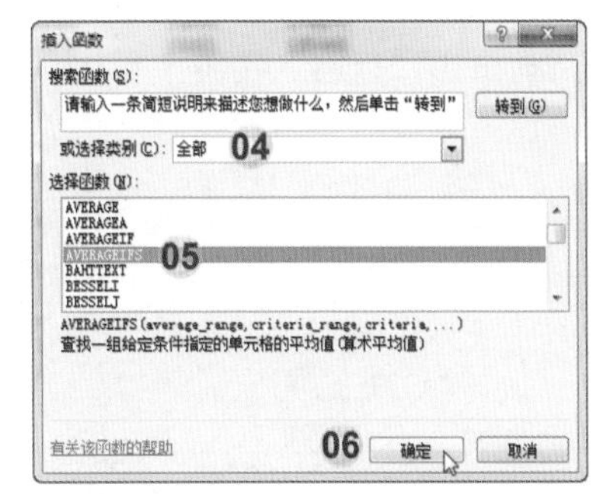

07 在“函数参数”对话框的“Average_range”处单击选择工作表中“牛奶第一季度销售量”数据区域“D3:D20”；（代表所求平均值的数据范围）

08 在“函数参数”对话框的“Criteria_range1”处单击“选择数据”按钮；

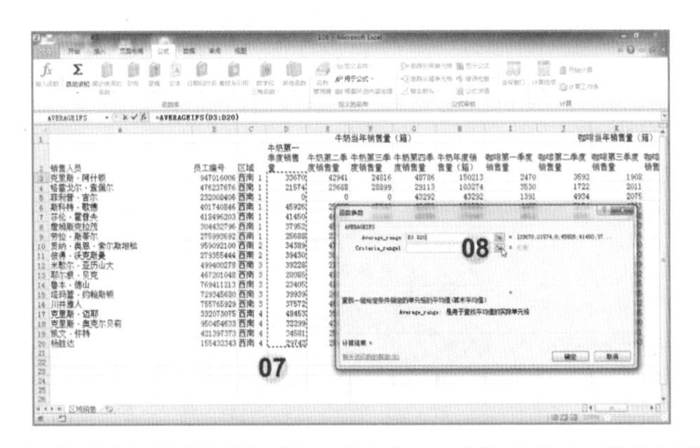

09 选择工作表中“区域”数据区域“C3:C20”；（代表条件1的数据范围）

10 单击“返回”按钮；

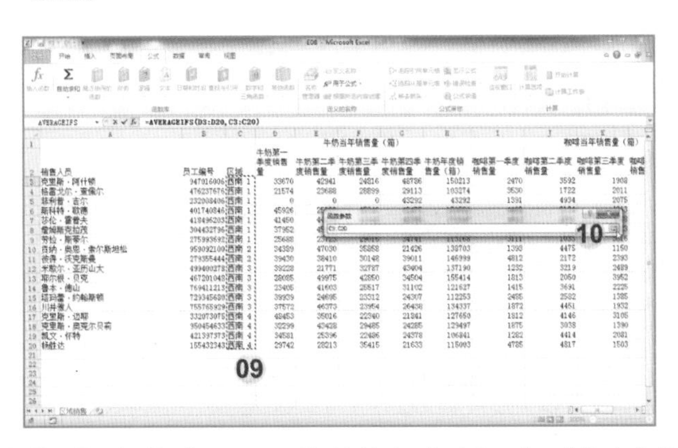

11 在“函数参数”对话框的“Criteria1”处输入“西南 1”（代表条件1的条件值为“西南 1”）；（注意：考试时，中文“西南”和数字“1”之间可能有一空格，输入时需仔细核对）

12 在“函数参数”对话框的“Criteria_range2”处单击“选择数据”按钮；

13 选择工作表中“牛奶第一季度销售量”数据区域“D3:D20”；（代表条件2的数据范围）

14 单击“返回”按钮；

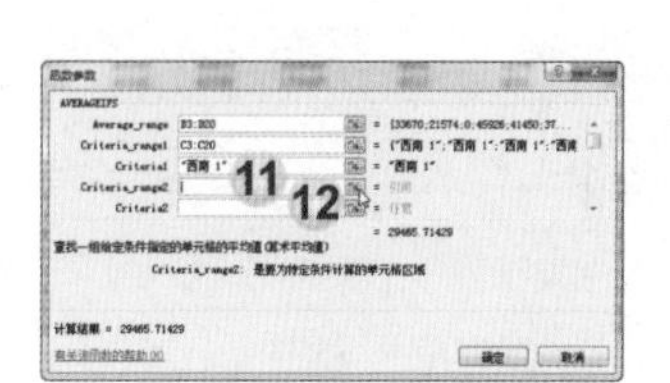

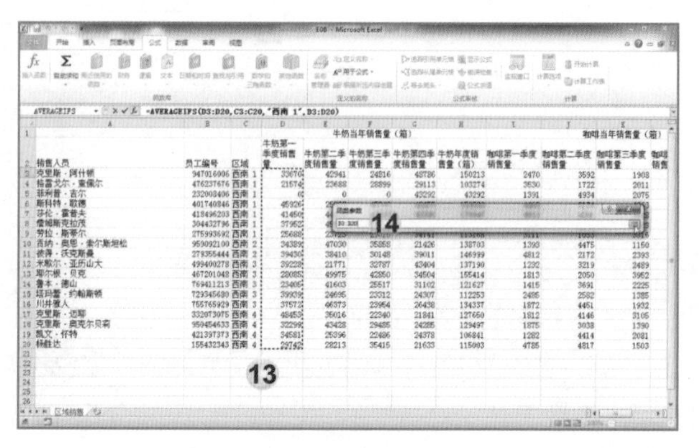

15 在“函数参数”对话框的“Criteria2”处输入条件2的条件值“<>0”（代表不为零的数据）；

16 单击“确定”按钮。

完成后效果如下右图所示。

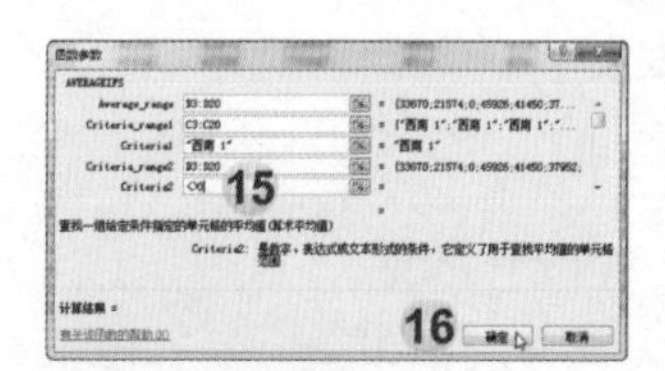

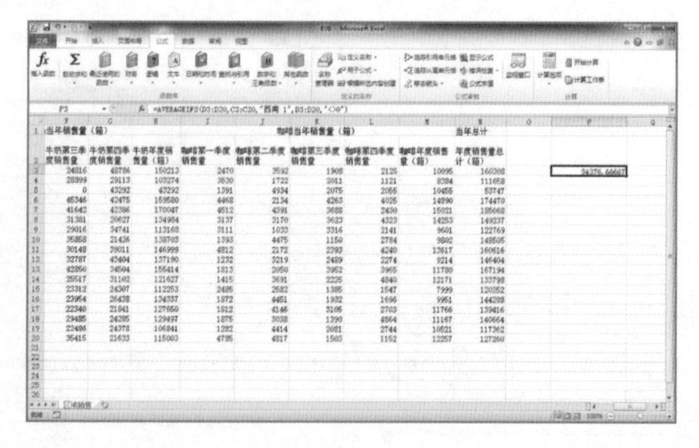

题目9

在工作表“区域销售”中，创建“数据透视图”，按照销售人员显示每个季度的区域“西南 4”的牛奶销售量。使用“区域”作为报表筛选，但不作为轴字段。使用“销售人员”作为轴字段，并将该“数据透视图”放入新工作表中。

打开练习文档（Excel练习题组/E09.xlsx）。

解法

01 单击“插入”选项卡；

02 单击“表格”组“数据透视表”下拉列表中的“数据透视图”按钮；

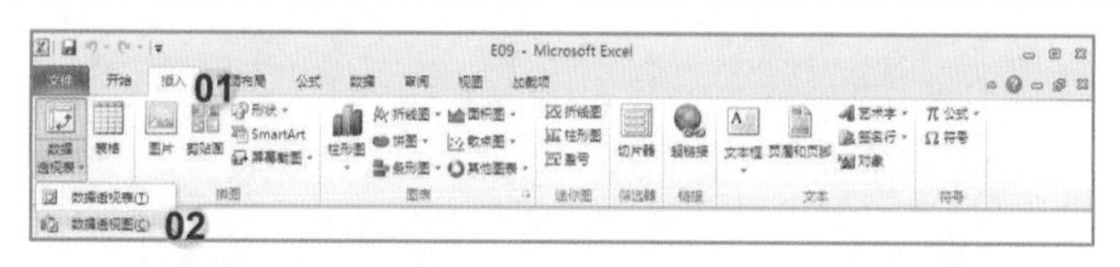

03 在“创建数据透视表及数据透视图”对话框中单击“确定”按钮；

04 在“数据透视表字段列表”任务窗格中勾选“区域”复选框；

05 右击，在弹出的快捷菜单中选择“添加到报表筛选”命令；

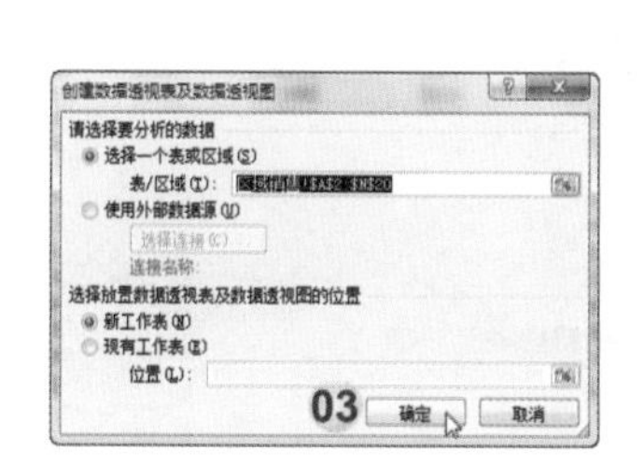

06 同样的方法选择“销售人员”复选框；

07 在右键菜单中选择“添加到轴字段（分类）”命令；

08 同样的方法选择“牛奶第一季度销售量”复选框；

09 在右键菜单中选择“添加到值”命令；

10 同理，依次把“牛奶第二季度销售量”字段、“牛奶第三季度销售量”字段、“牛奶第四季度销售量”字段添加到值；

11 在数据透视图的“报表筛选”处单击“区域”；

12 在其下拉列表中选择“西南 4”；

13 单击“确定”按钮；

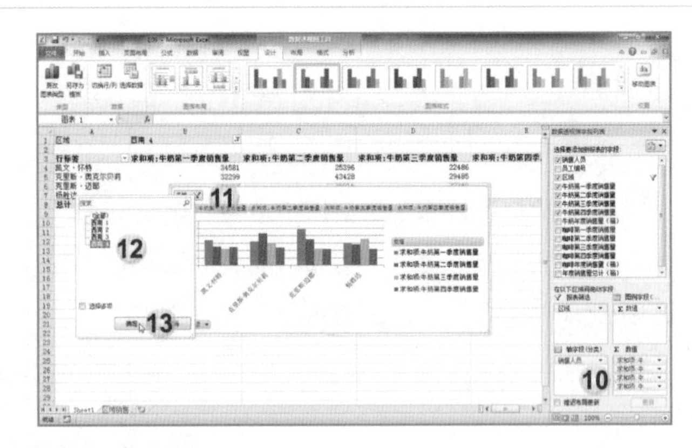

14 选择“设计”选项卡；

15 单击“位置”组中的“移动图表”按钮；

16 在“移动图表”对话框中选择“新工作表”单选按钮；

17 单击“确定”按钮。

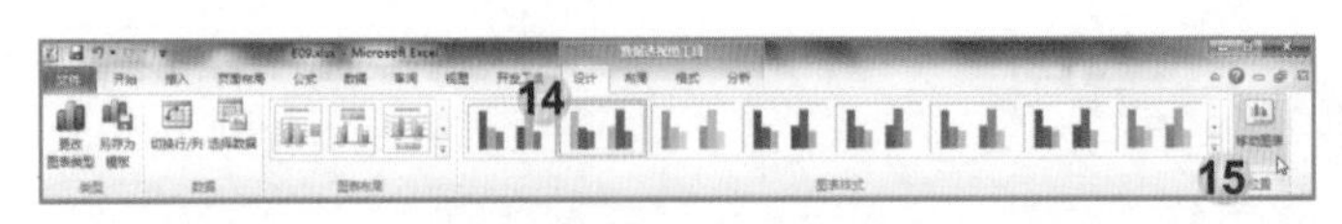

完成后效果如下图所示。

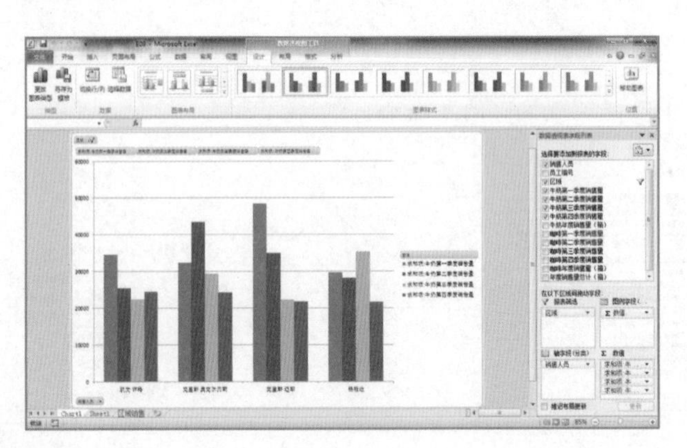

题目10

配置Excel，以使用“黄色”标识检测到的公式错误。

打开练习文档（Excel练习题组/E10.xlsx）。

解法

01 单击“文件”选项卡；

02 单击“选项”按钮；

03 在“Excel选项”对话框中单击“公式”选项卡；

04 在“错误检查”区域的“使用此颜色标识错误”处选择题目要求的颜色；

05 单击“确定”按钮即可。

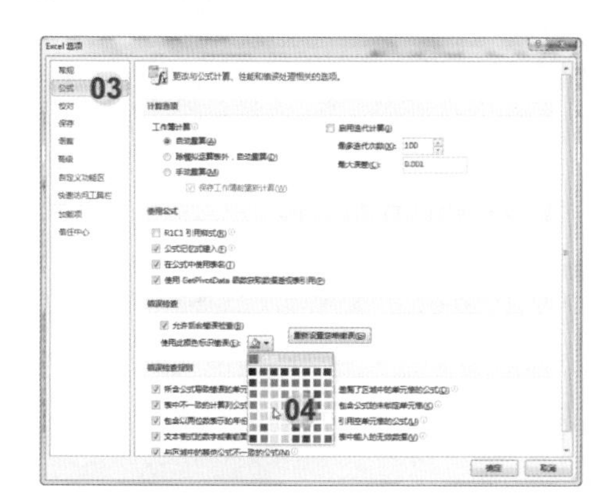

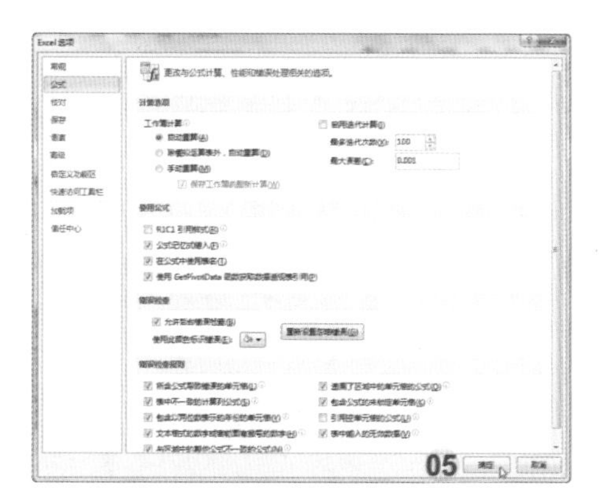

题目11

在工作表“区域销售”的单元格A1中，插入名为“表示公式”的“按钮（窗体控件）”，然后将此按钮指定给宏“说明公式单元格”。

打开练习文档（Excel练习题组/E11.xlsx）。

解法

01 单击“开发工具”选项卡；

NOTE

如没有显示“开发工具”选项，请用如下方法显示该选项：

（1）单击“文件”选项卡中的“选项”按钮；

（2）在“Excel选项”对话框中单击“自定义功能区”按钮；

（3）在“自定义功能区”的主选项卡中勾选“开发工具”复选框，单击“确定”按钮。

02 单击“控件”组“插入”下拉列表中的“按钮（窗体控件）”；

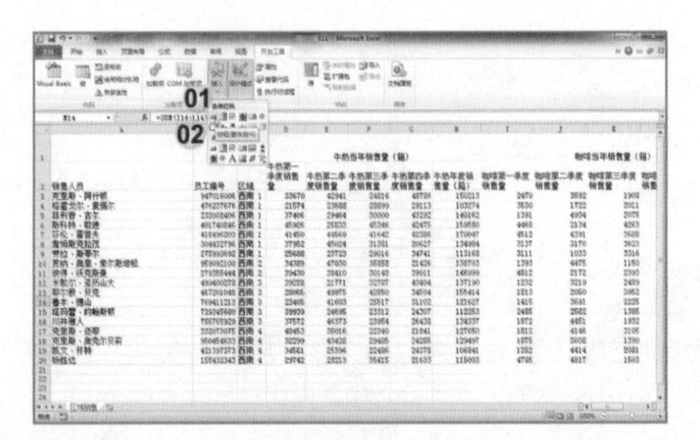

03 拖动鼠标使按钮出现在工作表“当前销售量”的A1单元格中；

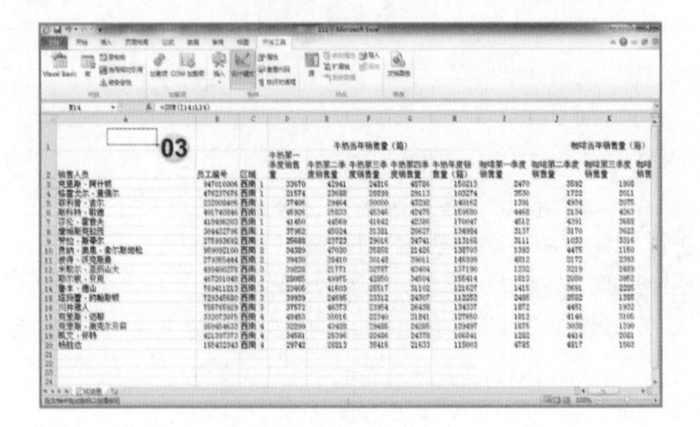

04 在“指定宏”对话框“宏名”处选择题目要求的“说明公式单元格”宏；

05 单击“确定”按钮；

06 修改按钮上的文字为题目要求的“表示公式”；

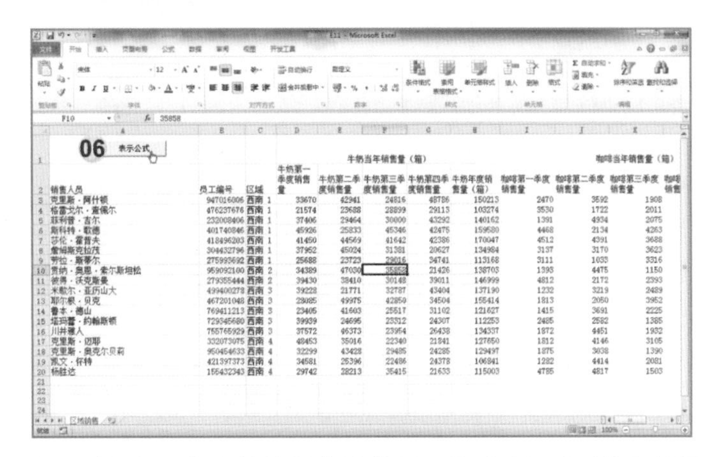

07 单击该窗体控件按钮执行它。（注意：中文简体版考试的题目没明确说明要执行该控件，但评分确实是要求此步骤的）

完成后效果如下图所示。

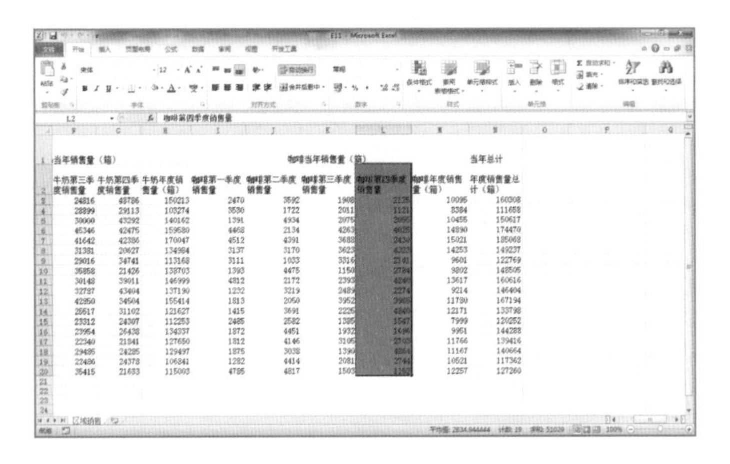

题目12

在工作表“区域销售”中，将图表样式更改为“样式5”，并添加“茶色，背景2”的“形状填充”。使用名称“新图表”将图表保存为图表模板。

打开练习文档（Excel练习题组/E12.xlsx）。

解法

01 单击选中工作表“区域销售”中的图表；

02 单击“设计”选项卡；

03 单击“图表样式”中的“样式5”；

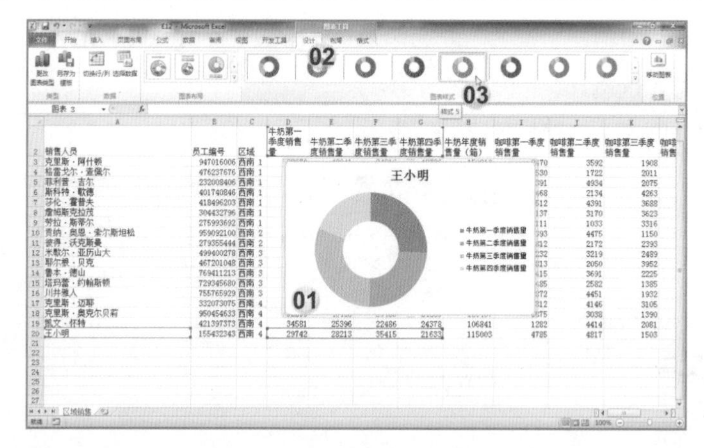

04 单击“格式”选项卡；

05 单击“形状样式”组“形状填充”下拉列表中的“茶色，背景2”；

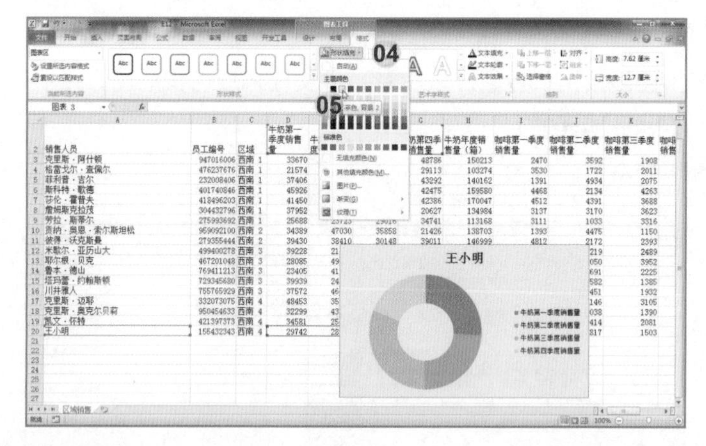

06 单击“设计”选项卡；

07 单击“类型”组中的“另存为模板”按钮；

08 在“保存图表模板”对话框的“文件名”文本框中输入“新图表”；

09 单击“保存”按钮。

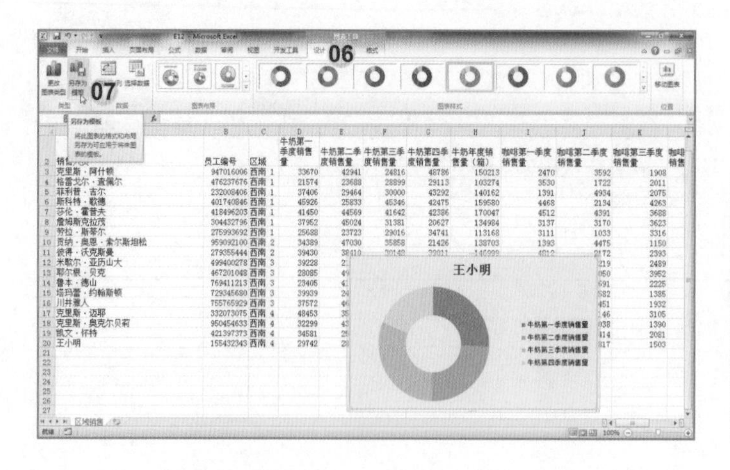

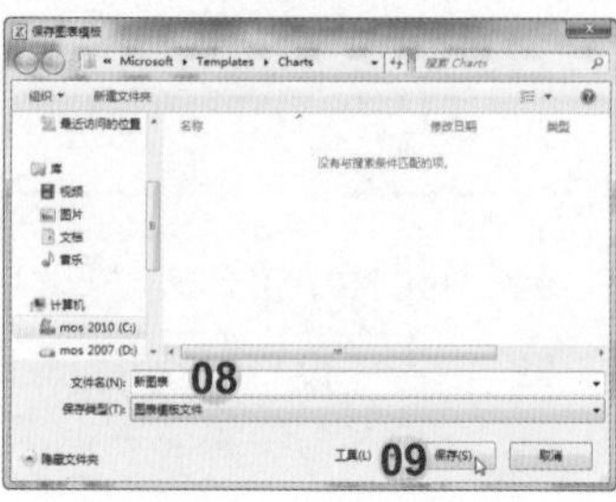

题目13

在工作表“Sheet1”中更改“数值调节钮（窗体控件）”，以便它可以将单元格E3中的值更改为数字1-12，步长为1。（注意：接受所有其他的默认设置）

打开练习文档（Excel练习题组/E13.xlsx）。

解法

01 单击工作表“Sheet1”中的“数值调节钮（窗体控件）”；

02 在右键快捷菜单中选择“设置控件格式”命令；

03 在“设置控件格式”对话框中“最小值”文本框中输入“1”；

04 在“最大值”文本框中输入“12”；

05 在“步长”文本框中输入“1”；

06 在“单元格链接”处单击“选择数据”按钮；

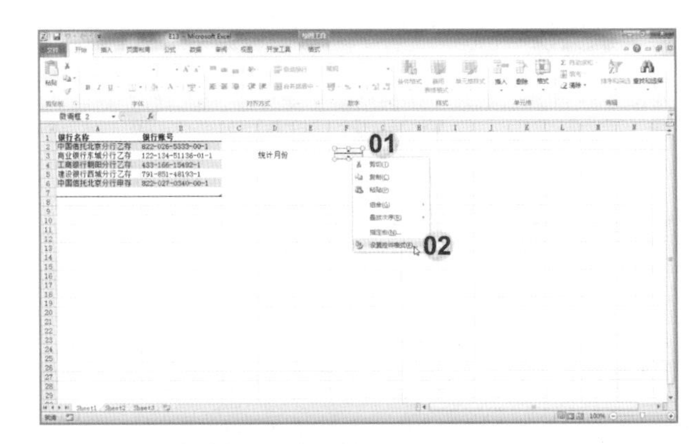

07 选择工作表中的E3单元格；

08 单击“返回”按钮；

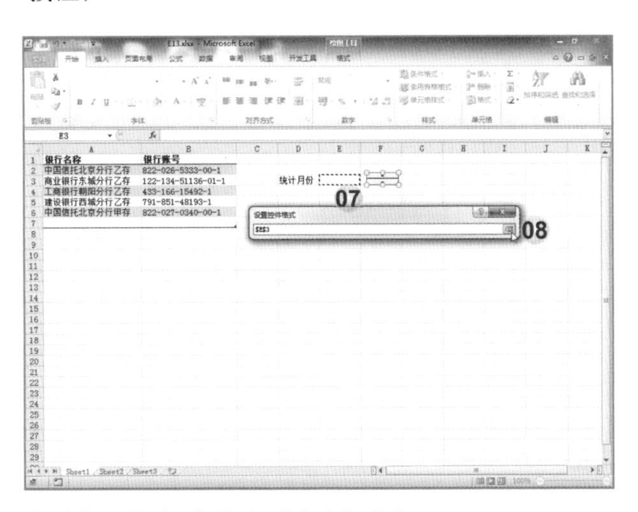

09 在“设置控件格式”对话框中单击“确定”按钮。

完成后效果如右图所示。单击控件可使E3单元格的值从1变动到12，每次变动1。

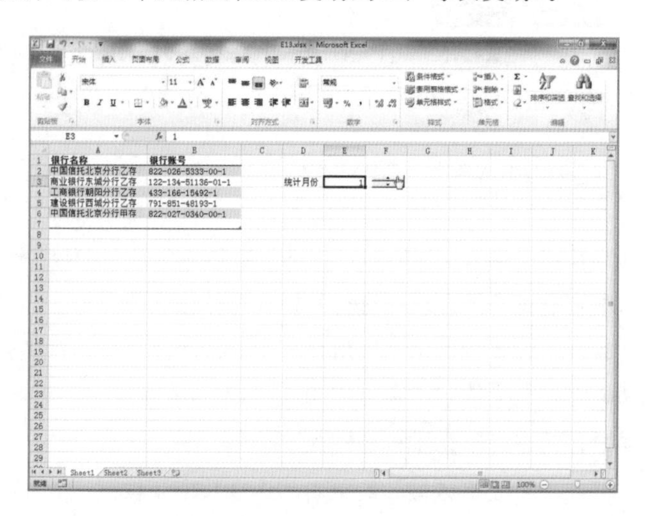

题目14

在工作表“日程安排”中使用“公式求值”工具更正L5中的错误。

打开练习文档（Excel练习题组/E14.xlsx）。

解法

01 单击选中工作表“日程安排”中L5单元格；

02 单击下拉列表中的“显示计算步骤”；

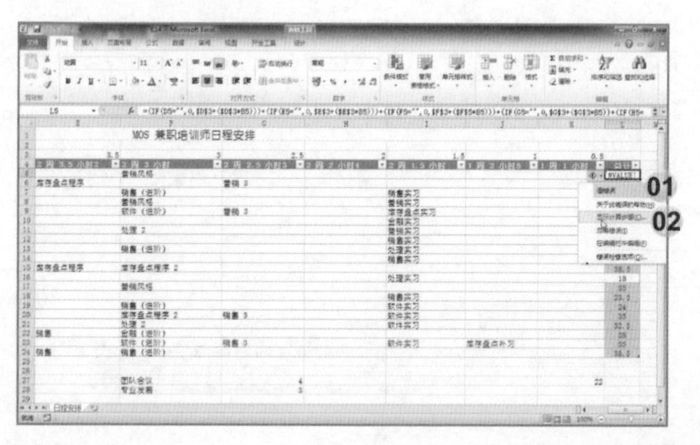

03 在“公式求值”对话框中找出公式出错的位置是在公式中的“$F$5*B5”处；

04 单击“关闭”按钮；

05 通过分析发现原公式中正确的公式意思是：如果D5单元格的值为空，则返回“0”，否则返回$D$3+($D$3*B5)；而公式中F5处不为空的返回值却是$F$3+($F$5*B5)；所以应该修改公式为IF(F5="",0,$F$3+($F$3*B5))；（把原来出错公

式中的$F$5改成$F$3即可)

06 同理，发现还有类似的错误：公式中H5处不为空的返回值是$H$3+($H$5*B5)；所以应该修改公式为IF(H5="",0,$H$3+($H$3*B5))；（把原来出错公式中的$H$5改成$H$3即可)

07 公式中I5处不为空的返回值是$I$3+($I$5*B5)；所以应该修改公式为IF(I5="",0,$I$3+($I$3*B5))；（把原来出错公式中的$I$5改成$I$3即可)

08 单击“√”按钮确认公式的输入。

最后完整正确的公式应为：=(IF(D5="",0,$D$3+($D$3*B5)))+(IF(E5="",0,$E$3+ ($E$3*B5)))+(IF(F5="",0,$F$3+($F$3*B5)))+(IF(G5="",0,$G$3+($G$3*B5))+(IF(H5="",0,$H$3+($H$3*B5)))+(IF(I5="",0,$I$3+($I$3*B5)))+(IF(J5="",0,$J$3+($J$3*B5)))+(IF(K5="",0,$K$3+($K$3*B5)))+$G$27+$G$28)

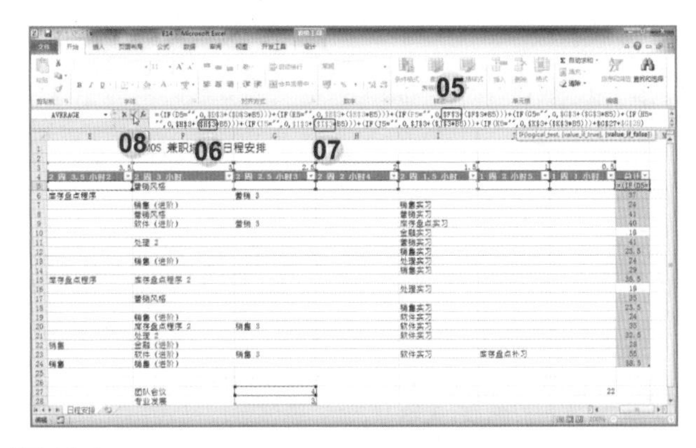

完成后效果如下图所示。

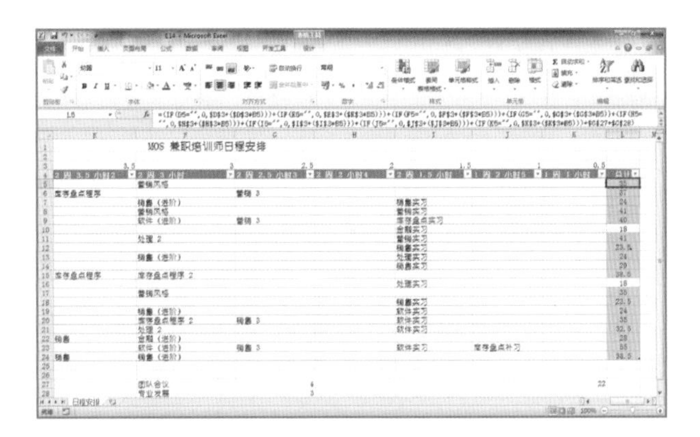

题目15

在工作表“区域销售”中，追踪不一致公式的所有公式引用。

打开练习文档（Excel练习题组/E15.xlsx）。

解法

01 单击“公式”选项卡；

02 单击“公式审核”组“错误检查”下拉列表中的“错误检查”按钮；

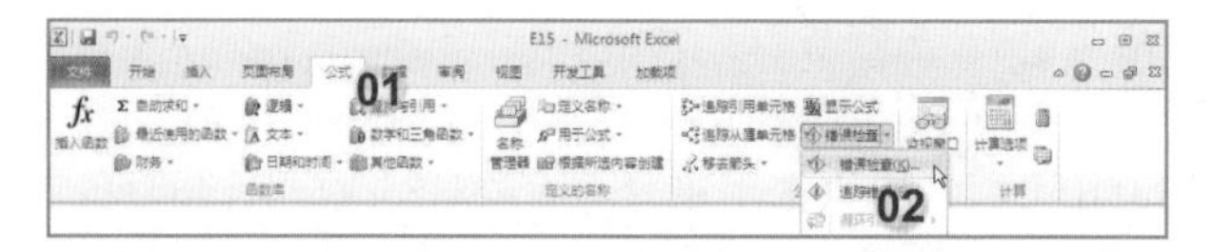

03 定位到错误单元格之后，单击“公式”选项卡中的“追踪引用单元格”按钮；

04 再次单击“公式”选项卡“公式审核”组中的“追踪引用单元格”按钮，直到追踪到该单元格的所有公式引用；

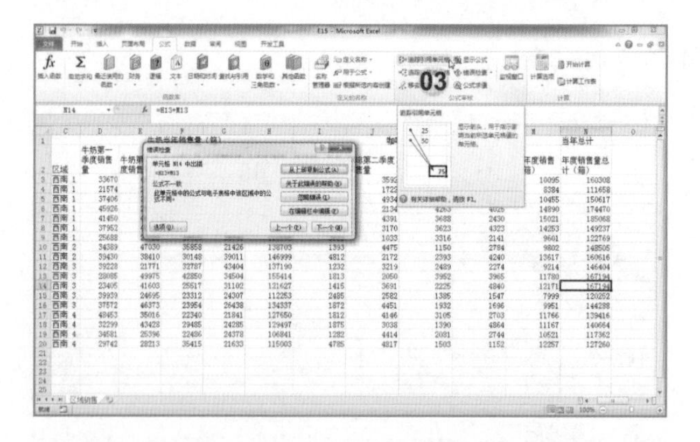

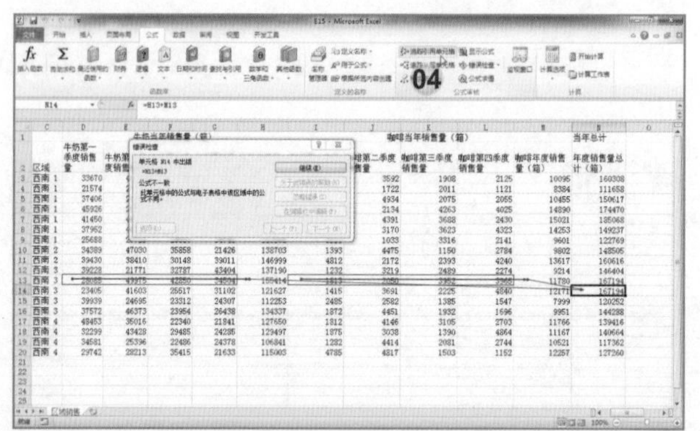

05 单击“继续”按钮，在“错误检查”对话框中单击“下一个”按钮；

06 在弹出的“已完成对整个工作表的错误检查”对话框中单击“确定”按钮。

完成后效果如下图所示。

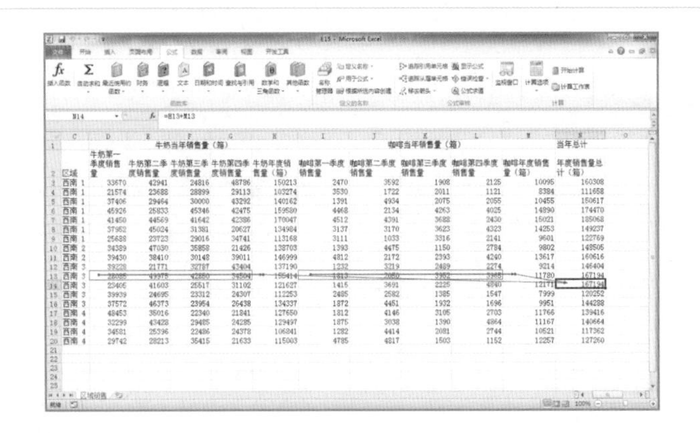

题目16

将工作簿中名称为“_2009年_”、“_2010年_”、“_2011年_”的区域合并到工作表，并对其求和，起始单元格为A1。在首行和最左列显示标签，并将新工作表命名为“3年”。

打开练习文档（Excel练习题组/E16.xlsx）。

解法

01 单击工作表标签处的“插入工作表”按钮或按【Shift+F11】组合键；

02 在新工作表中单击“A1”单元格；

03 单击“数据”选项卡；

04 单击“合并计算”按钮；

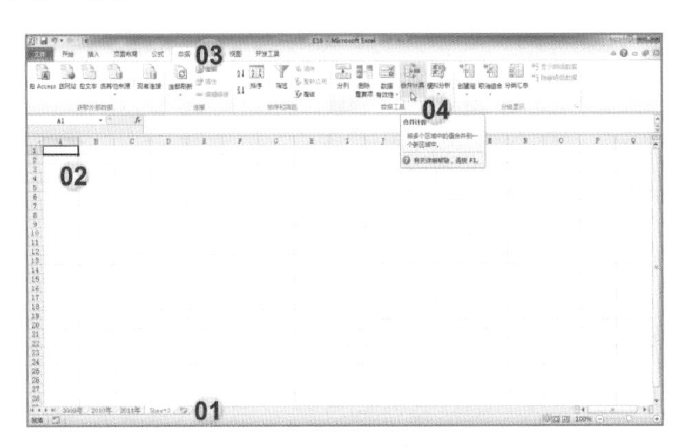

05 在“合并计算”对话框中“函数”下拉列表中选择“求和”；

06 在“引用位置”文本框中输入“_2009年_”；

07 单击“添加”按钮；

08 同理，依次在“引用位置”处添加“_2010年_”“_2011年_”；

09 在“标签位置”组中勾选“首行”和“最左列”复选框；

10 单击“确定”按钮。

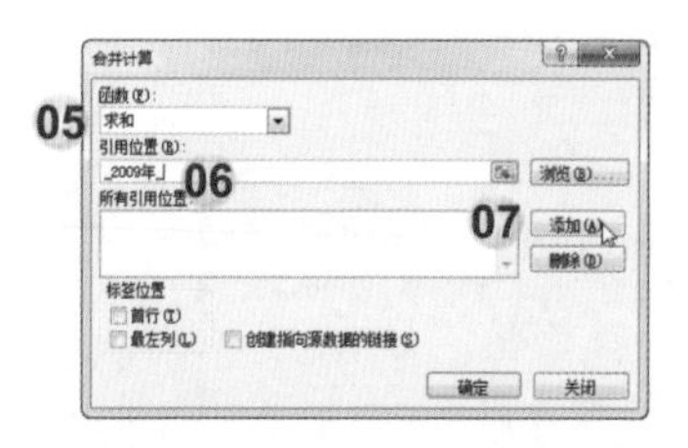

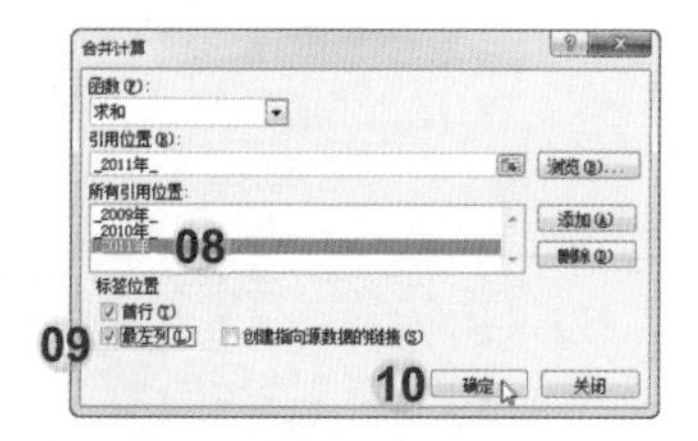

11 在新工作表的工作表标签上右击；

12 在弹出的快捷菜单中选择“重命名”命令；

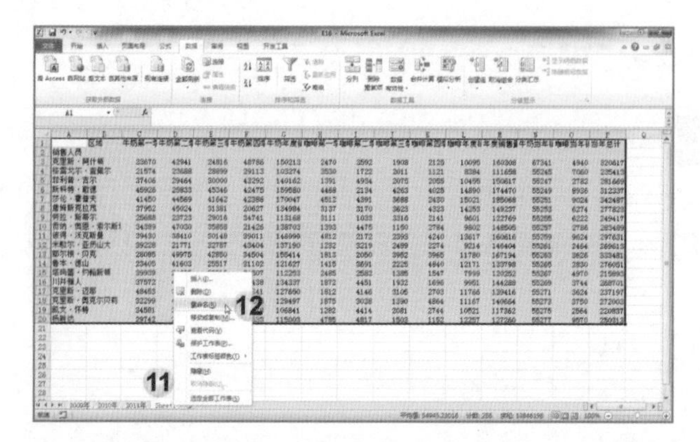

13 将新工作表重命名为题目要求的“3年”，完成后效果如下图所示。

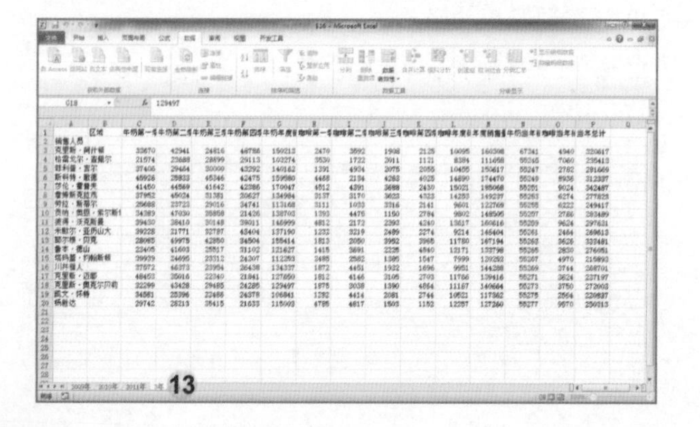

题目17

在工作表“数据透视表”中，插入切片器以使“数据透视表”显示“产品”和“订单号”。

打开练习文档（Excel练习题组/E17.xlsx）。

解法

01 单击数据透视表的任意单元格；

02 单击“选项”选项卡；

03 单击“排序和筛选”组“插入切片器”下拉列表中的“插入切片器”按钮；

04 在“插入切片器”对话框中勾选题目要求的“产品”和“订单号”复选框；

05 单击“确定”按钮。

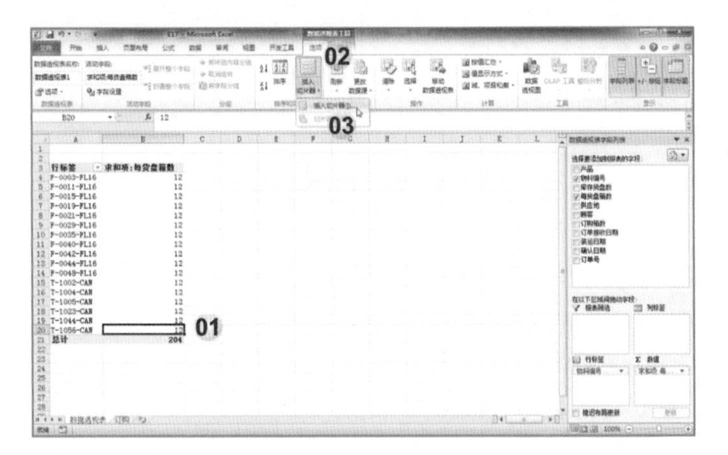

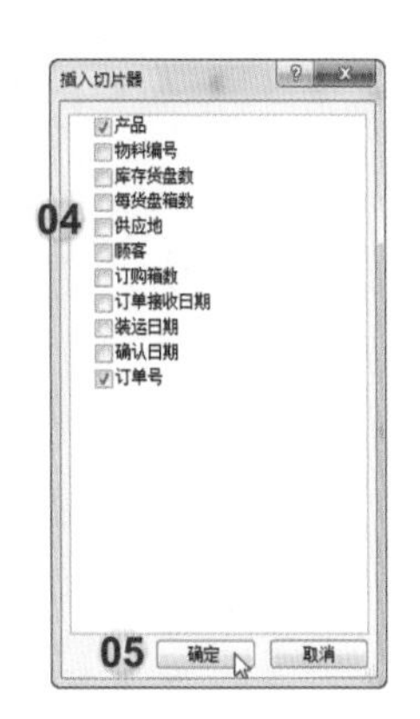

完成后效果如下图所示。

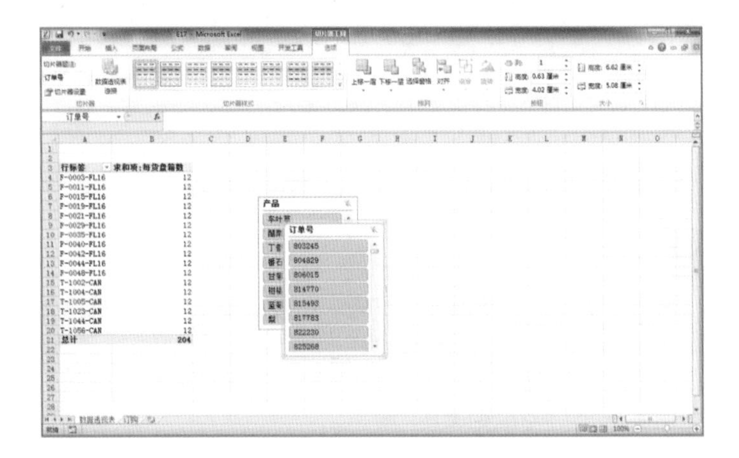

题目18

在工作表“区域销售”中，追踪单元格N3的所有公式引用。

打开练习文档（Excel练习题组/E18.xlsx）

解法

01 单击工作表“区域销售”中的N3单元格；

02 单击“公式”选项卡；

03 单击“公式审核”组中的“追踪引用单元格”按钮；

04 再次单击“追踪引用单元格”按钮，直到追踪单元格N3的所有公式引用。

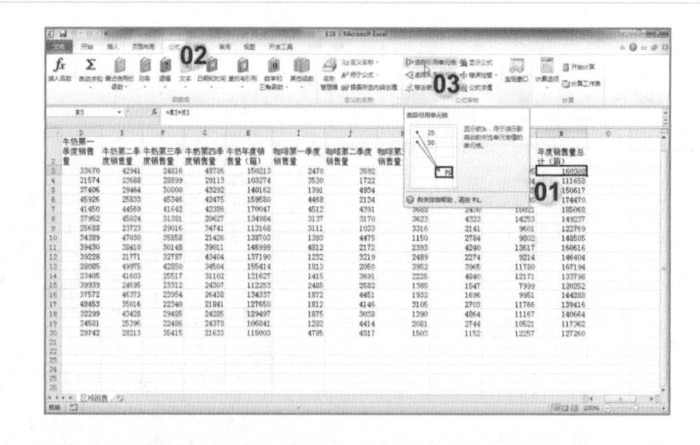

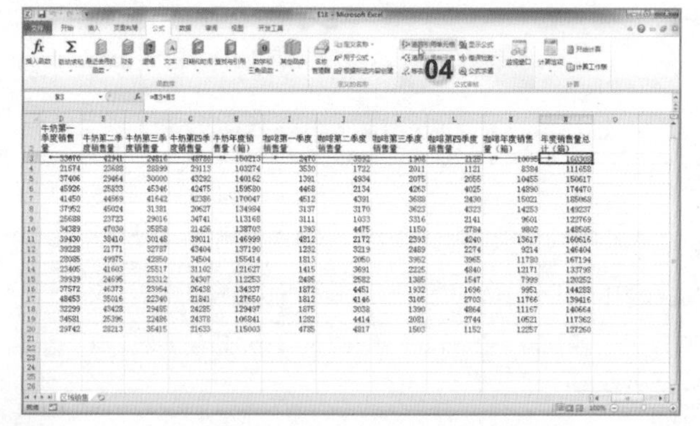

题目19

在工作表“销售统计”中配置保护工作表，以便只能选择单元格区域B4:D6，而所有其他单元格不可选。保护工作表，但不使用密码。

打开练习文档（Excel练习题组/E19.xlsx）。

解法

01 选择单元格区域B4:D6；

02 单击“开始”选项卡；

03 单击“单元格”组“格式”下拉列表中的“设置单元格格式”；

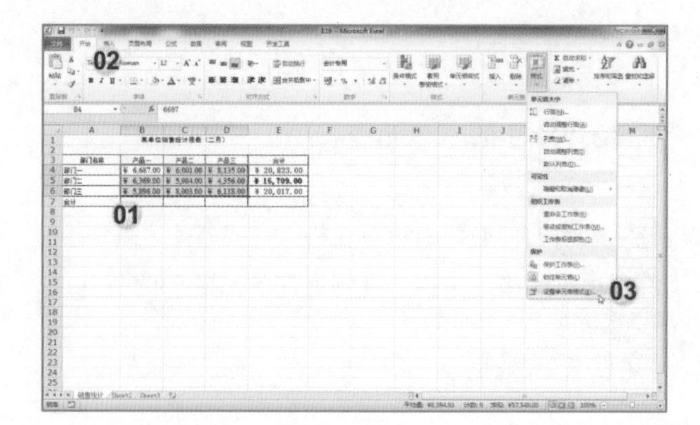

04 在“设置单元格格式”对话框中单击“保护”选项卡；

05 取消勾选“锁定”的复选框；

06 单击“确定”按钮；

07 单击“单元格”组“格式”下拉列表中的“保护工作表”；

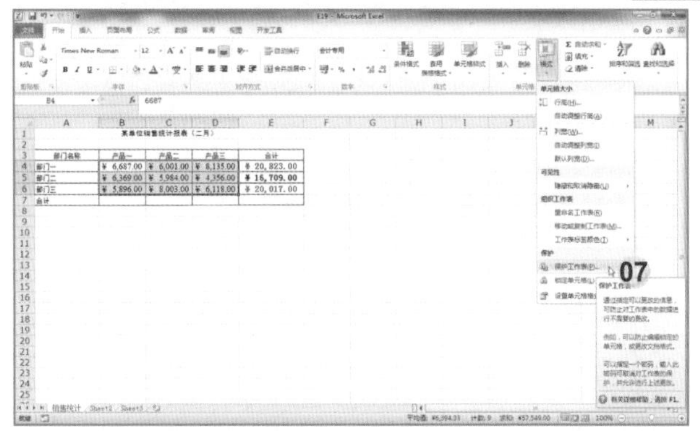

08 在“保护工作表”对话框中取消勾选“选定锁定单元格”的复选框；

09 不输入密码直接单击“确定”按钮。（依照题目要求保护工作表，但不使用密码）完成后效果如下右图所示。（只能选择单元格区域B2:D6，而所有其他单元格不可选）

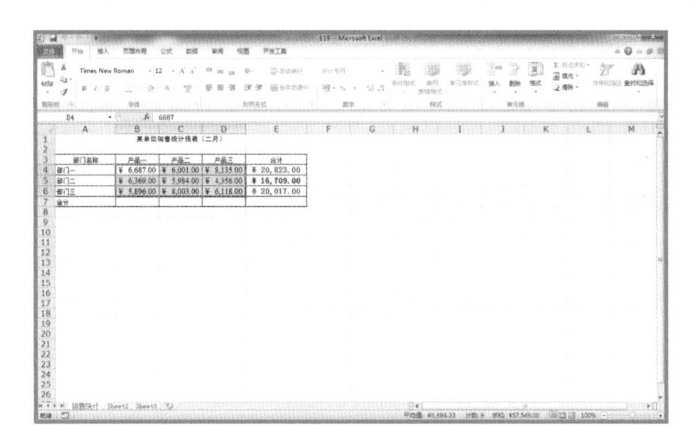

题目20

创建并显示名为“预期目标1”的方案，该方案允许将“电脑销量（台）”的值更改为30 000。

打开练习文档（Excel练习题组/E20.xlsx）。

解法

01 单击“数据”选项卡；

02 单击“数据工具”组“模拟分析”下拉列表中的“方案管理器”；

03 在“方案管理器”对话框中单击“添加”按钮；

04 在“添加方案”对话框中“方案名”文本框中输入题目要求的“预期目标1”；

05 在“可变单元格”处单击“选择数据”按钮；

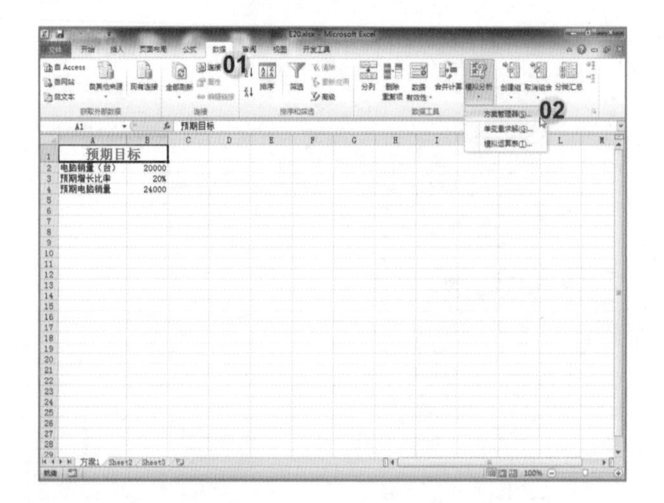

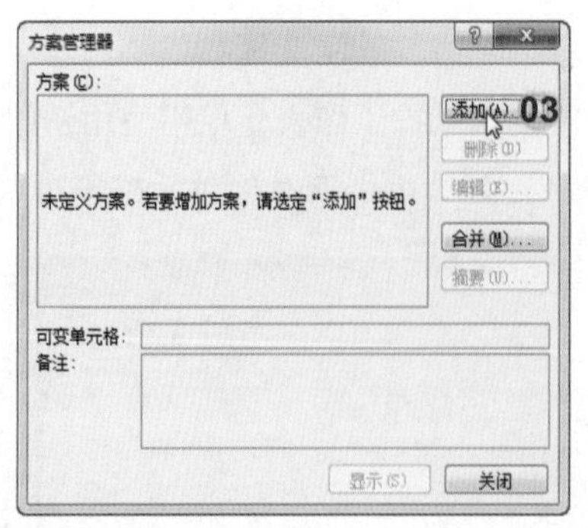

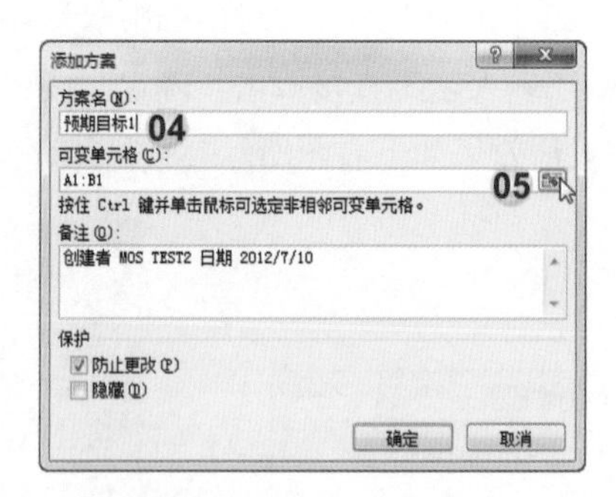

06 按题目要求选择工作表中的“电脑销量（台）”所在的单元格B2；

07 单击“返回”按钮；

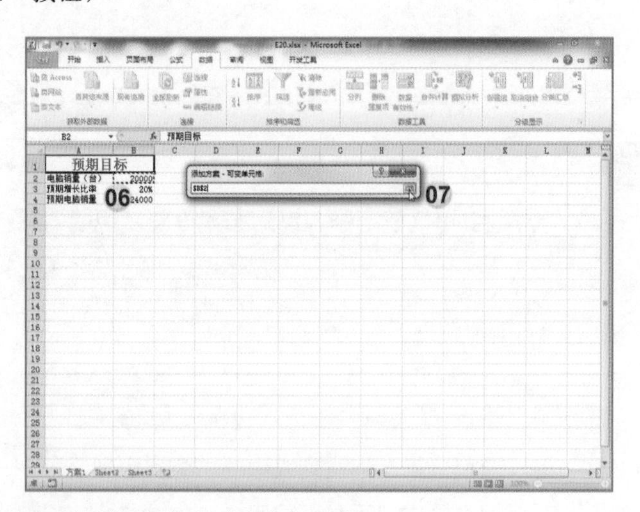

08 在“编辑方案”对话框中单击“确定”按钮；

Excel 2010

09 在“方案变量值”对话框中输入B2单元格的值“30000”；

10 单击“确定”按钮；

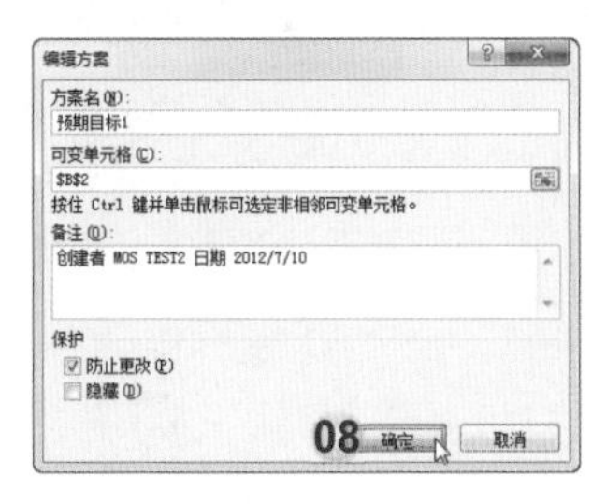

11 在“方案管理器”对话框中单击“显示”按钮；

12 单击“关闭”按钮。

完成后效果如下右图所示。电脑销量（台）的值变成了30000，预期电脑销量的值也相应的发生了改变。

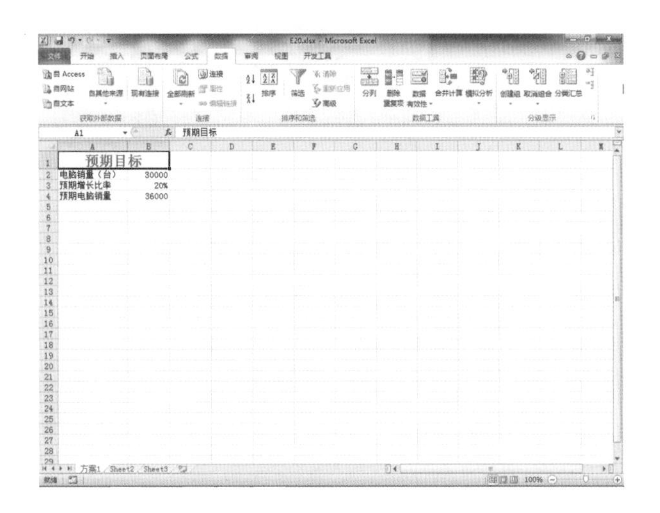

题目21

启用“迭代计算”并将最多迭代次数设置为25。

打开练习文档（Excel练习题组/E21.xlsx）。

解法

01 单击“文件”选项卡；

02 单击“选项”按钮；

03 在“Excel选项”对话框中单击“公式”选项卡；

04 在“计算选项”中勾选“启用迭代计算”复选框；

05 在“最多迭代次数”数值框设置为题目要求的“25”；

06 单击“确定”按钮。

题目22

在工作表“Sheet1”中，创建“列宽”为20，并对单元格内容应用“垂直居中”格式的宏。将宏命名为“宽度”，并将其仅保存在当前工作簿中。（注意：接受所有其他的默认设置。）

打开练习文档（Excel练习题组/E22.xlsx）。

解法

01 考试时，默认预先选中单元格A1，请勿移至其他单元格。

02 单击“开发工具”选项卡；（如没显示“开发工具”选项卡，可参考题目11的NOTE显示“开发工具”选项卡）

03 单击“代码”组中的“录制宏”按钮；

04 在“录制新宏”对话框的“宏名”文本框中输入题目要求的名字“宽度”；

05 “保存在”选择“当前工作簿”；

06 单击“确定”按钮；

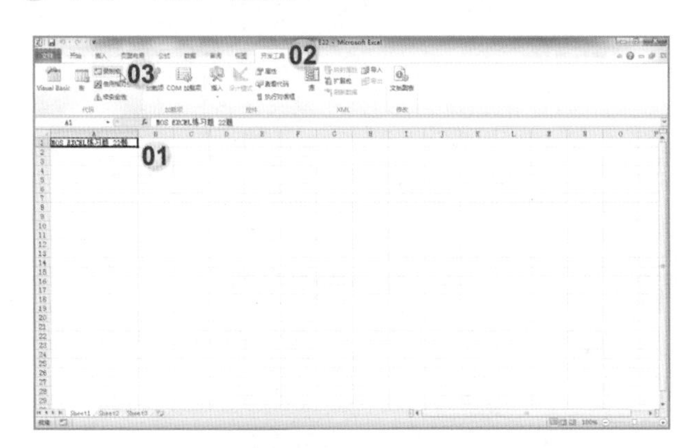

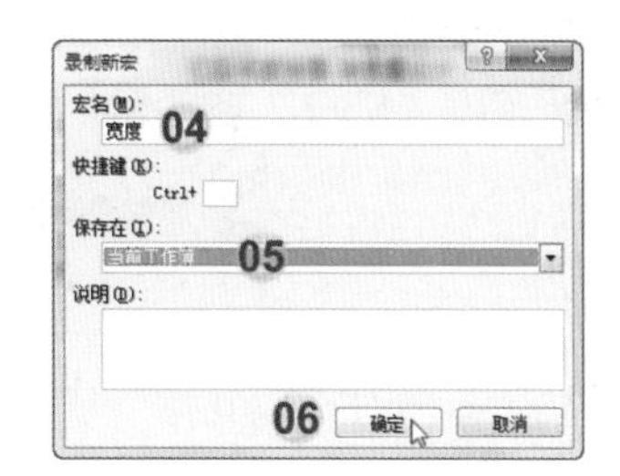

07 单击“开始”选项卡；

08 单击“单元格”组“格式”下拉列表中的“列宽”；

09 在“列宽”对话框中设置列宽值为“20”；

10 单击“确定”按钮；

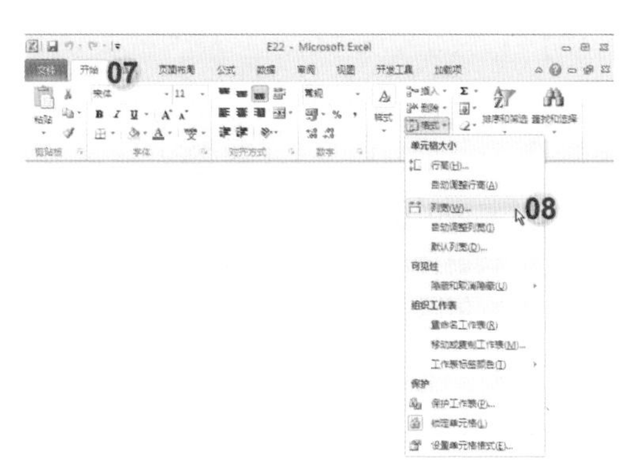

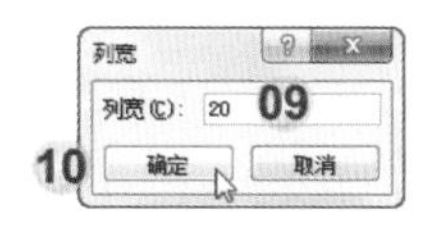

11 单击“开始”选项卡“对齐方式”组中的“垂直居中”按钮；

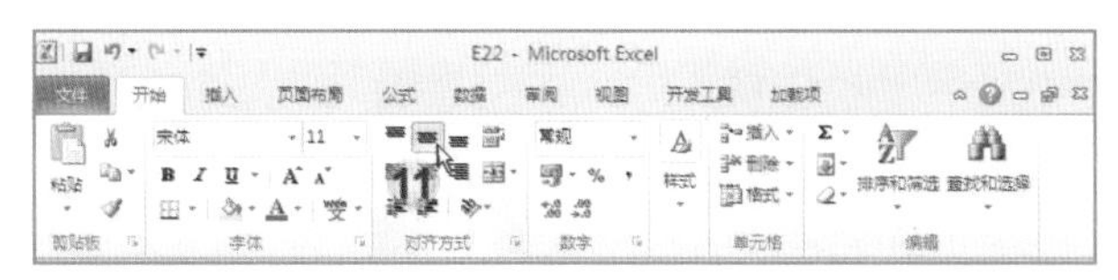

12 单击“开发工具”选项卡；

13 单击“代码”组中的“停止录制”按钮。

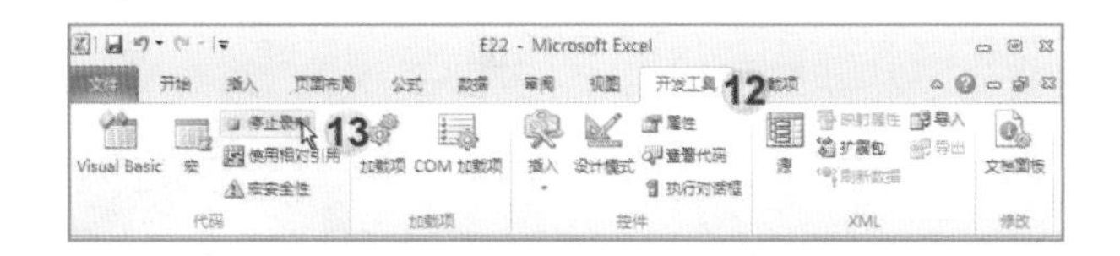

题目23

使用现有的XML映射对活动工作簿中的XML元素进行映射。然后在“文档”文件夹中将当前工作表导出为.XML数据文件，文件名为“订购情况.XML”。

打开练习文档（Excel练习题组/E23.xlsx）。

解法

01 单击“开发工具”选项卡；

02 单击“XML”组中的“源”按钮；

03 在右侧的“XML源”中拖动“产品”字段到左侧工作表的“产品”字段上；

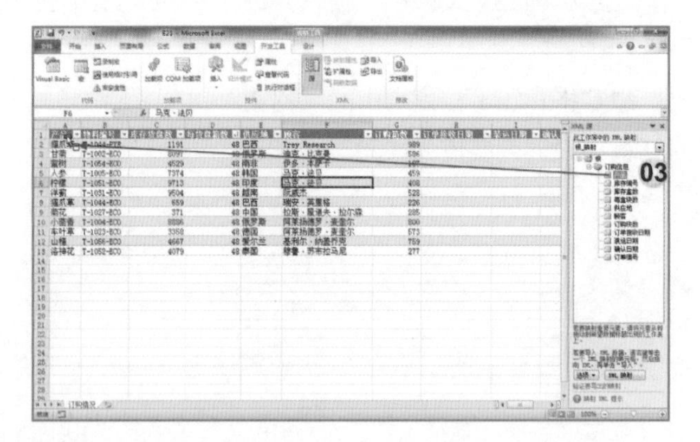

04 同理，依次映射工作簿中的其他XML元素；（注意：考试时，XML源名称和字段名称可能不会完全相同，例如右侧的“XML源”中“库存编号”字段就是对应左侧工作表的“物料编号”字段）

05 单击“开发工具”选项卡“XML”组中的“导出”按钮；

06 在“导出XML”对话框的“文件名”文本框中输入“订购情况”；

07 单击“导出”按钮。

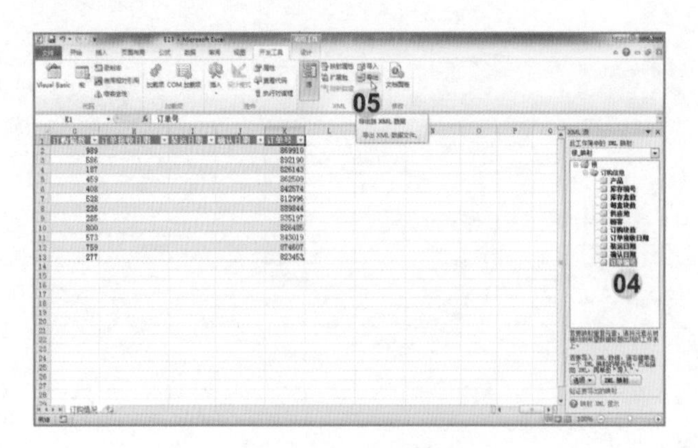

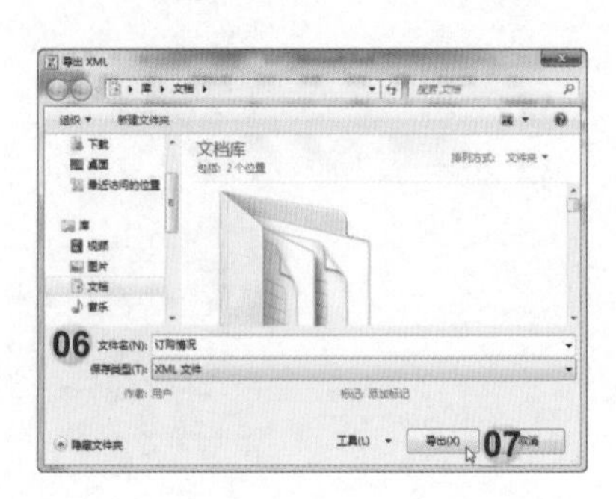

题目24

共享当前的工作簿以将修订记录保存120天。

打开练习文档（Excel练习题组/E24.xlsx）。

解法

01 单击“审阅”选项卡；

02 单击“更改”组中的“共享工作簿”按钮；

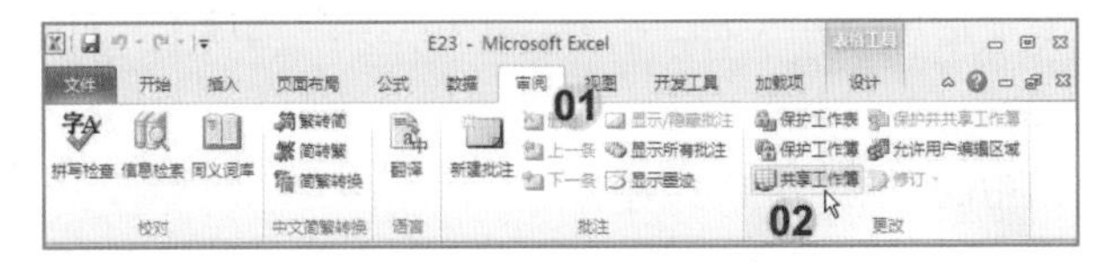

03 在“共享工作簿”对话框“编辑”选项卡中勾选“允许多用户同时编辑，同时允许工作簿合并”；

04 在“共享工作簿”对话框中单击“高级”选项卡；

05 在“保存修订记录”处设置为“120”天；

06 单击“确定”按钮；

07 在“此操作将导致保存文档，是否继续”对话框中单击“确定”按钮。

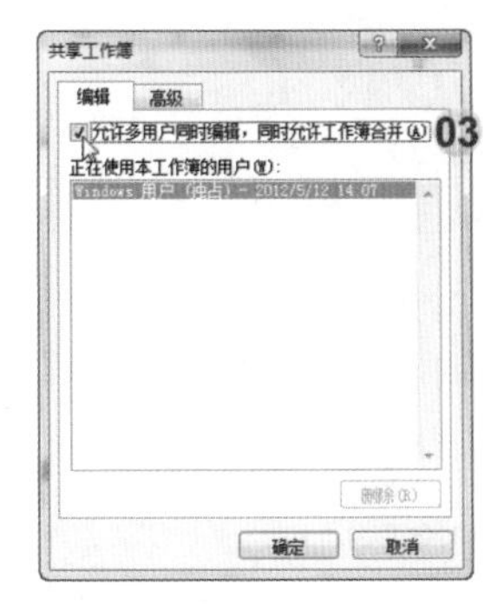

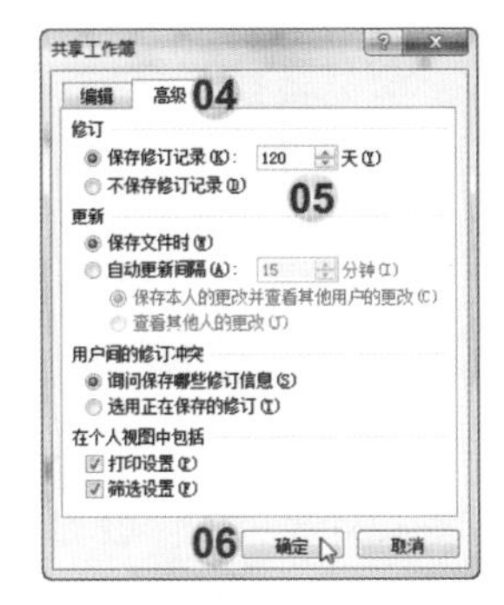

完成后效果如下图所示，文件名旁边会显示（共享）。

题目25

在工作表“区域销售”中，创建对工作表单元格应用数字格式“货币”和“项目选取规则”和“值最小的10%项”的宏。将宏命名为“最小值”，并将其仅保存在当前工作簿中。对“当年总计”列中的数值应用此宏。（注意：接受所有其他的默认设置）

打开练习文档（Excel练习题组/E25.xlsx）。

解法

01 单击工作表中的“当年总计”列；

02 单击“开发工具”选项卡；（如没显示“开发工具”选项卡，可参考题目11的NOTE显示“开发工具”选项卡）

03 单击“代码”组中的“录制宏”按钮；

04 在“录制新宏”对话框的“宏名”文本框中输入“最小值”；

05 “保存在”处选择“当前工作簿”；

06 单击“确定”按钮；

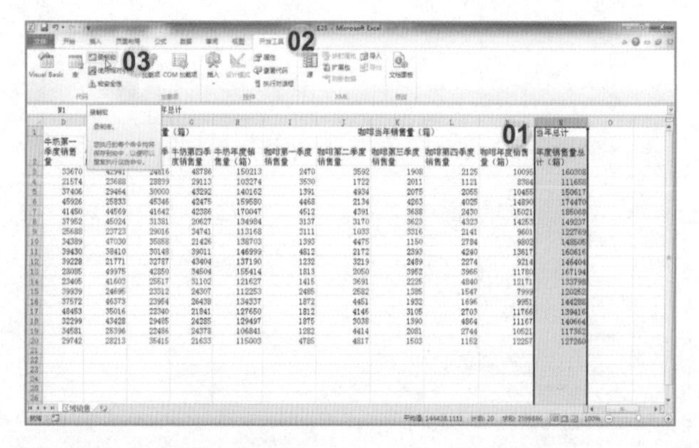

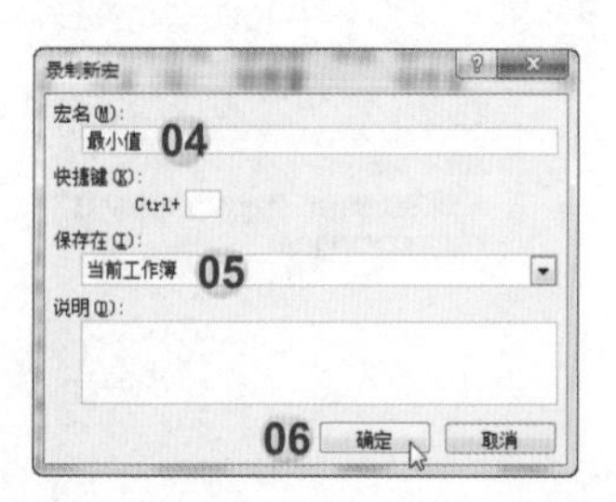

07 单击“开始”选项卡；

08 单击“单元格”组中“格式”下拉列表中的“设置单元格格式”；

09 在“设置单元格格式”对话框“数字”选项卡中的“分类”列表框中选择“货币”；

10 单击“确定”按钮；

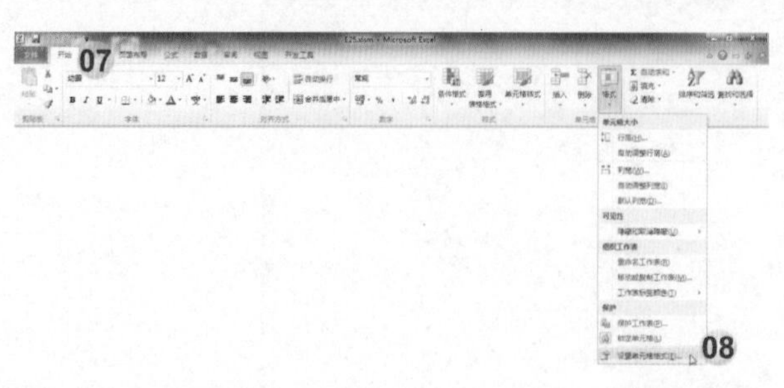

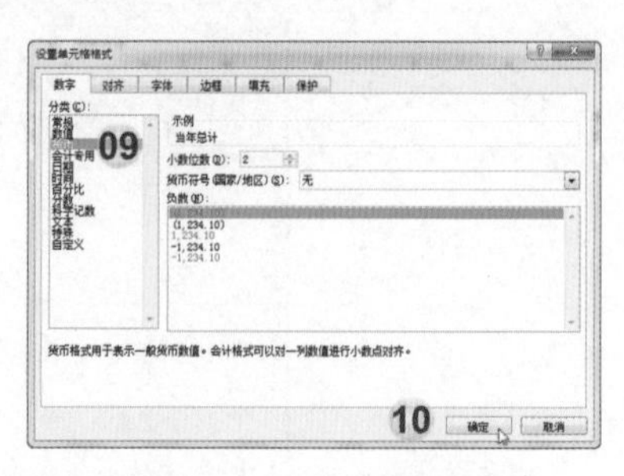

11 单击“开始”选项卡“样式”组中“条件格式”下拉列表中的“项目选取规则”/“值

最小的10%项”；

12 在“10%最小的值”对话框中单击“确定”按钮；

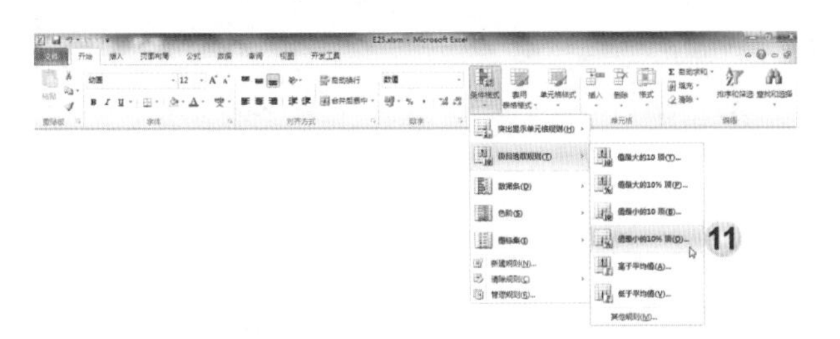

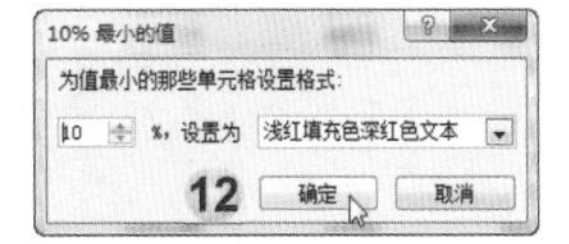

13 单击“开发工具”选项卡；

14 单击“代码”组中的“停止录制”按钮。

完成后效果如下图所示。

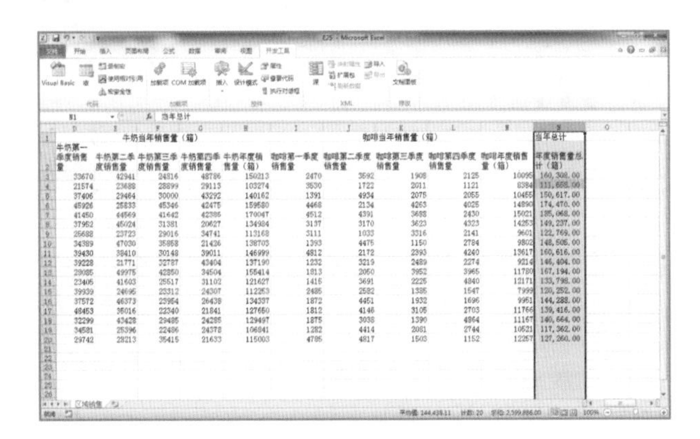

题目26

在工作表“主管”中，修复表格的数据源，以使柱形图包括“李达明”行的数值。

打开练习文档（Excel练习题组/E26.xlsx）。

解法

01 单击工作表中的图表；

02 单击“设计”选项卡；

03 单击“数据”组中的“选择数据”按钮；

04 在工作表中拖动鼠标选择数据区域，以使“选择数据源”对话框中“图表数据区域”处为“=主管!$B$3:$D$9”（包含了新增的“李达明”行的数据）；

05 在“选择数据源”对话框中单击“确定”按钮。

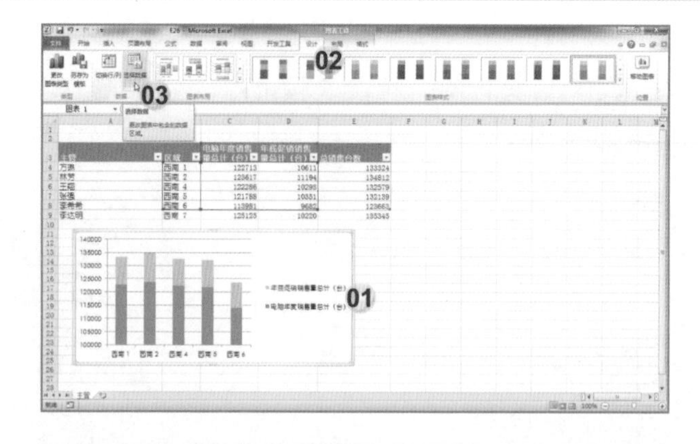

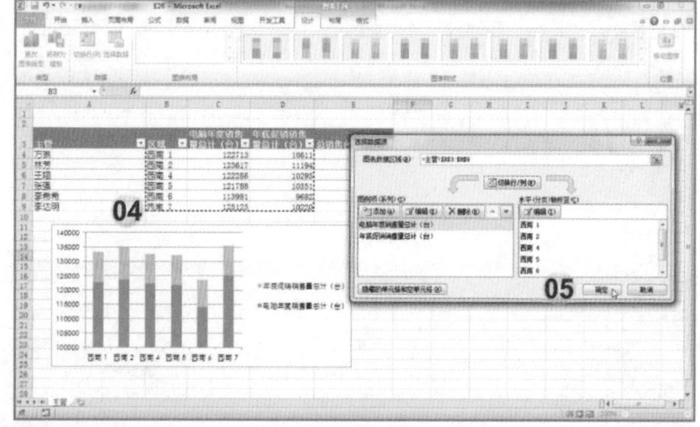

完成后效果如下图所示。

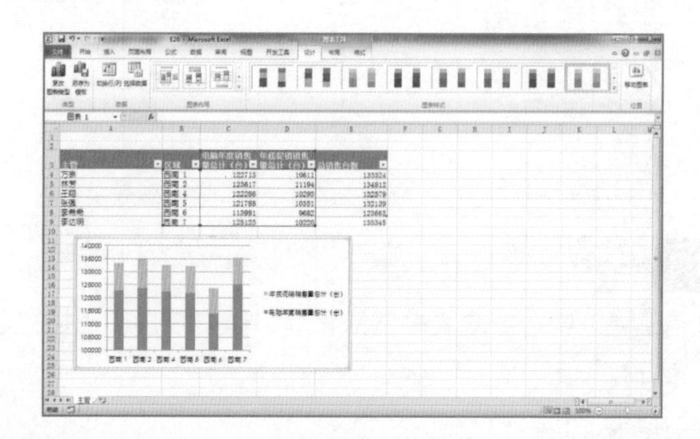

题目27

使用密码67890对工作簿进行加密，并将工作簿标记为最终状态。

打开练习文档（Excel练习题组/E27.xlsx）。

解法

01 单击“文件”选项卡；

02 单击“信息”选项；

03 单击“保护工作簿”下拉列表中的“用密码进行加密”按钮；

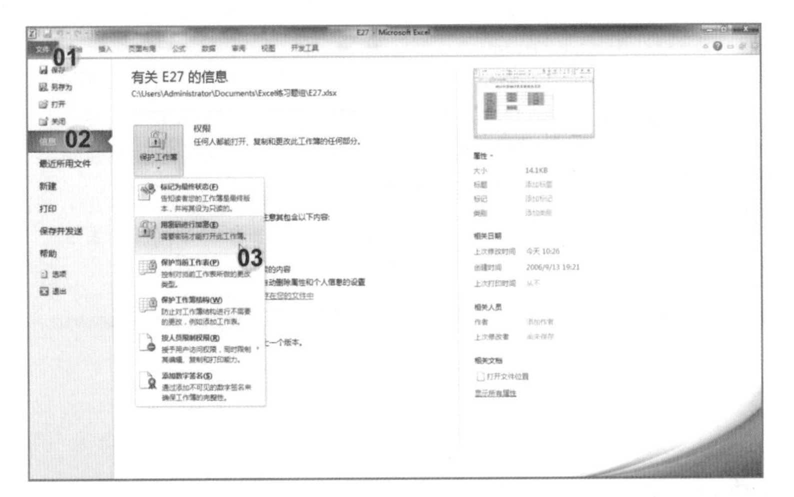

04 在“加密文档”对话框的“密码”文本框中输入题目要求的密码“67890”；

05 单击“确定”按钮；

06 在“确认密码”对话框中“重新输入密码”处再次输入密码“67890”；

07 单击“确定”按钮；

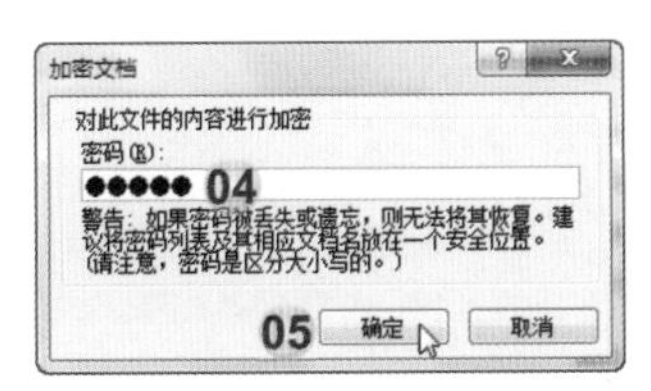

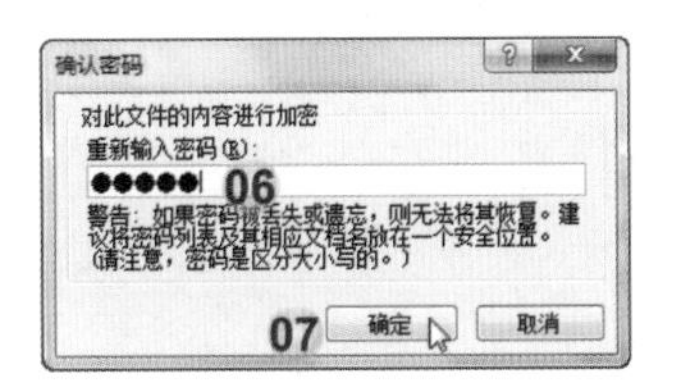

08 单击“保护工作簿”下拉列表中的“标记为最终状态”按钮；

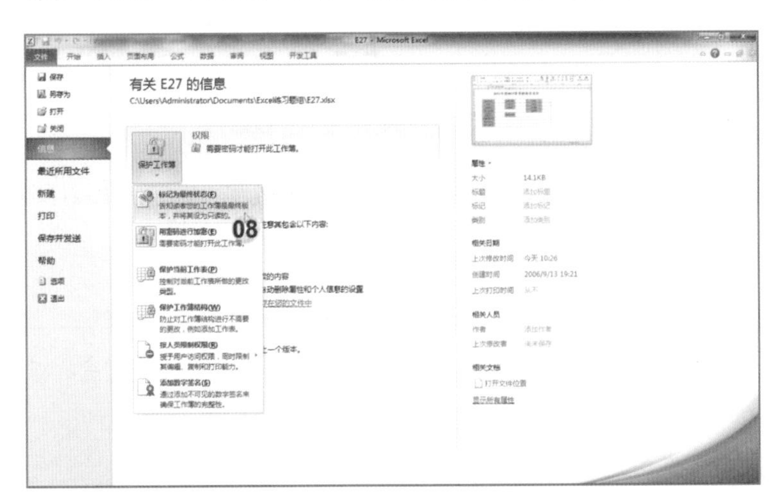

09 在“此工作簿将被标记为最终版本并保存”对话框中单击“确定”按钮；

10 在“此文档已被标记为最终状态，表示已完成编辑，这是文档的最终版本”对话框中单击“确定”按钮。

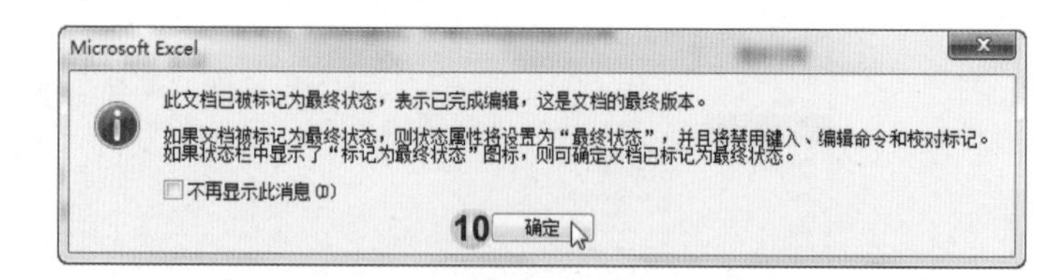

完成后效果如下图所示。

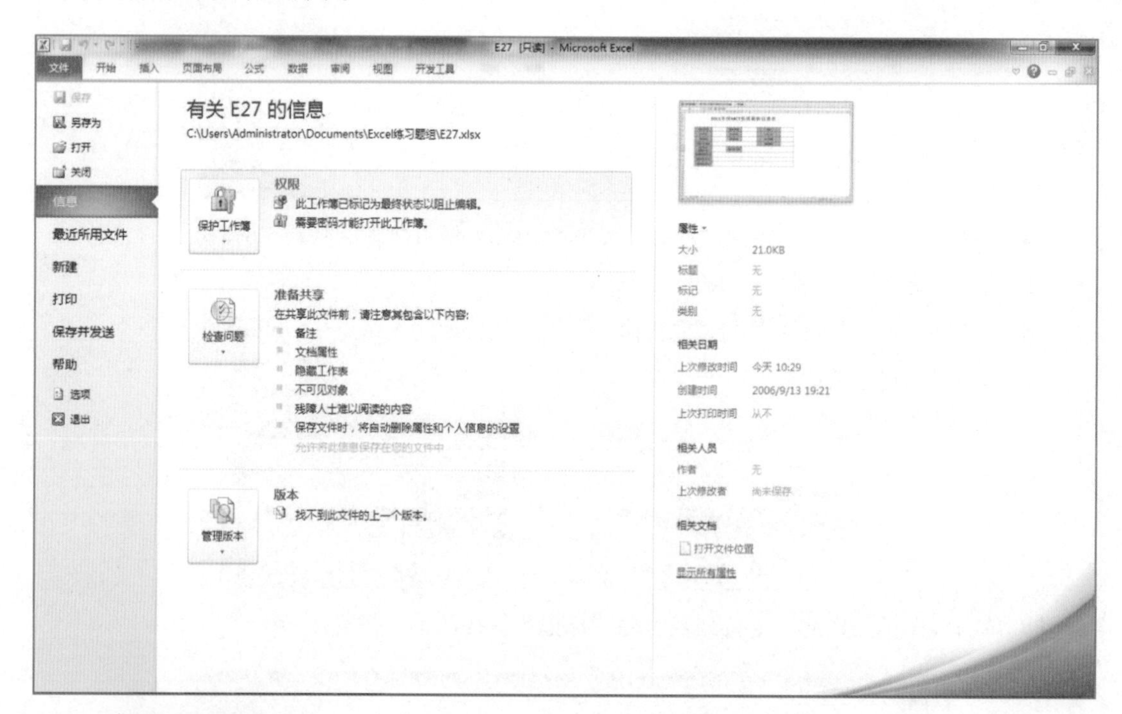

题目28

创建名为“用户 ID”的自定义属性，该属性是“数字”类型，“取值”为101。

打开练习文档（Excel练习题组/E28.xlsx）。

解法

01 单击“文件”选项卡；

02 单击“信息”选项卡“属性”下拉列表中的“高级属性”选项；

03 在“属性”对话框中单击“自定义”选项卡；

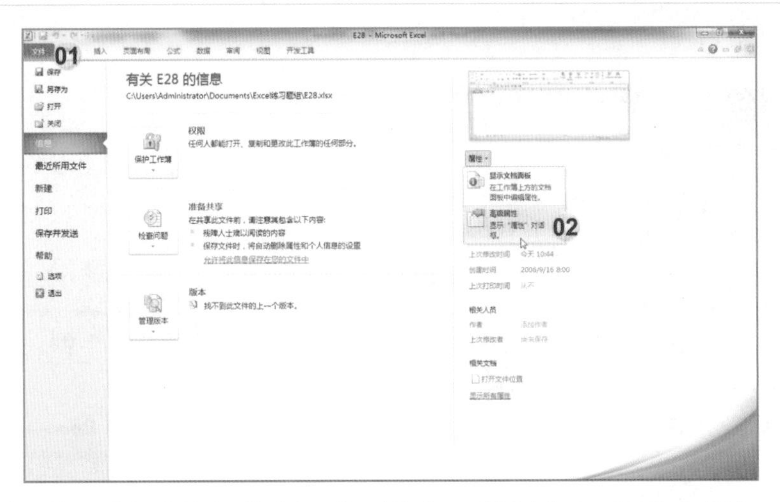

04 在“名称”文本框中输入“用户ID”（注意：“用户”与“ID”之间有一空格）；

05 在“类型”下拉列表中选择“数字”；

06 在“取值”文本框中输入“101”；

07 单击“确定”按钮，完成添加该自定义属性。

题目29

在工作表“区域销售”的单元格P3中，添加一个函数以对“西南 1”中的“销售人员”进行计数。

打开练习文档（Excel练习题组/E29.xlsx）。

解法

01 单击工作表“库存”的P3单元格；

02 单击“公式”选项卡；

03 单击“函数库”组中的“插入函数”按钮；

04 在“插入函数”对话框中“或选择类别”处选择“全部”；

05 在“选择函数”列表框中选择“COUNTIF”函数；

06 单击“确定”按钮；

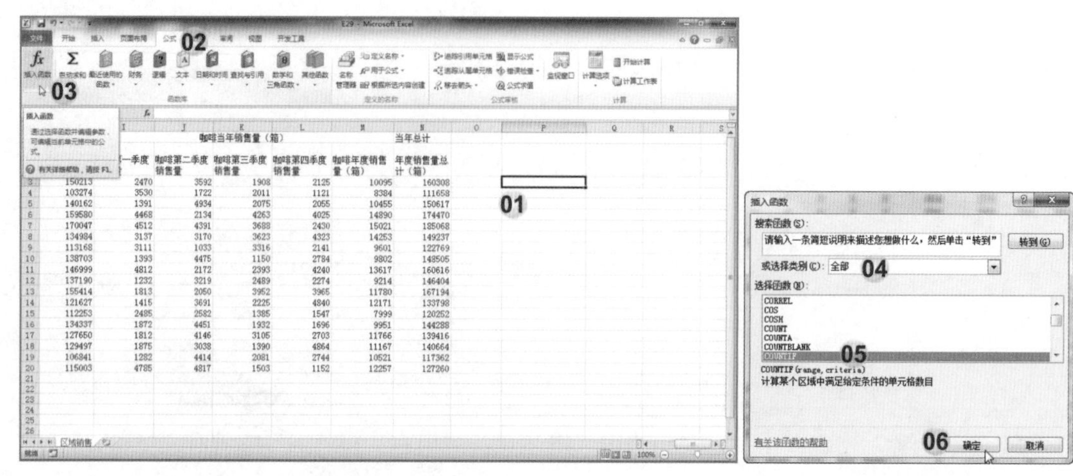

07 在“函数参数”对话框的“Range”处选择工作表中“区域”字段所在的列“C:C”；

08 在“函数参数”对话框的“Criteria”文本框中输入“西南 1”；（注意：“西南”和“1”之间有一空格）

09 单击“确定”按钮。

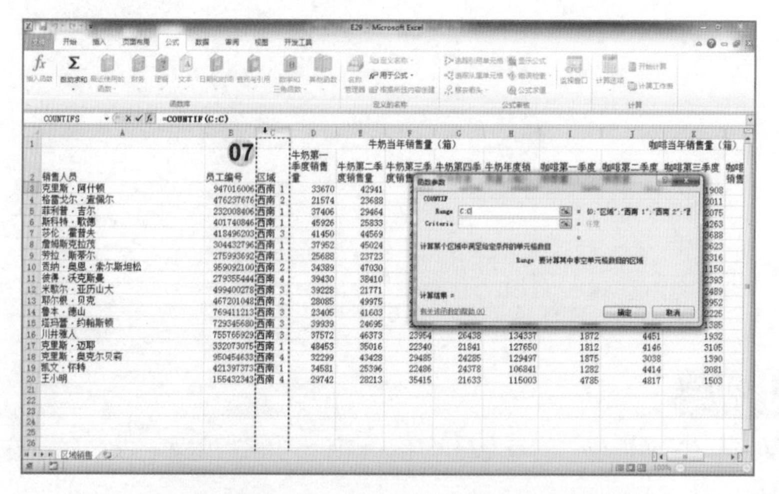

完成后效果如下图所示。

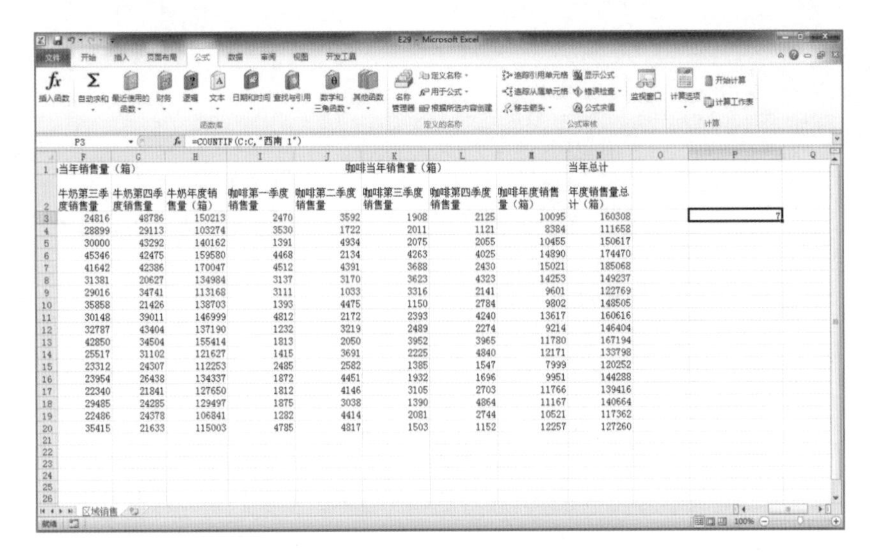

P3 =COUNTIF(C:C,"西南 1")

	F	G	H	I	J	K	L	M	N	O	P
1	当年销售量（箱）					咖啡当年销售量（箱）			当年总计		
2	牛奶第三季度销售量	牛奶第四季度销售量	牛奶年度销售量（箱）	咖啡第一季度销售量	咖啡第二季度销售量	咖啡第三季度销售量	咖啡第四季度销售量	咖啡年度销售量（箱）	年度销售量总计（箱）		
3	24816	48786	150213	2470	3592	1908	2125	10095	160308		7
4	28899	29113	103274	3530	1722	2011	1121	8384	111658		
5	30000	43292	140162	1391	4934	2075	2055	10455	150617		
6	45346	42475	159580	4468	2134	4263	4025	14890	174470		
7	41642	42386	170047	4512	4391	3688	2430	15021	185068		
8	31381	20627	134984	3137	3170	3623	4323	14253	149237		
9	29016	34741	113168	3111	1033	3316	2141	9601	122769		
10	35858	21426	138703	1393	4475	1150	2784	9802	148505		
11	30148	39011	146999	4812	2172	2393	4240	13617	160616		
12	32787	43404	137190	1232	3219	2489	2274	9214	146404		
13	42850	34504	155414	1813	2050	3952	3965	11780	167194		
14	25517	31102	121627	1415	3691	2225	4840	12171	133798		
15	23312	24307	112253	2485	2582	1385	1547	7999	120252		
16	23954	26438	134337	1872	4451	1932	1696	9951	144288		
17	22340	21841	127650	1812	4146	3105	2703	11766	139416		
18	29485	24285	129497	1875	3038	1390	4864	11167	140664		
19	22486	24378	106841	1282	4414	2081	2744	10521	117362		
20	35415	21633	115003	4785	4817	1503	1152	12257	127260		

区域销售

第三章
PowerPoint 2010

PowerPoint 2010认证题目共40题，包括“管理PowerPoint环境”、“创建幻灯片演示文稿”、“处理图形和多媒体元素”、“创建图表和表格”、“应用切换和动画”、“演示文稿的协同处理”、“发布演示文稿”七项技能，满分1 000分，及格所需分数为700分。

题号	模拟题目	类别	页码
1	从演示文稿中删除4张节标题幻灯片	创建幻灯片演示文稿	98
2	在幻灯片1上，修改音频剪辑使其跨幻灯片播放	处理图形和多媒体元素	99
3	在幻灯片6上，将“MOS版本与科目”SmartArt修改为使用“循环流程”布局	处理图形和多媒体元素	100
4	在第4张幻灯片上，插入位于“图片”文件夹中的“港口.jpg”图片，使其置于底层	处理图形和多媒体元素	101
5	以幻灯片放映的形式浏览演示文稿。切换到名为“项目目标”的幻灯片，用笔工具圈选第4段文本“明确港口规划的编制原则”。结束放映，保存注释	发布演示文稿	103
6	在幻灯片4上，将第二个动画的“持续时间”设置为0.75秒，并将该动画设置为“中央向上下展开”	应用切换和动画	104
7	在第2张幻灯片上，对带项目符号的列表执行以下修改操作：取消项目符号、文本居中对齐并将行距调整为“2.5倍行距”	创建幻灯片演示文稿	105
8	在幻灯片5上，对“绘图区”应用“深色木质”纹理	创建图表和表格	106
9	将演示文稿的“主题”更改为“精装书”，然后将“主题颜色”更改为“沉稳”，“主题字体”更改为“穿越”	创建幻灯片演示文稿	108
10	在“新建窗口”中显示当前演示文稿，并将窗口并排显示	管理PowerPoint环境	109
11	设置幻灯片选项，使每张幻灯片在“5秒后”自动切换	发布演示文稿	111
12	在幻灯片1上，插入批注“2012年5月修改”	演示文稿的协同处理	111
13	在幻灯片5上，删除所有批注	演示文稿的协同处理	112
14	在幻灯片5上，对“如期进行的项目”图表应用“图表样式31”	创建图表和表格	113
15	在幻灯片3上，对图片应用“映像棱台，白色”样式	处理图形和多媒体元素	114
16	在幻灯片1上，对文本“港口发展项目进度报告”应用“浮动”进入动画	应用切换和动画	115
17	对幻灯片2和幻灯片5应用切换声音“风铃”	应用切换和动画	117
18	在幻灯片5上，修改图表使纵坐标轴以5为单位从0延伸到30	创建图表和表格	117
19	在幻灯片6上，从“MOS版本与科目”SmartArt图形中删除楔形“2007”、“2010”。将剩余形状重新标示为“所有版本”	处理图形和多媒体元素	118

续表

题号	模拟题目	类别	页码
20	根据以下标准编辑相册： 全色显示所有图片 将相册列表中第 2 张图片“马”重新排序以显示在图片“牛”的下方 每张幻灯片显示 2 张图片（带标题） 对图片应用“居中矩形阴影”相框 （注意：接受所有其他的默认设置）	创建幻灯片演示文稿	120
21	在“幻灯片浏览视图”中，以 66% 的大小比例显示所有幻灯片	管理 PowerPoint 环境	121
22	自定义创建一个仅包含幻灯片 6 至幻灯片 8 的名为“比较”的幻灯片放映	演示文稿的协同处理	122
23	禁用键入时检查拼写选项	演示文稿的协同处理	123
24	在幻灯片 5 上，重新设置图像并将锐化调整为 10%	处理图形和多媒体元素	124
25	将“项目报告”添加到演示文稿的属性中作为“主题”	管理 PowerPoint 环境	125
26	将每张幻灯片的大小都设置为宽 32 厘米，高 18 厘米	创建幻灯片演示文稿	126
27	以 90% 的大小比例浏览每张幻灯片	管理 PowerPoint 环境	128
28	使用密码 12345 对演示文稿进行加密	演示文稿的协同处理	128
29	使用文本“MSCOM 项目报告”为演示文稿添加页脚。对标题幻灯片之外的每张幻灯片都应用页脚	创建幻灯片演示文稿	130
30	在幻灯片 3 上,对“项目目标”文本框应用彩色轮廓“绿色，强调文字颜色 3”形状样式	处理图形和多媒体元素	131
31	在幻灯片 3 上，将带项目符号的列表与文本框底部对齐	创建幻灯片演示文稿	132
32	使用“Test Delivery Printer 2010”打印机，以每页 3 张幻灯片打印当前演示文稿的讲义。用灰度打印，并在“文档”文件夹内将文件保存为“讲义”	演示文稿的协同处理	133
33	在幻灯片 3 上，对文本“项目目标”应用动作路径“形状”，并将动作路径形状更改为“梯形”	应用切换和动画	134
34	在幻灯片 6 上，将图表类型修改为“簇状圆柱图”	创建图表和表格	136
35	设置“视图”选项卡，用“黑白模式”查看演示文稿	管理 PowerPoint 环境	137
36	在第 3 张幻灯片上，将文本框的格式设置为分为两栏	创建幻灯片演示文稿	138
37	将幻灯片放映设置为观众自行浏览	发布演示文稿	139
38	在幻灯片 6 上，插入一个有 2 列 4 行的表格。将左栏标题字段编辑为“项目计划”,右栏标题字段编辑为“项目目标”	创建图表和表格	139
39	创建一个“相册”，以黑白方式显示“图片”文件夹中所有图片。将“图片版式”设置为 4 张图片（带标题）（注意：接受所有其他的默认设置）	创建幻灯片演示文稿	140
40	在“文档”文件夹中将演示文档保存为名为“项目报告”的“PowerPoint 97-2003 演示文稿”	演示文稿的协同处理	142

题目1

从演示文稿中删除4张节标题幻灯片。

打开练习文档（PowerPoint练习题组/P01.pptx）。

解法

01 在幻灯片索引标签中选择第1张节标题幻灯片；

02 右击，在弹出的快捷菜单中选择“删除幻灯片”命令；

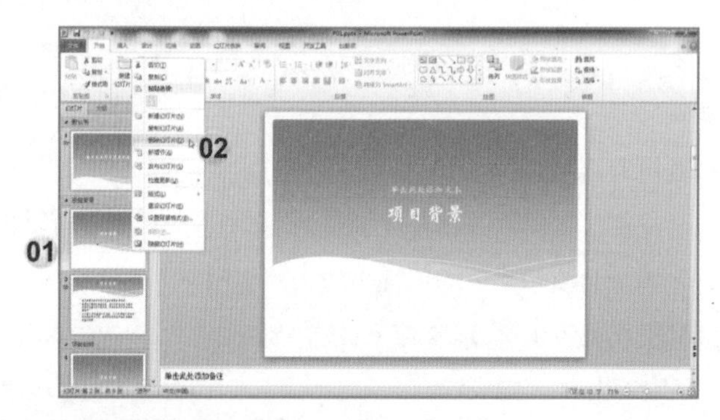

03 在幻灯片索引标签中选择第2张节标题幻灯片；

04 右击，在弹出的快捷菜单中选择“删除幻灯片”命令；

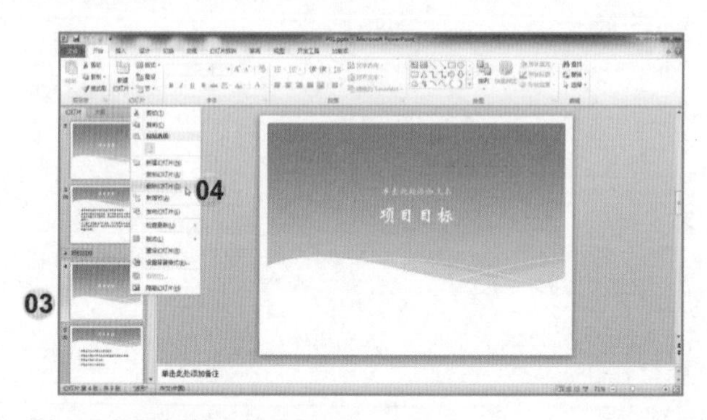

05 在幻灯片索引标签中选择第3张节标题幻灯片；

06 右击，在弹出的快捷菜单中选择“删除幻灯片”命令；

07 在幻灯片索引标签中选择第4张节标题幻灯片；

08 右击，在弹出的快捷菜单中选择“删除幻灯片”命令。

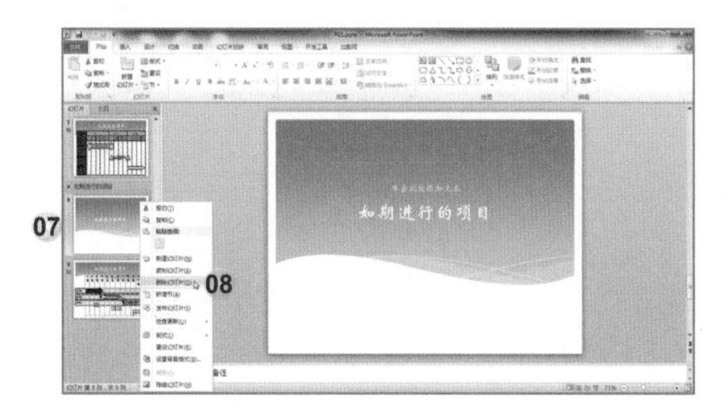

NOTE

为表格添加【可选文字】是Office 2010的新功能，这个功能一般在将文档存为网页时比较常用，Web浏览器在加载表格或图片丢失时用可选文字来显示。网站搜索引擎可利用可选文字来帮助查找网页。可选文字还可用来帮助残障人士通过屏幕阅读器来读出表格的介绍。

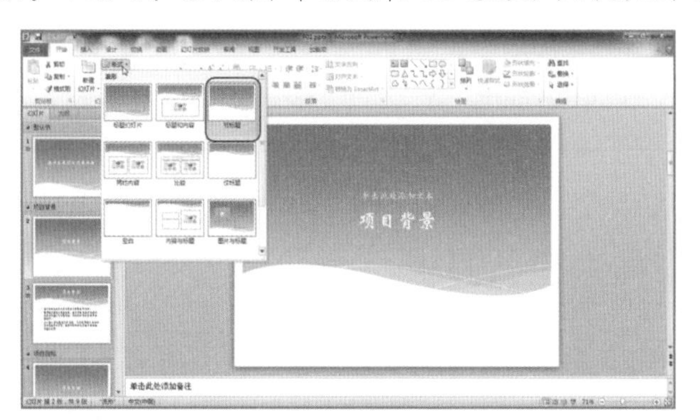

题目2

在幻灯片1上修改音频剪辑使其跨幻灯片播放。

打开练习文档（PowerPoint练习题组/P02.pptx）。

解法

01 在幻灯片索引标签中选择第1张幻灯片；

02 选择幻灯片中的音频剪辑图标；

03 单击“播放”选项卡；

04 在“音频选项”组的“开始”下拉列表中选择“跨幻灯片播放”。

题目3

在幻灯片6上将“MOS 版本与科目”SmartArt修改为使用“循环流程”布局。

打开练习文档（PowerPoint练习题组/P03.pptx）。

解法

01 在幻灯片索引标签中选择第6张幻灯片；

02 点选幻灯片中的“MOS版本与科目”SmartArt图形；

03 单击“设计”选项卡；

04 单击“布局”组的“其他”按钮；

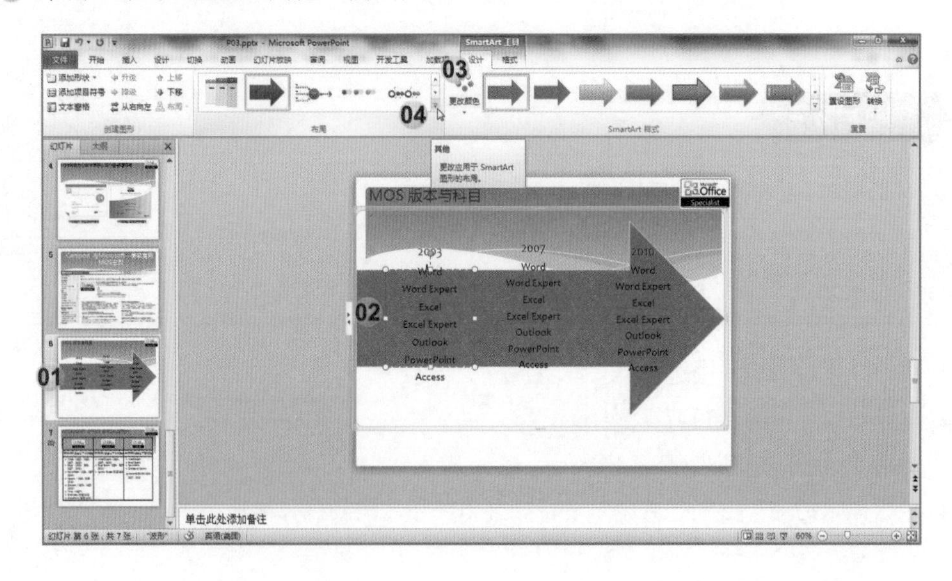

05 单击“循环流程”布局。

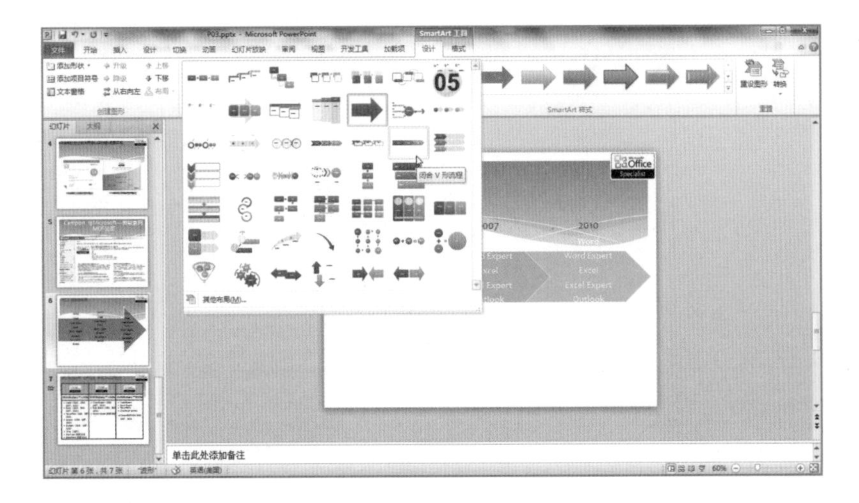

题目4

在第4张幻灯片上插入位于“图片”文件夹中的“港口.jpg”图片，使其置于底层。

打开练习文档（PowerPoint练习题组/P04.pptx）。

解法

01 在幻灯片索引标签中选择第4张幻灯片；

02 单击“插入”选项卡；

03 单击“图像”组中的“图片”按钮；

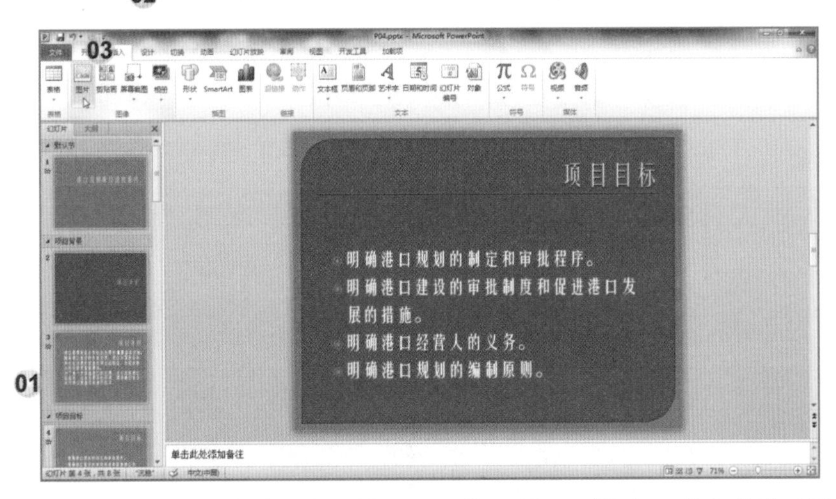

04 在“插入图片”对话框中选择“港口.jpg”图片；（注意：真实考试时图片文件夹的位置为“C:\Certiport\iQsystem\Exams\Microsoft Office Specialist\文档\图片”，请注意切换路径）

05 单击“插入”按钮；

06 单击“格式”选项卡；

07 单击“排列”组“下移一层”下拉列表中的“置于底层”。

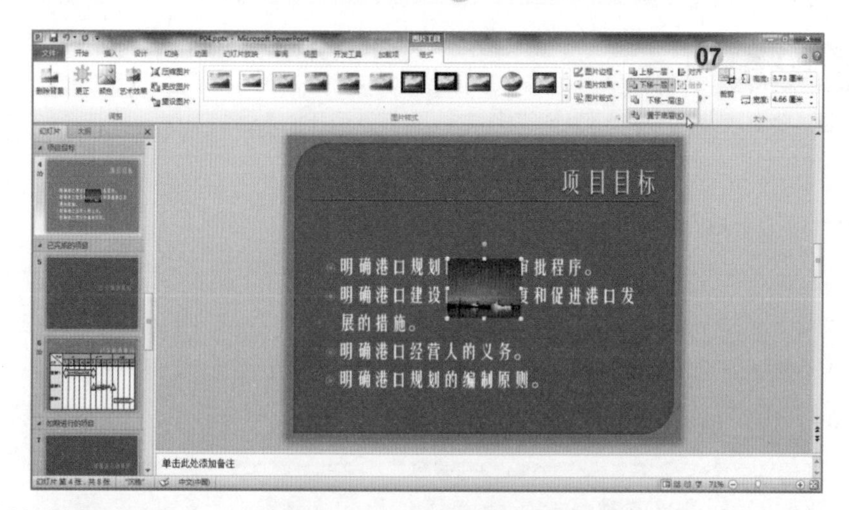

完成后效果如下图所示。（能看见文字，文字在图片的上一层）

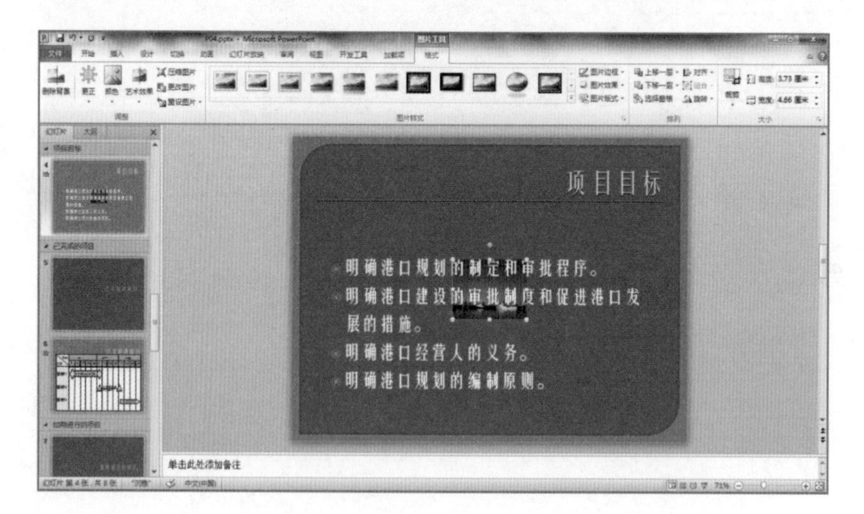

题目5

以幻灯片放映的形式浏览演示文稿。切换到名为“项目目标”的幻灯片，用笔工具圈选第4段文本“明确港口规划的编制原则”。结束放映，保存注释。

打开练习文档（PowerPoint练习题组/P05.pptx）。

解法

01 单击“幻灯片放映”选项卡；

02 单击“开始放映的幻灯片”组中的“从头开始”按钮；

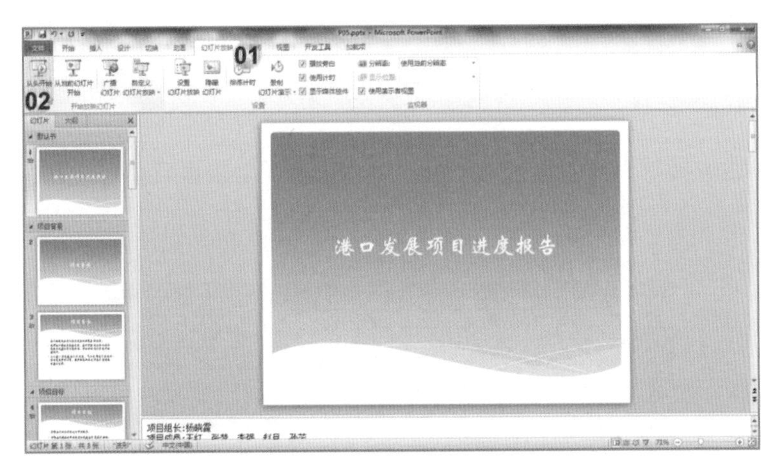

03 连续单击或按键盘向下箭头切换到名为“项目目标”的幻灯片，单击放映屏幕左下方的“笔”按钮；

04 在弹出的列表中选择“笔”；

05 圈选第4段文本“明确港口规划的编制原则”；

项目目标

* 明确港口规划的制定和审批程序。
* 明确港口建设的审批制度和促进港口发展的措施。
* 明确港口经营人的义务。
* 明确港口规划的编制原则。 05

06 连续单击或按键盘向下箭头直至放映结束，在“是否保留墨迹注释”对话框中单击“保留”按钮。

题目6

在幻灯片4上，将第2个动画的“持续时间”设置为0.75秒，并将该动画设置为“中央向上下展开”。

打开练习文档（PowerPoint练习题组/P06.pptx）。

解法

01 在幻灯片索引标签中点选第4张幻灯片；

02 单击“动画”选项卡；

03 单击动画序号，点选第2个动画；

04 在“动画”选项卡“计时”组的“持续时间”处设置为“00.75”；

05 单击“动画”组中“效果选项”下拉列表中的“中央向上下展开”。

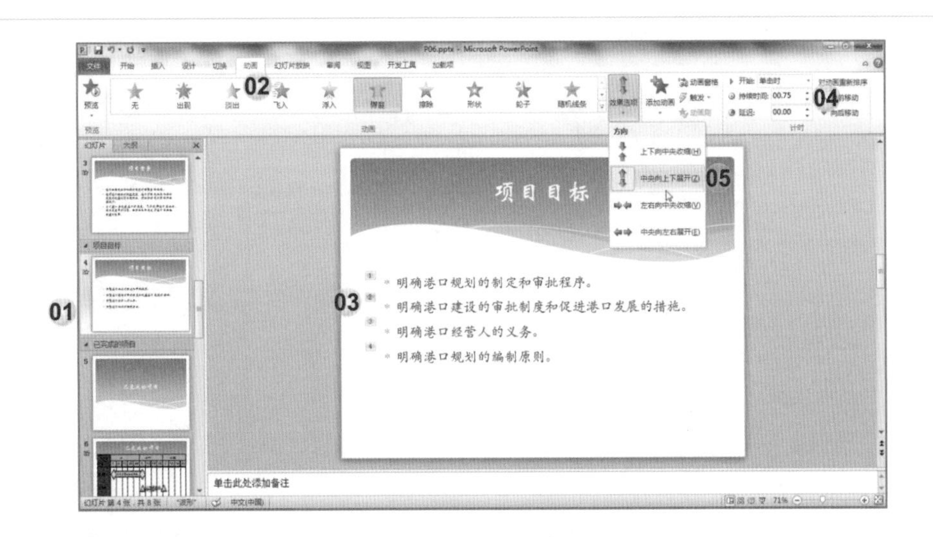

题目7

在第2张幻灯片上对带项目符号的列表执行以下修改操作：取消项目符号、文本居中对齐并将行距调整为“2.5倍行距”。

打开练习文档（PowerPoint练习题组/P07.pptx）。

解法

01 在幻灯片索引标签中选择第2张幻灯片；

02 选中所有带项目符号的段落；

03 单击“开始”选项卡“段落”组中“项目符号”下拉列表中的“无”；

04 单击“开始”选项卡“段落”组中的“居中”按钮；

05 单击“开始”选项卡“段落”组中“行距”下拉列表中的“行距选项”按钮；

06 在“段落”对话框的“行距”下拉列表选择“2.5倍行距”；

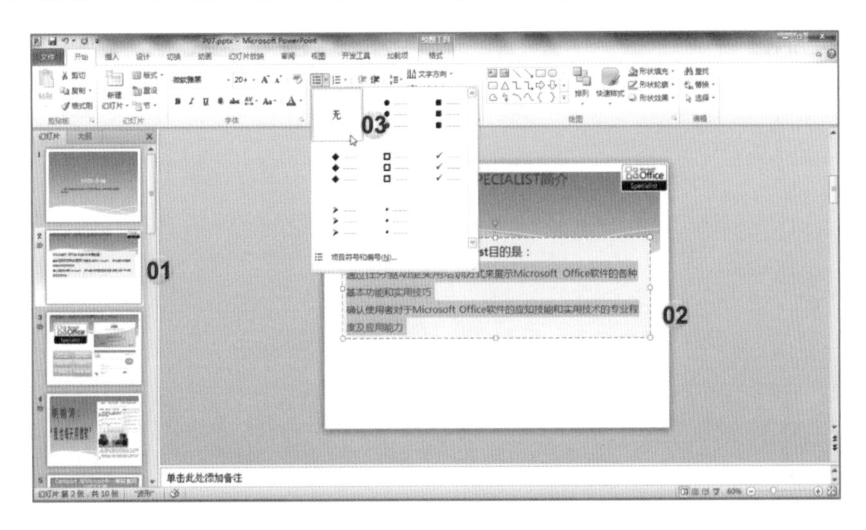

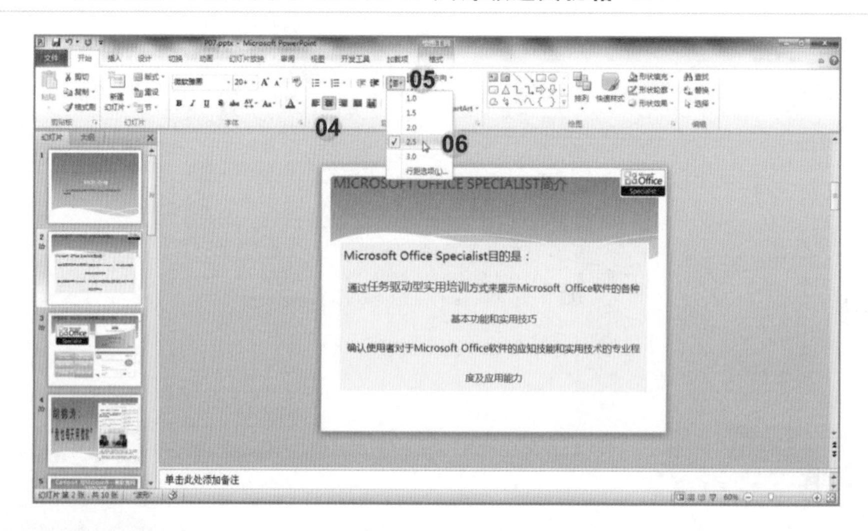

PowerPoint 2010

题目8

在幻灯片5上对“绘图区”应用“深色木质”纹理。

打开练习文档（PowerPoint练习题组/P08.pptx）。

解法

01 在幻灯片索引标签中选择第5张幻灯片；

02 单击幻灯片中的图表；

03 单击“布局”选项卡；

04 单击“背景”组中“绘图区”下拉列表中的“其他绘图区选项”按钮；

05 单击“设置绘图区格式”对话框“填充”选项卡中的“图片或纹理填充”单选按钮；

06 在“纹理”下拉列表中选择“深色木质”；

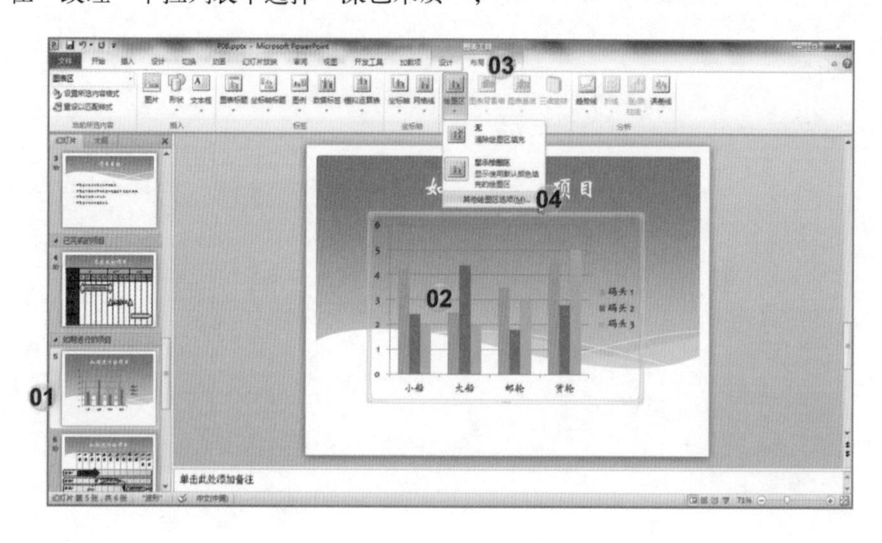

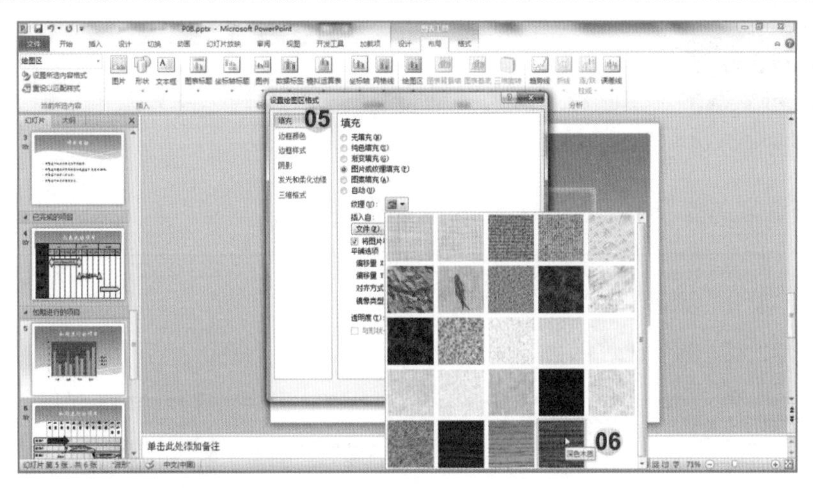

07 在“设置绘图区格式”对话框中单击“关闭”按钮。

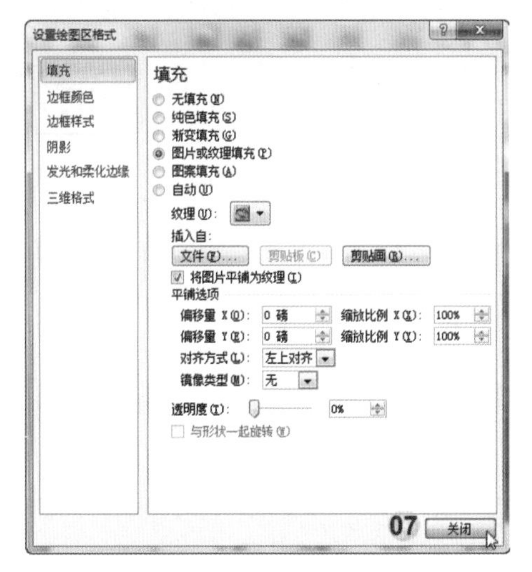

完成后效果如下图所示。

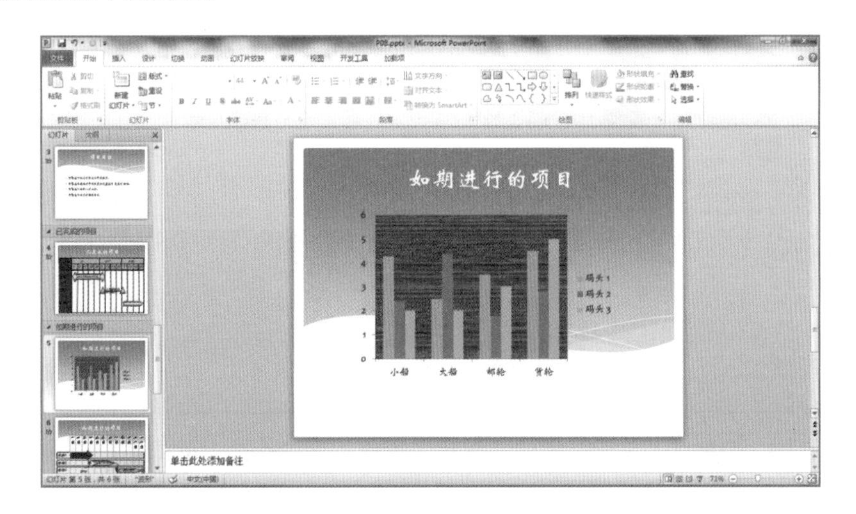

题目9

将演示文稿的“主题”更改为“精装书”，然后将“主题颜色”更改为“沉稳”，“主题字体”更改为“穿越”。

打开练习文档（PowerPoint练习题组/P06.pptx）。

解法

01 单击“设计”选项卡；

02 单击“主题”组中的“其他”按钮；

03 在“所有主题”选框中选择“精装书”；

04 在“设计”选项卡“主题”组中“颜色”下拉列表中选择“沉稳”；

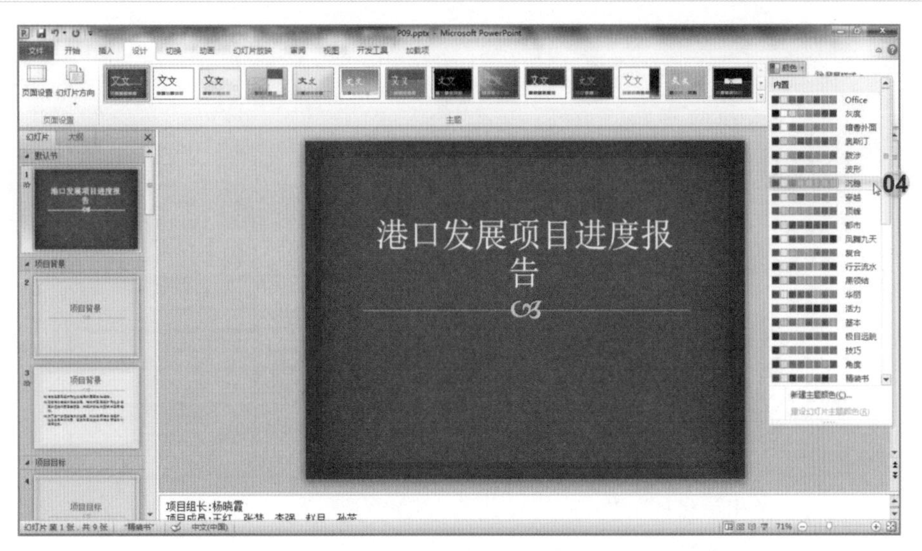

05 在“设计”选项卡“主题”组中“字体”下拉列表中选择“穿越”。

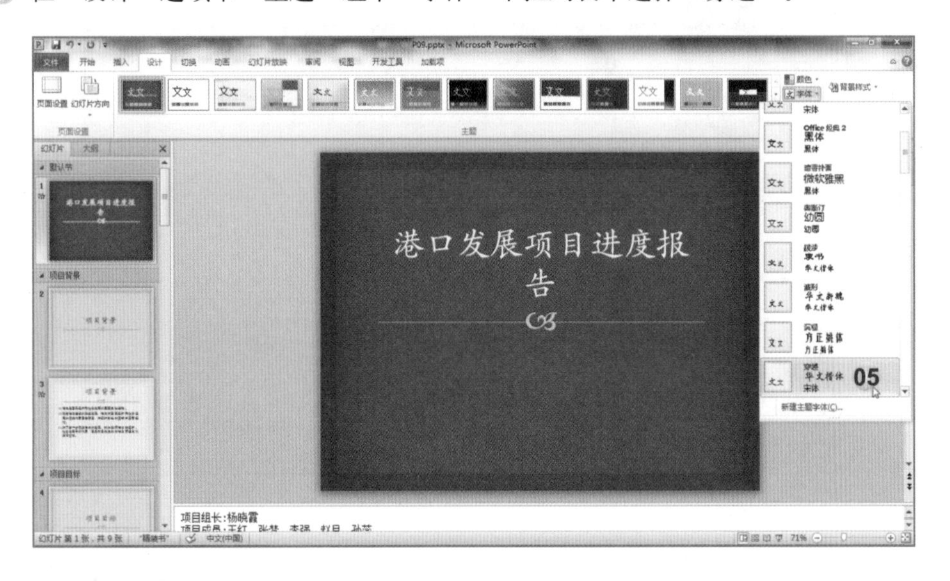

题目10

在“新建窗口”中显示当前演示文稿，并将窗口并排显示。

打开练习文档（PowerPoint练习题组/P10.pptx）。

解法

01 单击“视图”选项卡；

02 单击“窗口”组中的“新建窗口”按钮；

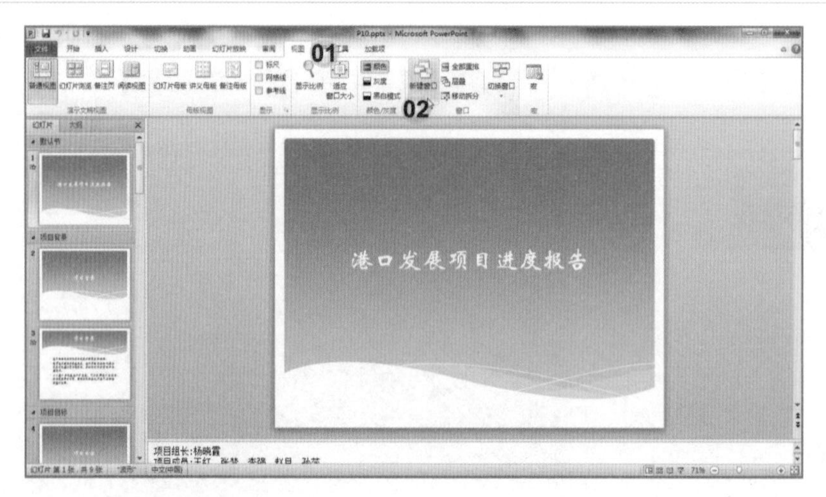

03 在新窗口中单击“视图”选项卡；

04 单击“窗口”组中的“全部重排”按钮。

完成后效果如下图所示。

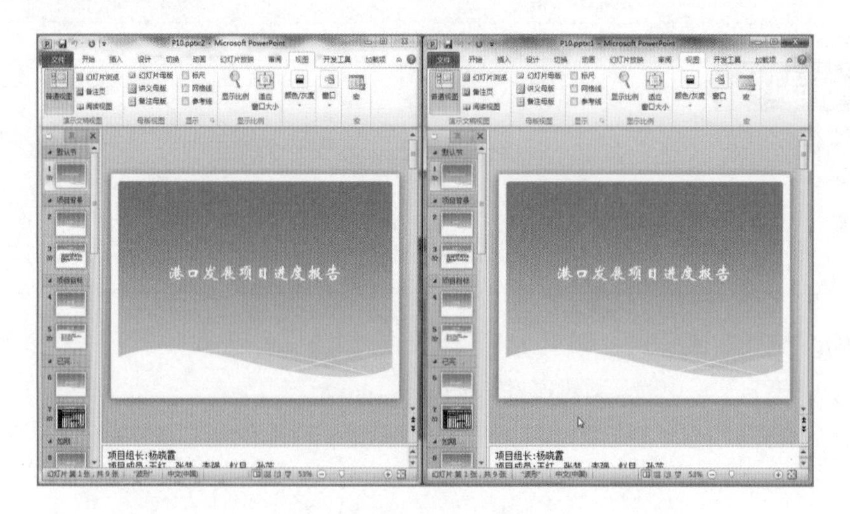

题目11

设置幻灯片选项，使每张幻灯片在“5秒后”自动切换。

打开练习文档（PowerPoint练习题组/P11.pptx）。

解法

01 单击“切换”选项卡；

02 在“计时”组中勾选“设置自动换片时间”复选框；

03 在“设置自动换片时间”处设置为：“00:05.00”；

04 单击“计时”组中的“全部应用”按钮。

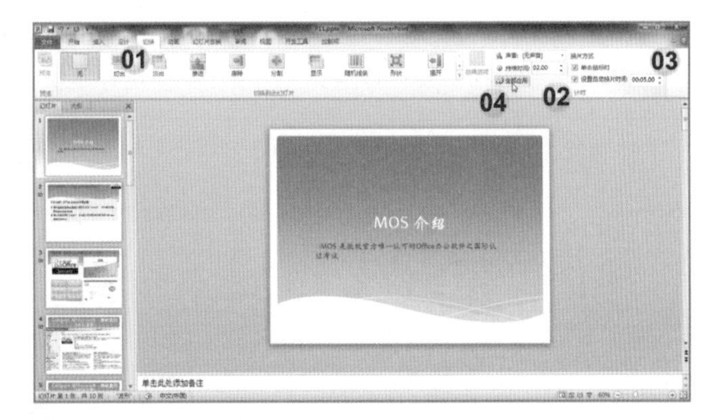

题目12

在幻灯片1上插入批注“2012年5月修改”。

打开练习文档（PowerPoint练习题组/P12.pptx）。

解法

01 单击“审阅”选项卡；

02 单击“批注”组中的“新建批注”按钮；

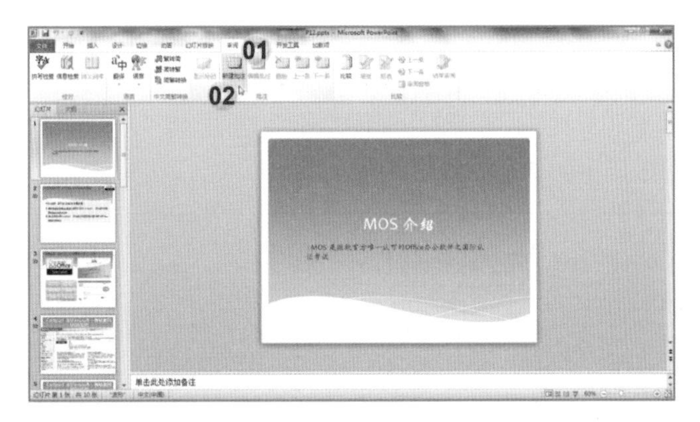

03 在批注中输入内容“2012年5月修改”；

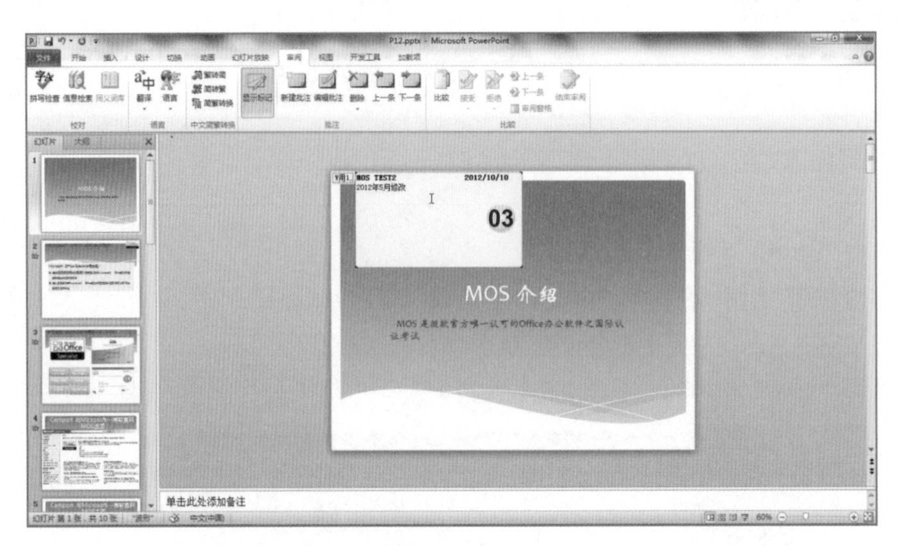

04 在空白处单击，完成后效果如下图所示。

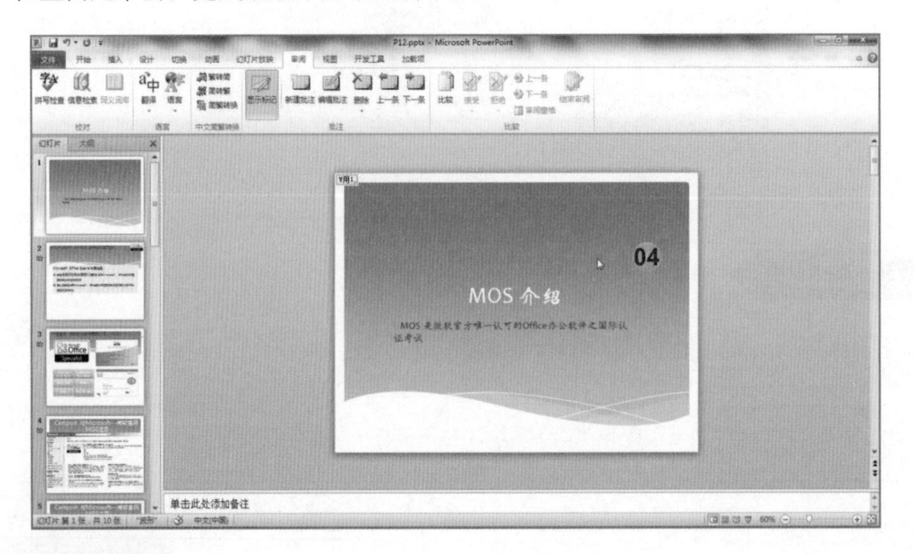

题目13

在幻灯片5上删除所有批注。

打开练习文档（PowerPoint练习题组/P13.pptx）。

解法

01 在幻灯片索引标签中选择第5张幻灯片；

02 单击“审阅”选项卡；

03 单击“批注”组中“删除”下拉列表中的“删除当前幻灯片中所有标记”。

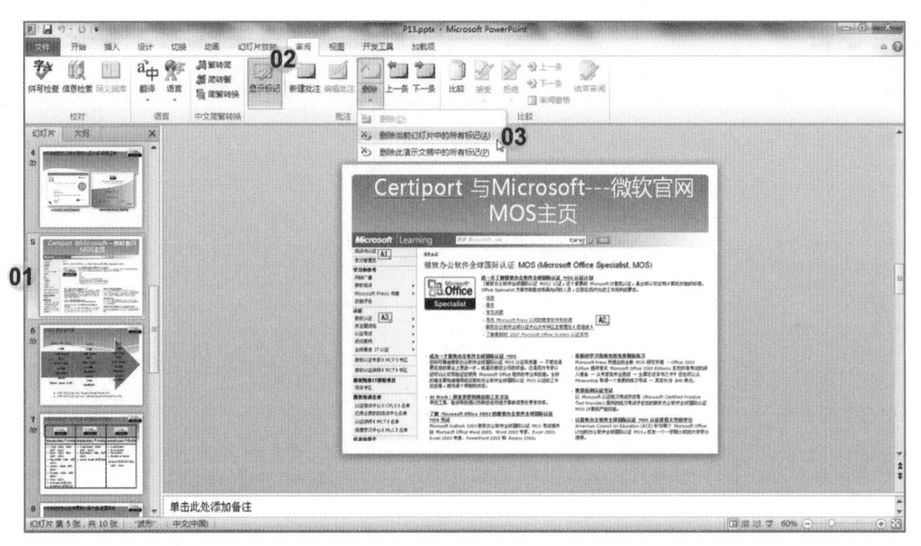

完成后效果如下图所示。

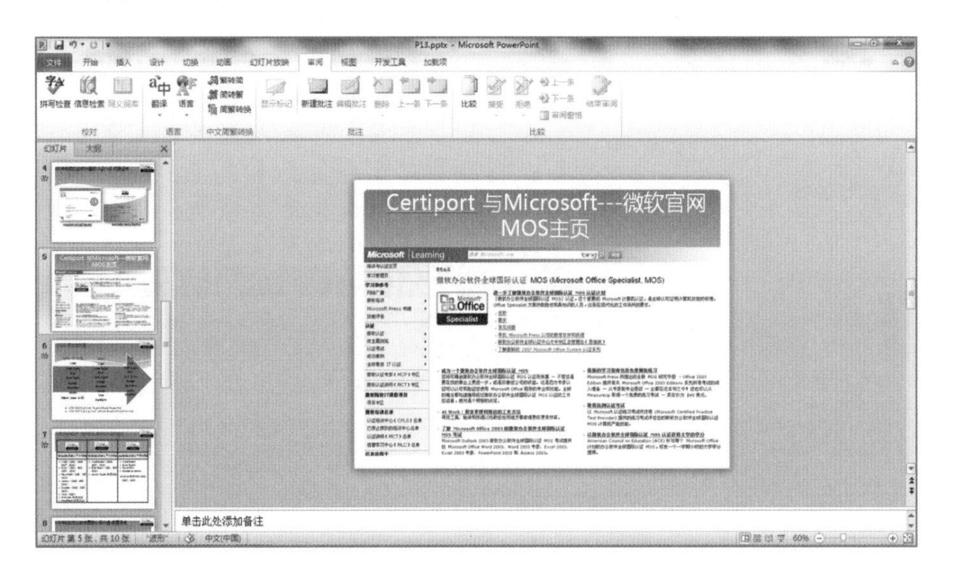

题目14

在幻灯片5上对“如期进行的项目”图表应用“图表样式31”。

打开练习文档（PowerPoint练习题组/P14.pptx）。

解法

01 在幻灯片索引标签中选择第5张幻灯片；

02 单击图表“如期进行的项目”；

03 单击“设计”选项卡；

04 单击“图表样式”组中的“其他”按钮；

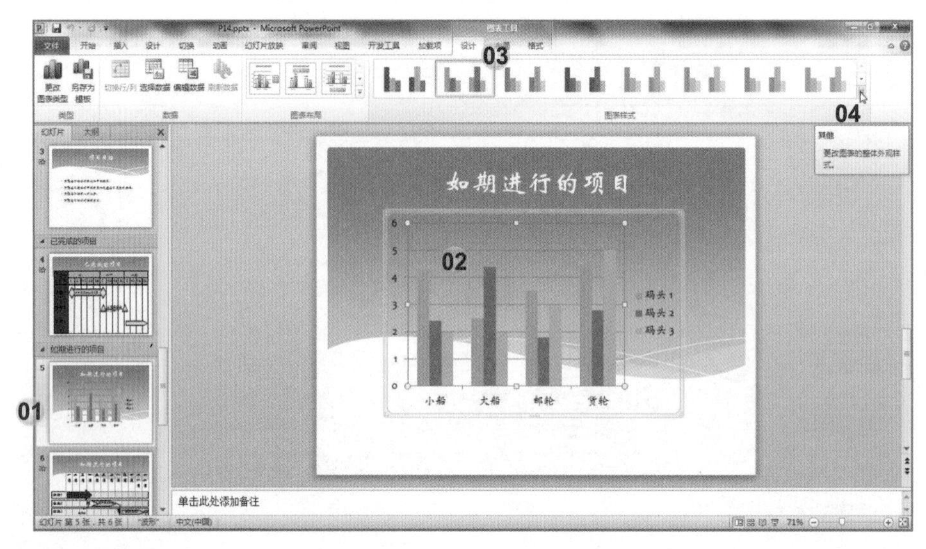

05 选择“样式31”。

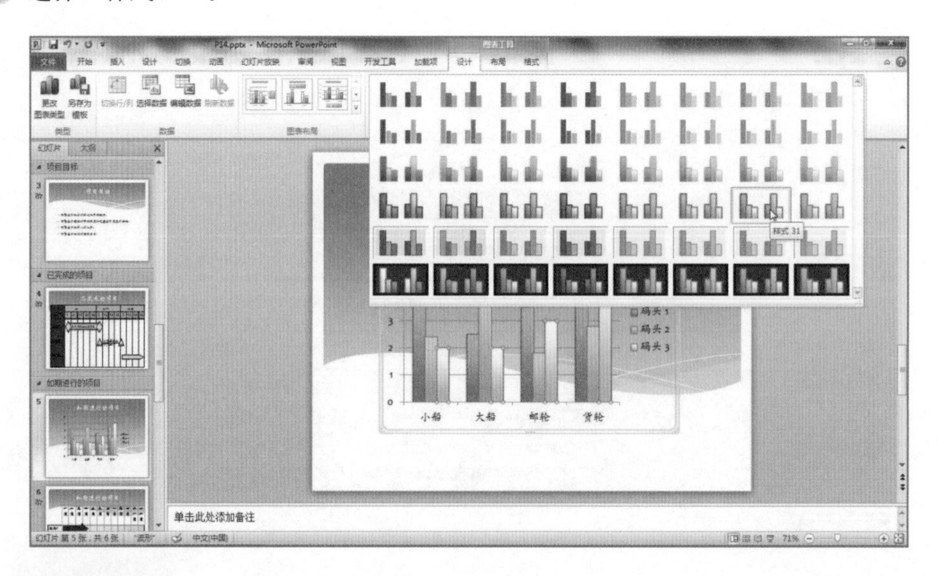

题目15

在幻灯片上对图片应用“映像棱台，白色”样式。

打开练习文档（PowerPoint练习题组/P15.pptx）。

解法

01 在幻灯片索引标签中选择第3张幻灯片；

02 点选幻灯片中的图片；

03 单击“格式”选项卡；

04 单击“图片样式”组中的“其他”按钮；

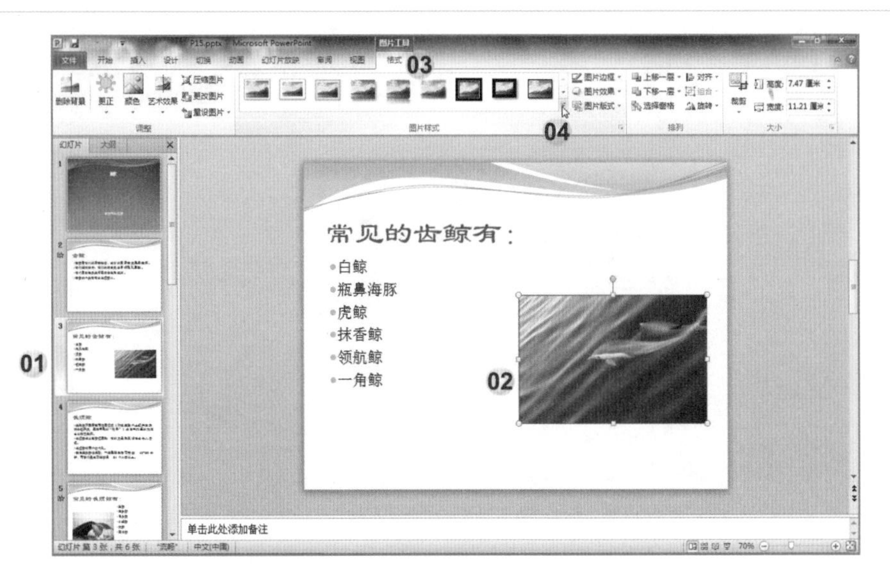

05 选择“映像棱台，白色”样式。

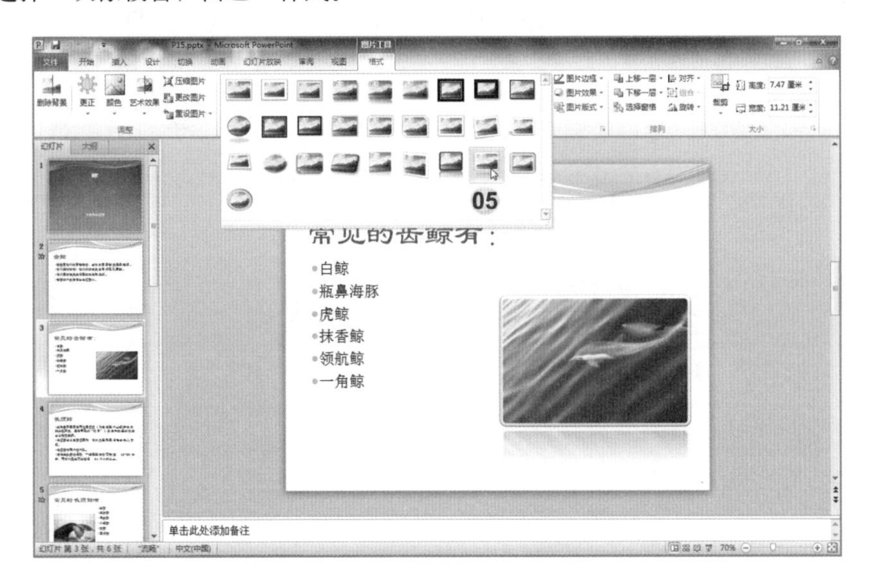

题目16

在幻灯片1上对文本“港口发展项目进度报告”应用“浮动”进入动画。

打开练习文档（PowerPoint练习题组/P16.pptx）。

解法

01 在幻灯片索引标签中选择第1张幻灯片；

02 点选文本“港口发展项目进度报告”；

03 单击“动画”选项卡；

04 单击“高级动画”组中“添加动画”下拉列表中的“更多进入效果”；

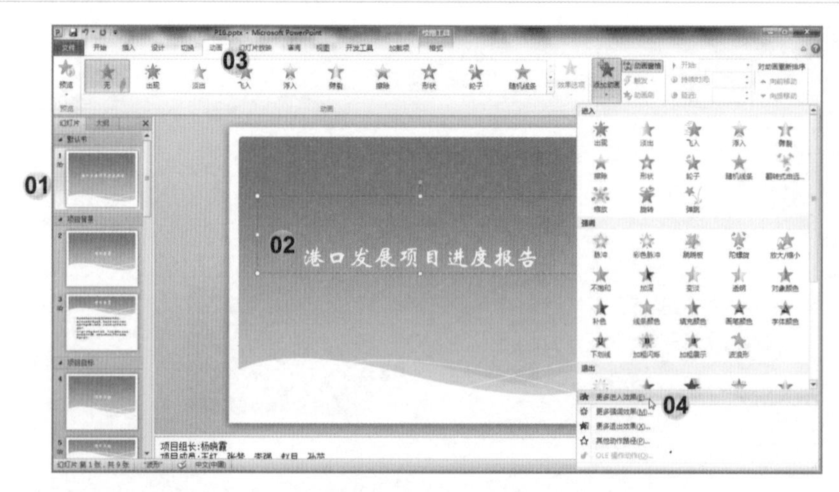

05 在“添加进入效果”对话框中选择“浮动”动画；

06 单击“确定”按钮。

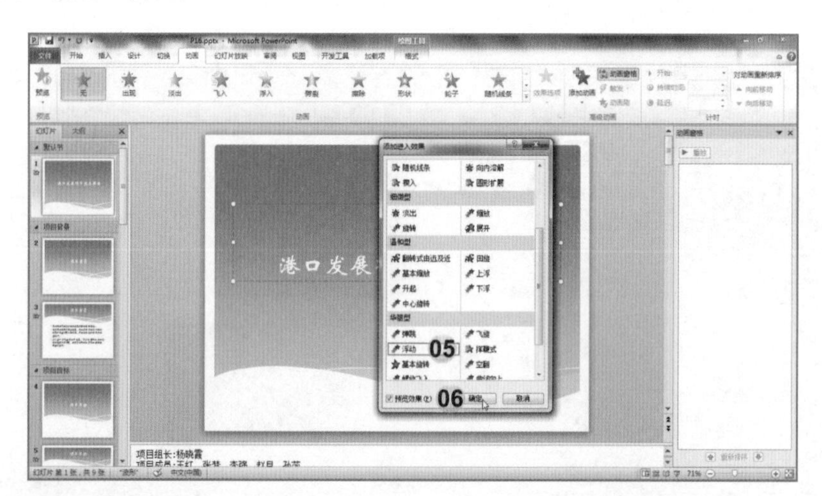

完成后效果如下图所示。

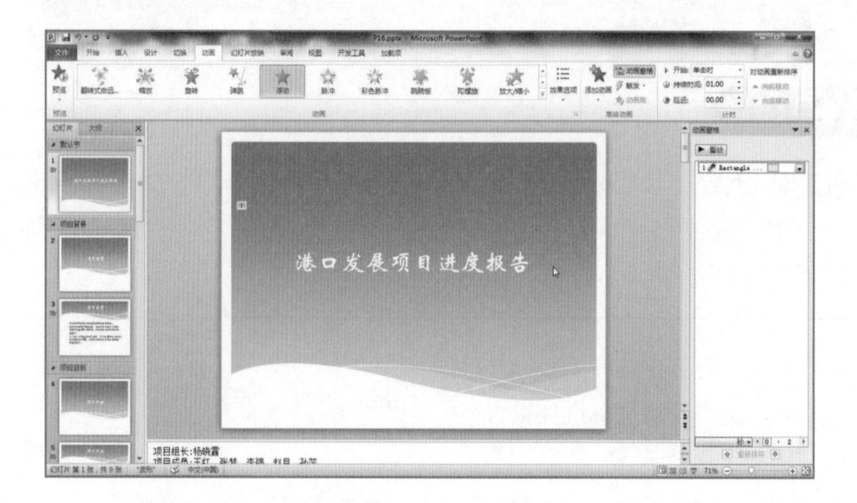

题目17

对幻灯片2和幻灯片5应用切换声音“风铃”。

打开练习文档（PowerPoint练习题组/P17.pptx）。

解法

01 在幻灯片索引标签中按住【Ctrl】键选择幻灯片2和幻灯片5；

02 单击“切换”选项卡；

03 单击“计时”组“声音”下拉列表中的“风铃”。

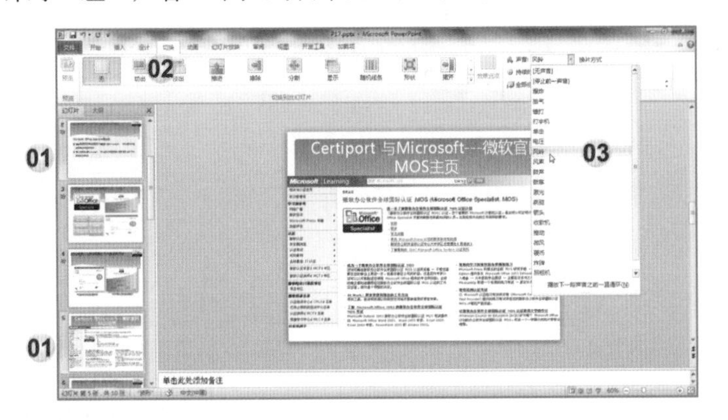

题目18

在幻灯片5上，修改图表使纵坐标轴以5为单位从0延伸到30。

打开练习文档（PowerPoint练习题组/P18.pptx）

解法

01 在幻灯片索引标签中选择第5张幻灯片；

02 在图表的纵坐标轴上右击；

03 在弹出的快捷菜单中选择“设置坐标轴格式”命令；

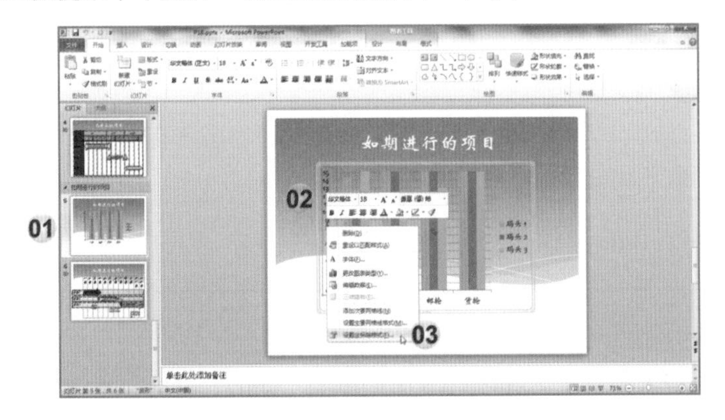

04 在“设置坐标轴格式”对话框“坐标轴选项”选项卡的“最大值”处设置为“30”；

05 在“设置坐标轴格式”对话框“坐标轴选项”选项卡的“主要刻度单位”处选择“固定”；

06 值设置为“5”；

07 单击“关闭”按钮。

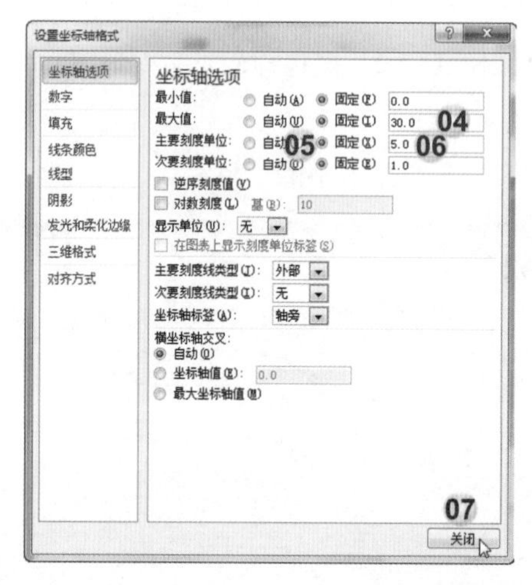

完成后效果如下图所示。

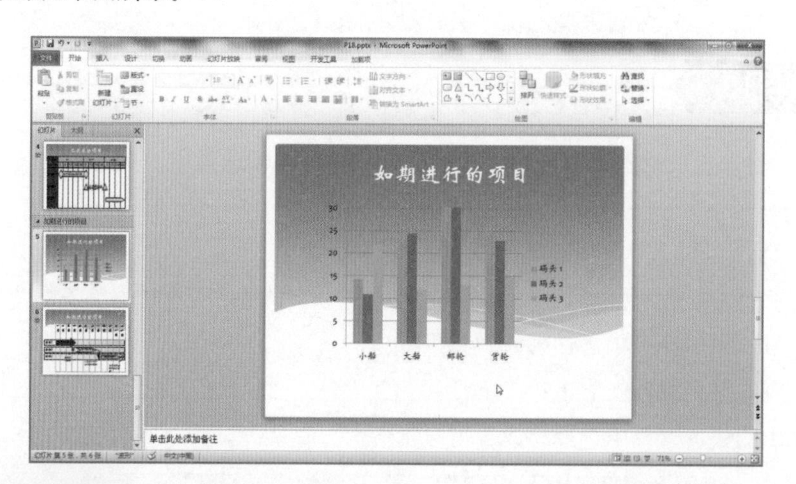

题目19

在幻灯片6上，从“MOS版本与科目”SmartArt图形中删除楔形“2007”、“2010”。将剩余形状重新标示为“所有版本”。

打开练习文档（PowerPoint练习题组/P19.pptx）。

解法

01 在幻灯片索引标签中选择第6张幻灯片；

02 点选“MOS版本与科目”SmartArt图形中的“2007”部分，按【Delete】键删除此部

分；（注意：删除时也可选中的该部分中的文本框然后按【Delete】键）

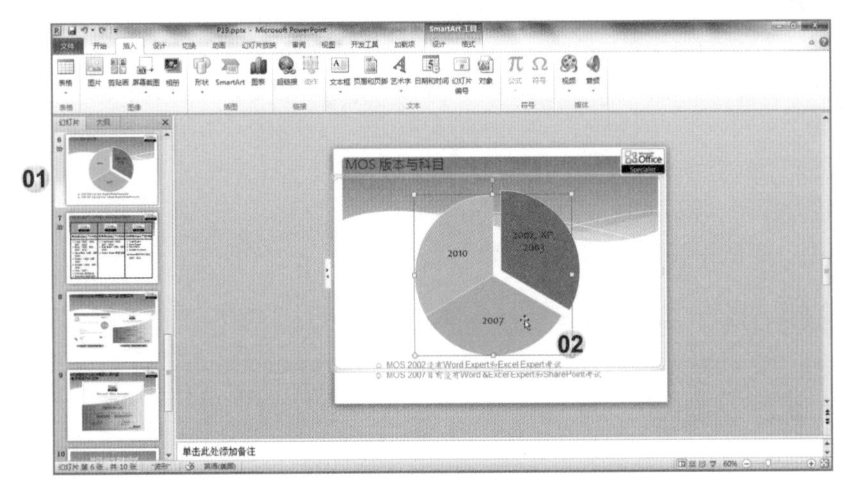

03 点选“MOS版本与科目”SmartArt图形中的“2010”部分，按【Delete】键删除此部分；

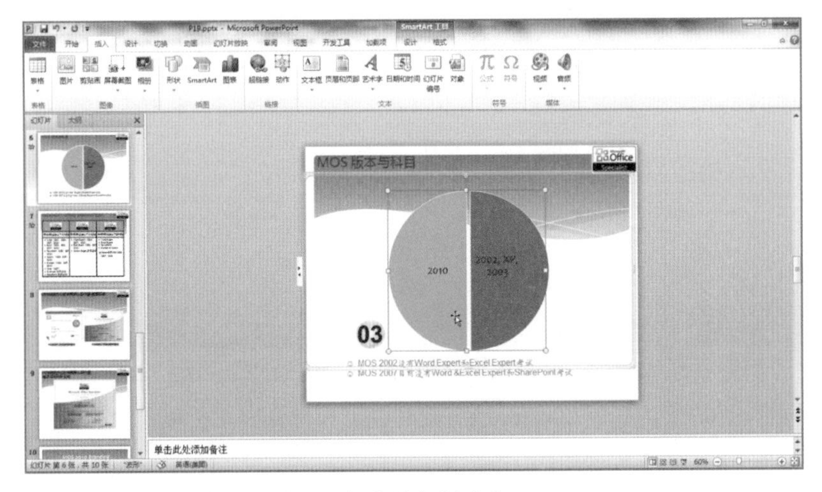

04 点选剩余形状的文字标示，修改为“所有版本”。

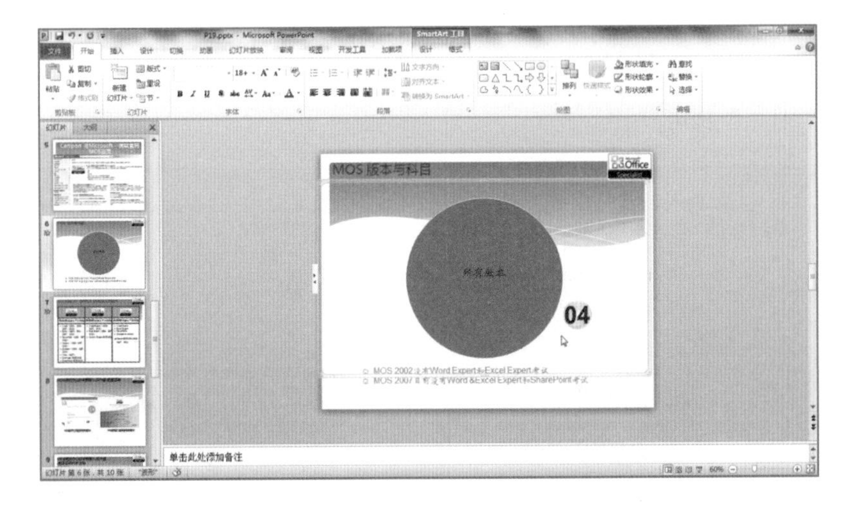

题目20

根据以下标准编辑相册：

*.全色显示所有图片；

* 将相册列表中第2张图片“马”重新排序以显示在图片“牛”的下方；

* 每张幻灯片显示2张图片（带标题）；

* 对图片应用“居中矩形阴影”相框；

（注意：接受所有其他的默认设置）

打开练习文档（PowerPoint练习题组/P20.pptx）。

解法

01 单击“插入”选项卡；

02 单击“图像”组中“相册”下拉列表中的“编辑相册”；

03 在“图片选项”组中取消勾选“所有图片以黑白方式显示”复选框；

04 在“相册中的图片”列表框中选择图片“马”；

05 单击“向下移动顺序”按钮，将图片“马”移动到图片“牛”的下方；

06 在“图片版式”下拉列表中选择“2张图片（带标题）”；

07 在“相框形状”下拉列表中选择“居中矩形阴影”；

08 单击“更新”按钮。

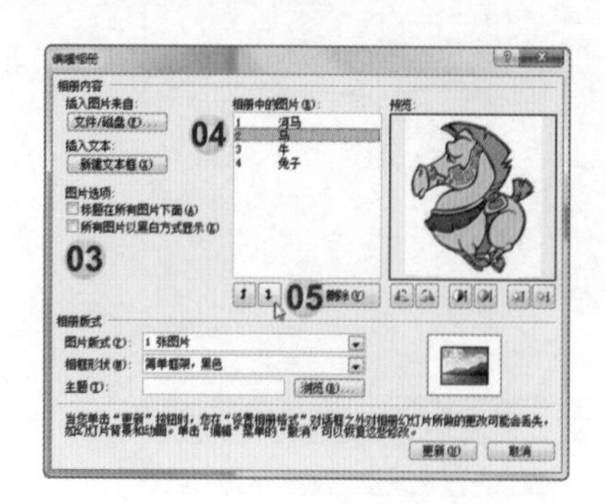

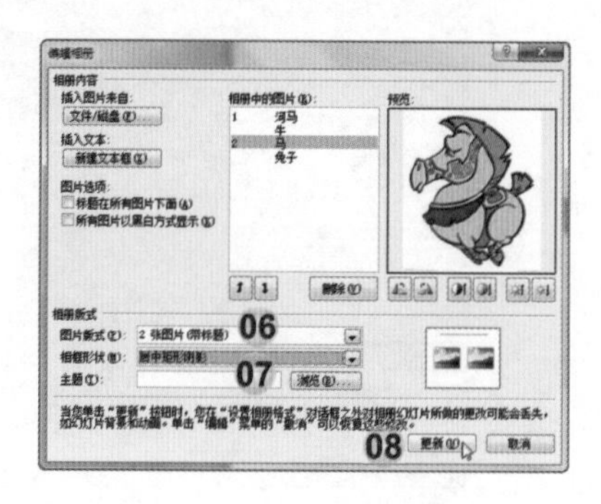

完成后效果如下图所示。

题目21

在“幻灯片浏览视图”中以66%的大小比例显示所有幻灯片。

打开练习文档（PowerPoint练习题组/P21.pptx）。

解法

01 单击“视图”选项卡；

02 单击“演示文稿”组中的“幻灯片浏览”按钮；

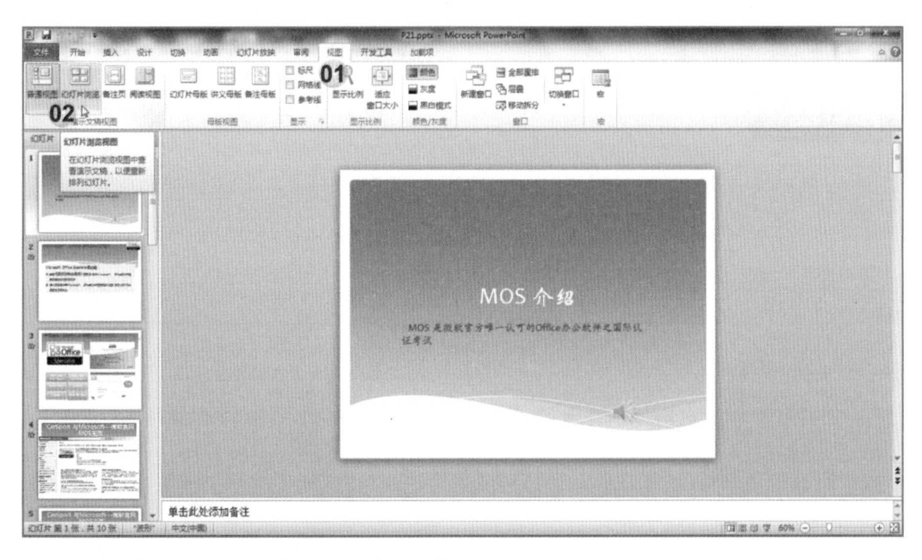

03 单击“显示比例”组中的“显示比例”按钮；

04 在“显示比例”对话框中选择显示比例百分比为“66%”；

05 单击“确定”按钮。

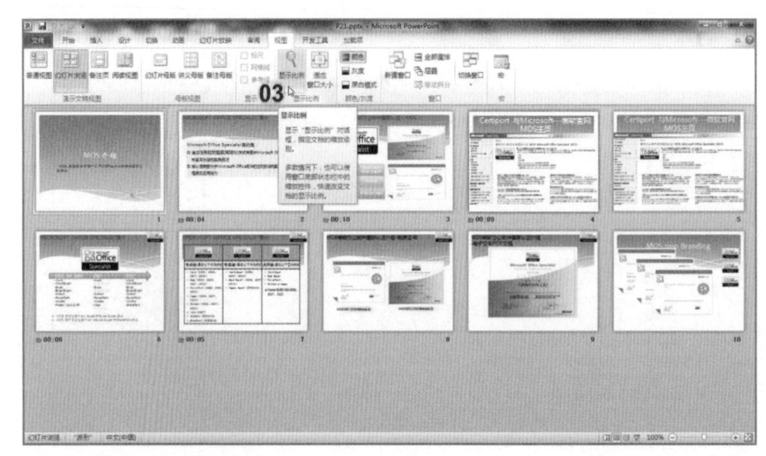

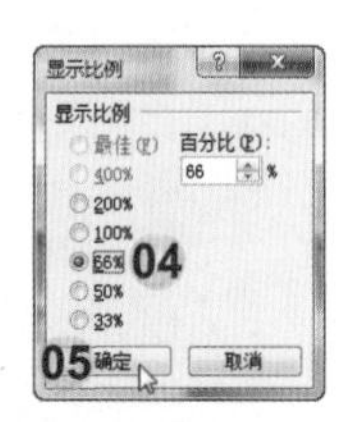

完成后效果如下图所示。

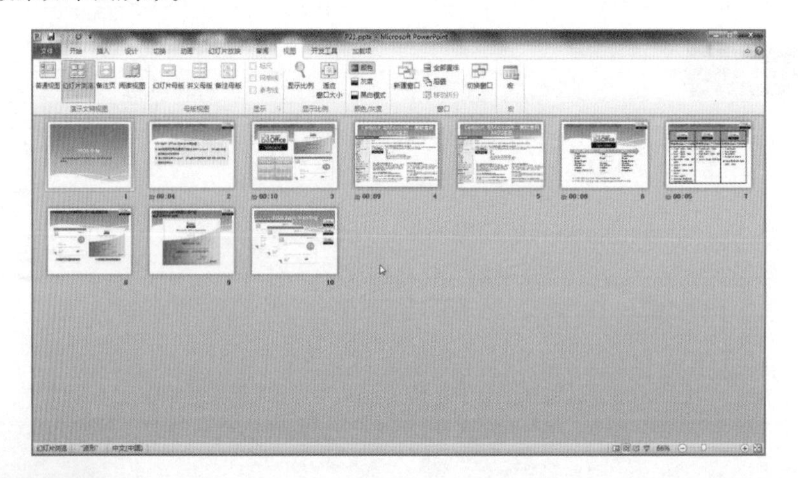

题目22

自定义创建一个仅包含幻灯片6至幻灯片8的名为“比较”的幻灯片放映。

打开练习文档（PowerPoint练习题组/P22.pptx）。

解法

01 单击“幻灯片放映”选项卡；

02 单击“开始放映幻灯片”组中的“自定义幻灯片放映”下拉列表中的“自定义放映”按钮；

03 在“自定义放映”对话框中单击“新建”按钮；

04 在“定义自定义放映”对话框的“幻灯片放映名称”文本框中输入“比较”；

05 “在演示文稿的幻灯片”列表框中按住【Ctrl】键的同时选择幻灯片6、7和8；

06 单击“添加”按钮；

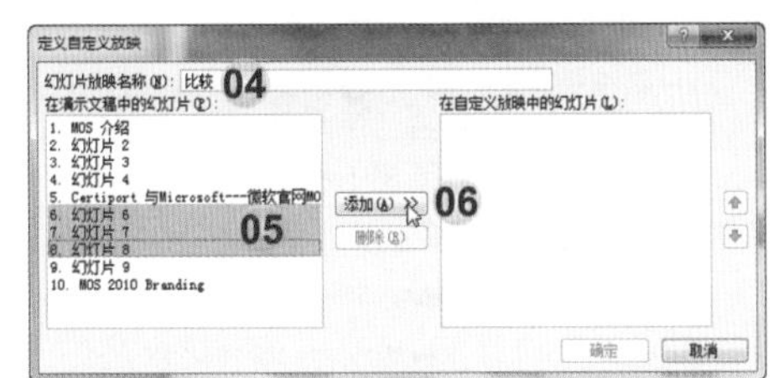

07 单击“确定”按钮；

08 在“自定义放映”对话框中单击“关闭”按钮。

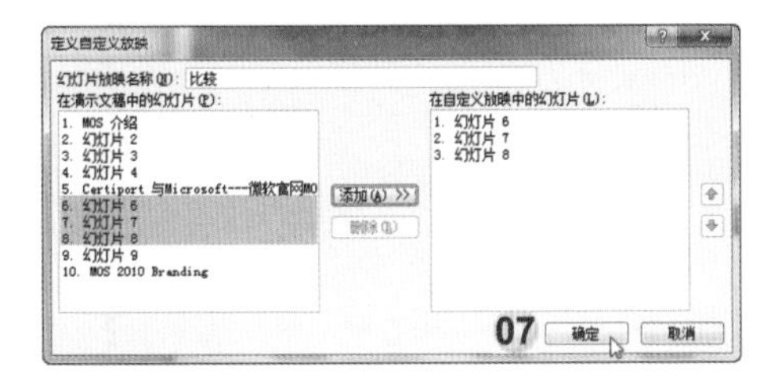

题目23

禁用“键入时检查拼写”选项。

打开练习文档（PowerPoint练习题组/P23.pptx）。

解法

01 单击“文件”选项卡；

02 单击“选项”按钮；

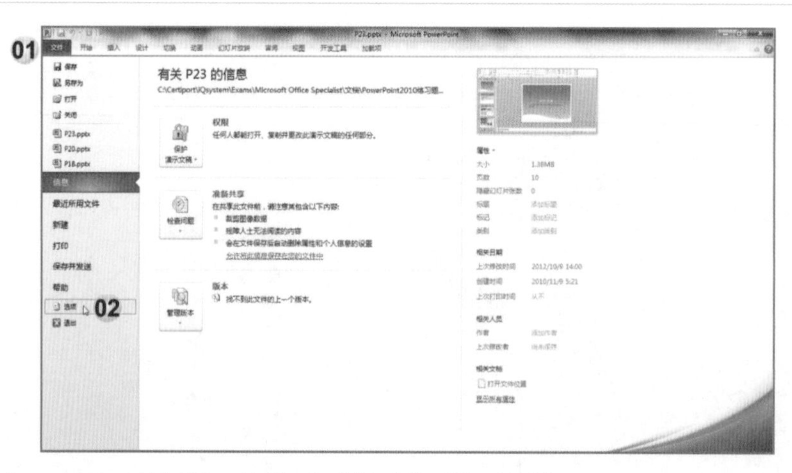

03 在“PowerPoint选项”对话框中选择“校对”选项卡；

04 取消勾选“键入时检查拼写”复选框；

05 单击“确定”按钮。

题目24

在幻灯片5上重新设置图像并将锐化调整为10%。

打开练习文档（PowerPoint练习题组/P24.pptx）。

解法

01 在幻灯片索引标签中选择第5张幻灯片；

02 选择幻灯片中的图片；

03 单击“格式”选项卡；

04 单击“调整”选项组“更正”下拉列表中的“图片更正选项”按钮；

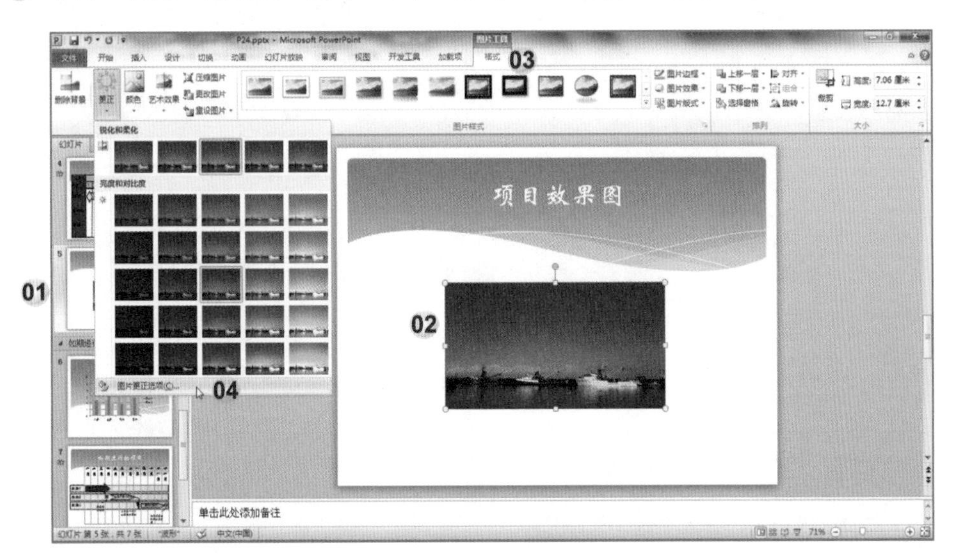

05 在“设置图片格式”对话框“图片更正”选项卡中，将“锐化”调整为“10%”；（注意：若考题要求是“柔化10%”，则输入负10%：-10%）

06 单击“关闭”按钮。

题目25

将“项目报告”添加到演示文稿的属性中作为“主题”。

打开练习文档（PowerPoint练习题组/P21.pptx）。

解法

01 单击“文件”选项卡；

02 在“信息”选项卡中单击右侧下方的“显示所有属性”超链接；

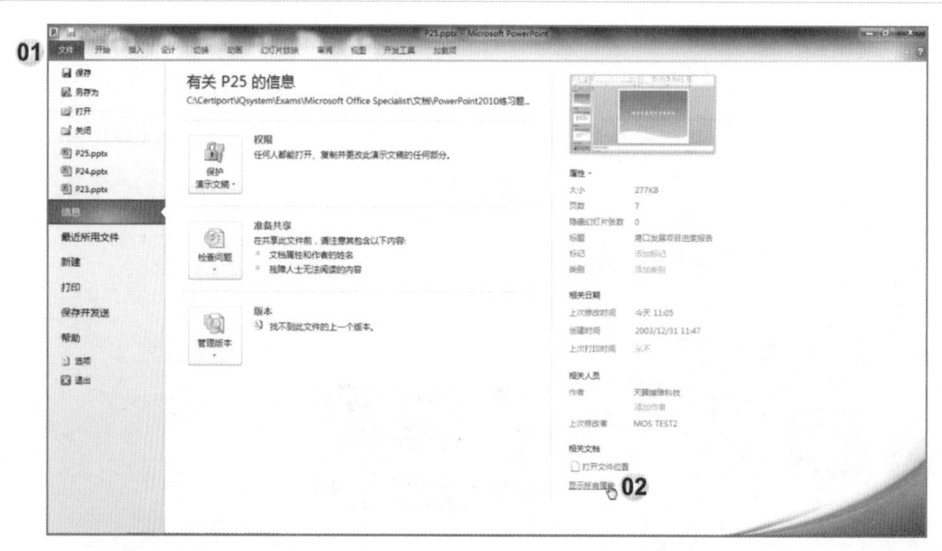

03 在“主题”后的文本框中输入“项目报告”。

题目26

将每张幻灯片的大小都设置为宽32 cm，高18 cm。

打开练习文档（PowerPoint练习题组/P26.pptx）。

解法

01 单击“设计”选项卡；

02 单击“页面设置”组中的“页面设置”按钮；

03 在“页面设置”对话框的“宽度”处设置为“32”厘米；

04 在“页面设置”对话框的“高度”处设置为“18”厘米；

05 单击“确定”按钮。

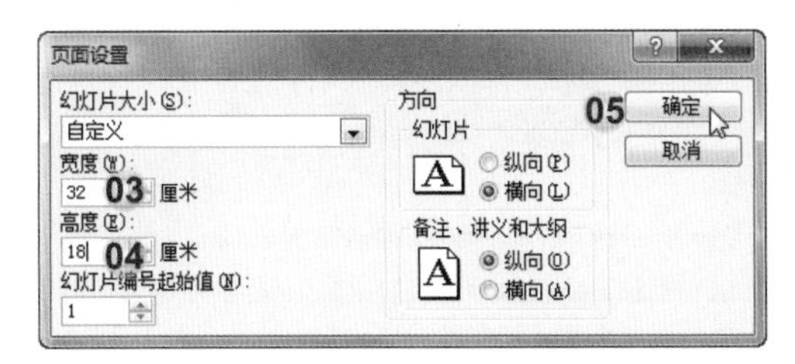

完成后效果如下图所示。

题目27

以90%的大小比例浏览每张幻灯片。

打开练习文档（PowerPoint练习题组/P27.pptx）。

解法

01 单击“视图”选项卡；

02 单击“显示比例”组中的“显示比例”按钮；

03 在“显示比例”对话框的“百分比”处设置为“90%”；

04 单击“确定”按钮。

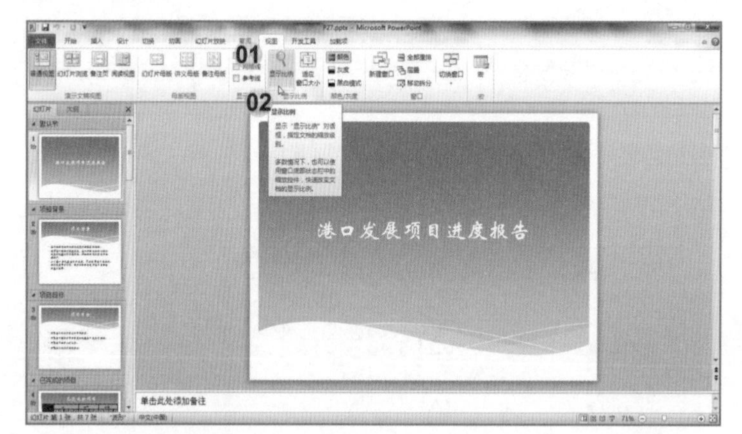

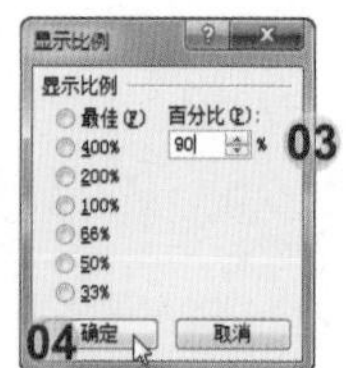

完成后效果如下图所示。

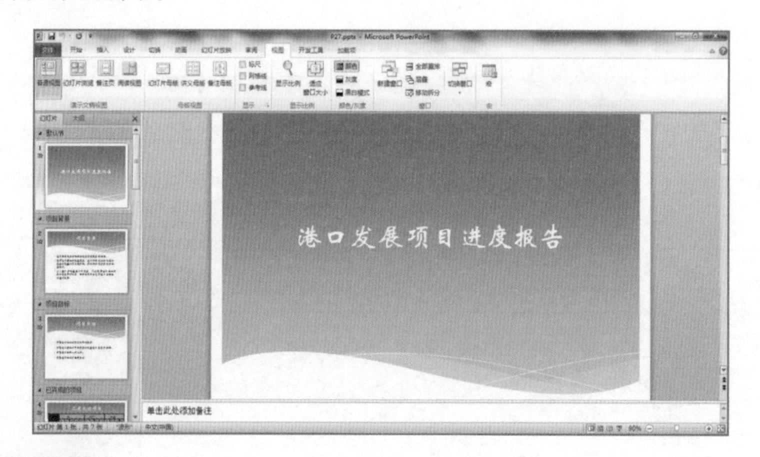

题目28

使用密码“12345”对演示文稿进行加密。

打开练习文档（PowerPoint练习题组/P28.pptx）。

解法

01 单击“文件”选项卡；

02 单击“信息”选项卡中“保护演示文稿”下拉列表中的“用密码进行加密”；

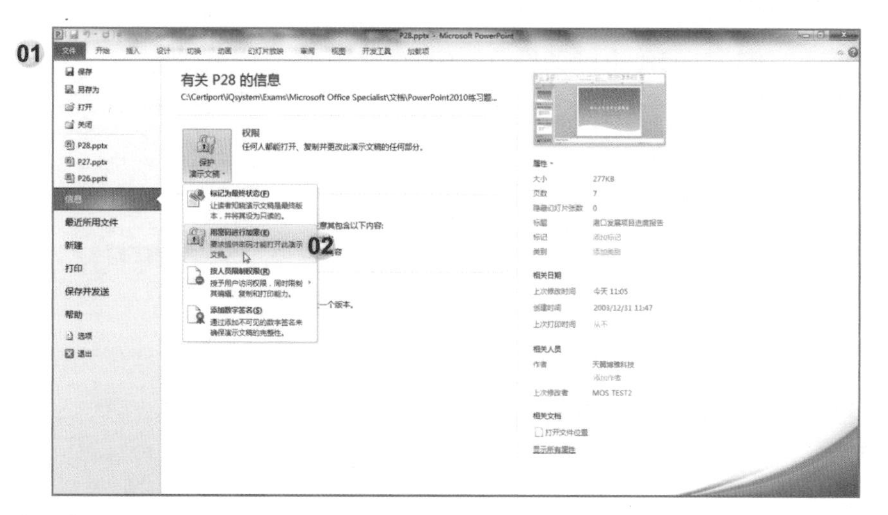

03 在“加密文档”对话框的“密码”文本框中输入题目要求的密码；

04 单击“确定”按钮；

05 在“确认密码”对话框“重新输入密码”文本框中再次输入题目要求的密码；

06 单击“确定”按钮。

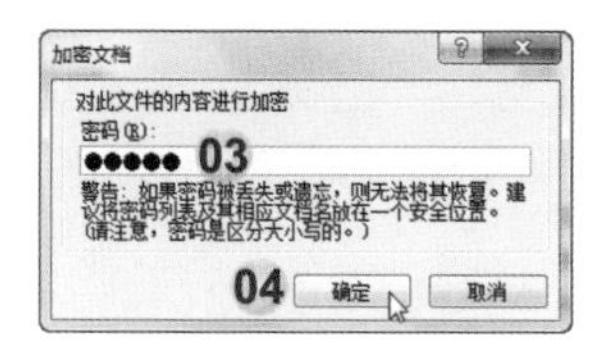

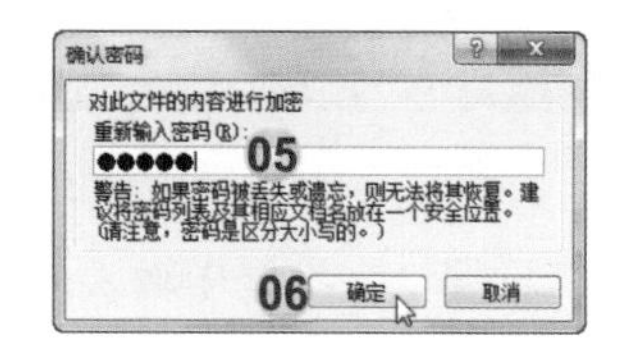

完成后效果如下图所示。

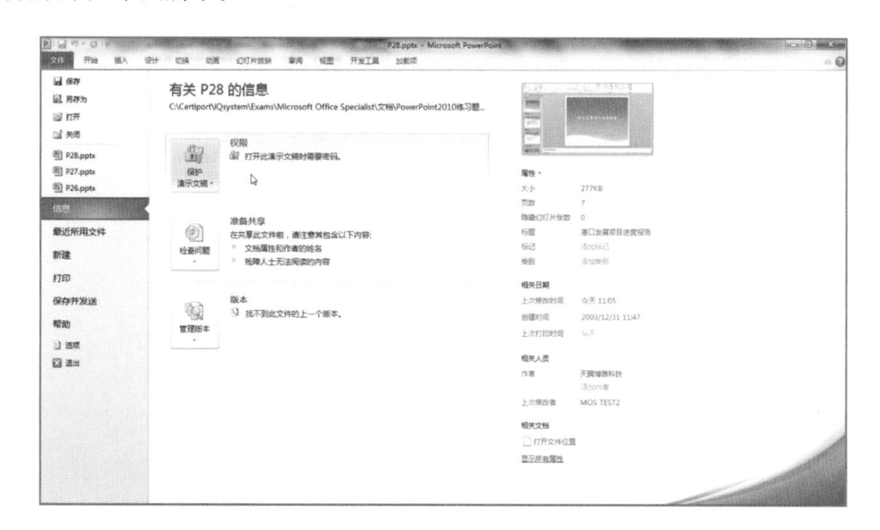

题目29

使用文本"MSCOM 项目报告"为演示文稿添加页脚，对标题幻灯片之外的每张幻灯片都应用页脚。

打开练习文档（PowerPoint练习题组/P29.pptx）。

解法

01 单击"插入"选项卡；

02 单击"文本"组中的"页眉和页脚"按钮；

03 在"页眉和页脚"对话框的"幻灯片"选项卡中勾选"页脚"复选框；

04 在"页脚"文本框中输入"MSCOM 项目报告"；（注意："MSCOM"和"项目报告"之间有一个空格）

05 勾选"标题幻灯片中不显示"复选框；

06 单击"全部应用"按钮。

题目30

在幻灯片3上对“项目目标”文本框应用彩色轮廓“绿色，强调文字颜色3”形状样式。

打开练习文档（PowerPoint练习题组/P30.pptx）。

解法

01 在幻灯片索引标签中选择第3张幻灯片；

02 单击“项目目标”文本框；

03 单击“格式”选项卡；

04 单击“形状样式”组“形状轮廓”下拉列表中的“绿色，强调文字颜色3”形状样式；

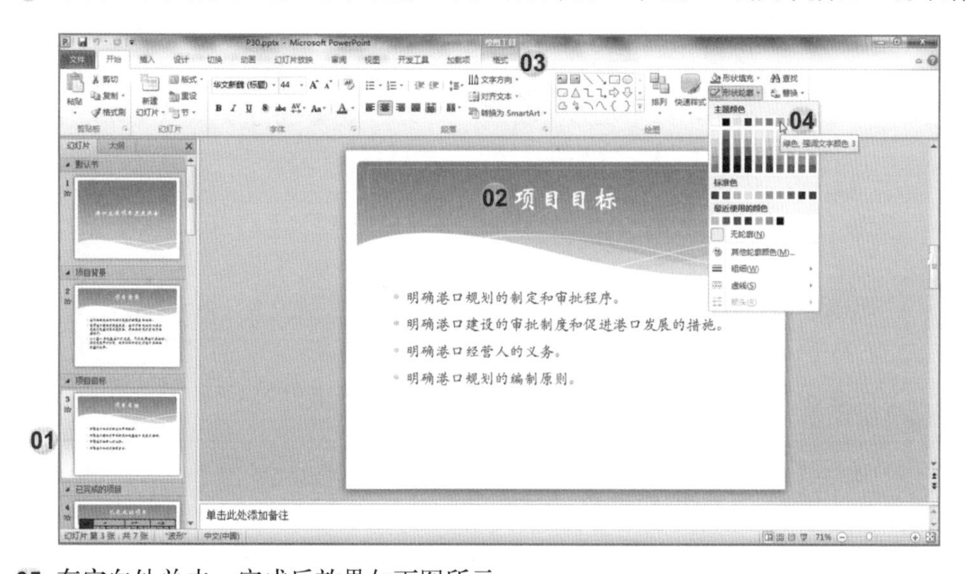

05 在空白处单击，完成后效果如下图所示。

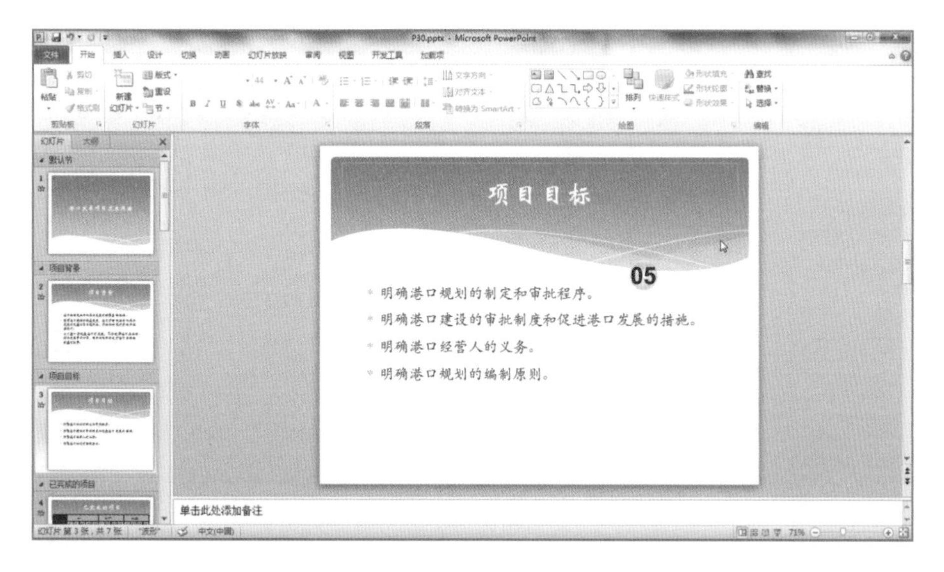

题目31

在幻灯片3上将带项目符号的列表与文本框底部对齐。

打开练习文档（PowerPoint练习题组/P31.pptx）。

解法

01 在幻灯片索引标签中选择第3张幻灯片；

02 单击带项目符号列表的文本框；

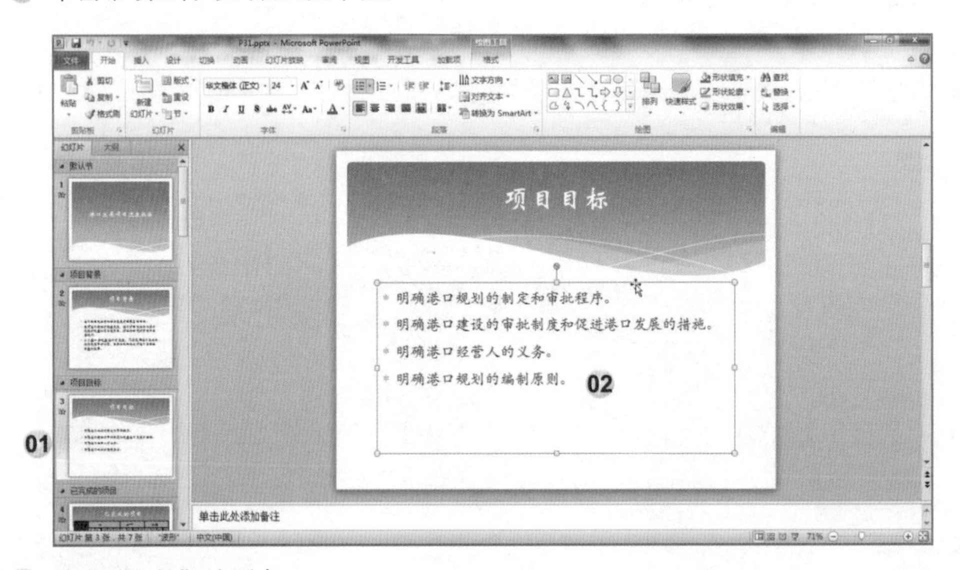

03 单击“开始”选项卡；

04 单击“段落”组“对齐文本”下拉列表中的“底端对齐”。

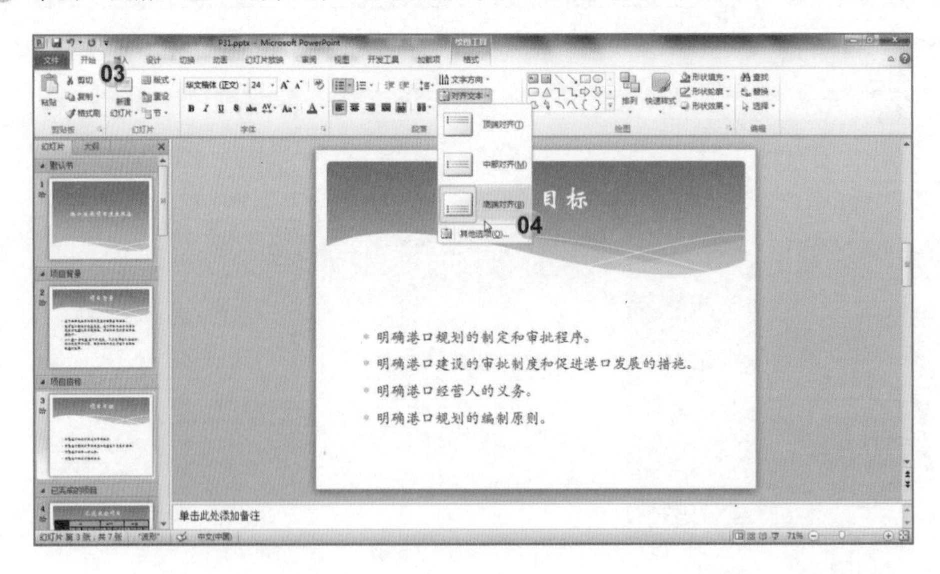

题目32

使用“Test Delivery Printer 2010”打印机，以每页3张幻灯片打印当前演示文稿的讲义。用灰度打印，并在“文档”文件夹内将文件保存为“讲义”。

打开练习文档（PowerPoint练习题组/P32.pptx）。

解法

01 单击“文件”选项卡；

02 单击“打印”选项卡；

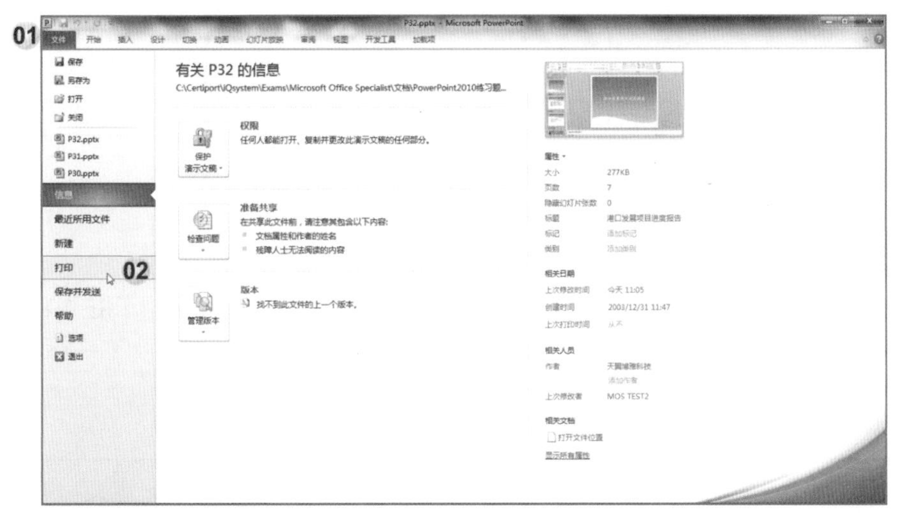

03 在“打印机”下拉列表中选择“Test Delivery Printer 2010”；

04 在“每页打印幻灯片”处选择“3张幻灯片”；

05 在“颜色”处选择“灰度”；

06 单击“打印”按钮；

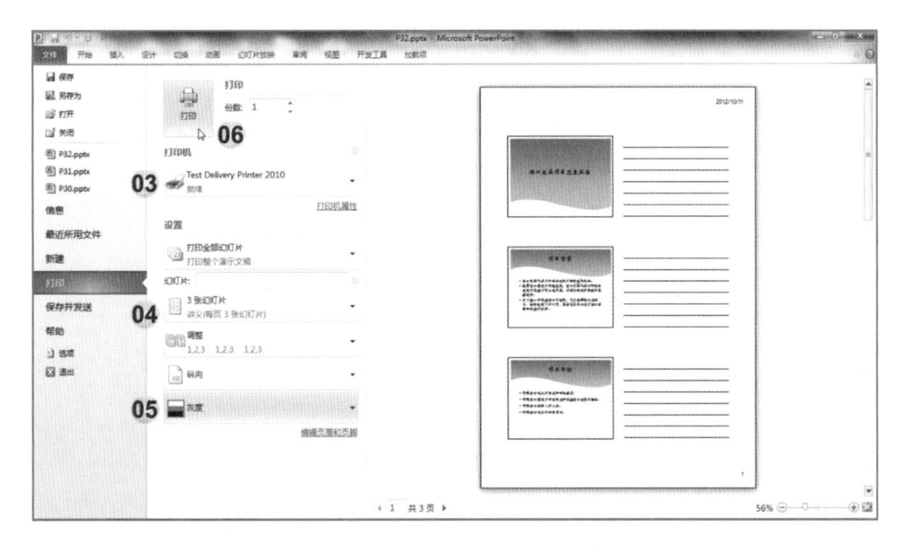

07 在“文件另存为”对话框中“保存路径”处选择“文档”文件夹；

08 在“文件名”文本框中输入“讲义”；

09 单击“保存”按钮。

题目33

在幻灯片3上对文本“项目目标”应用动作路径“形状”，并将动作路径形状更改为“梯形”。

打开练习文档（PowerPoint练习题组/P33.pptx）

解法

01 在幻灯片索引标签中选择第3张幻灯片；

02 选择幻灯片中的“项目目标”文本框；

03 单击“动画”选项卡；

04 单击“动画”组中的“其他”按钮；

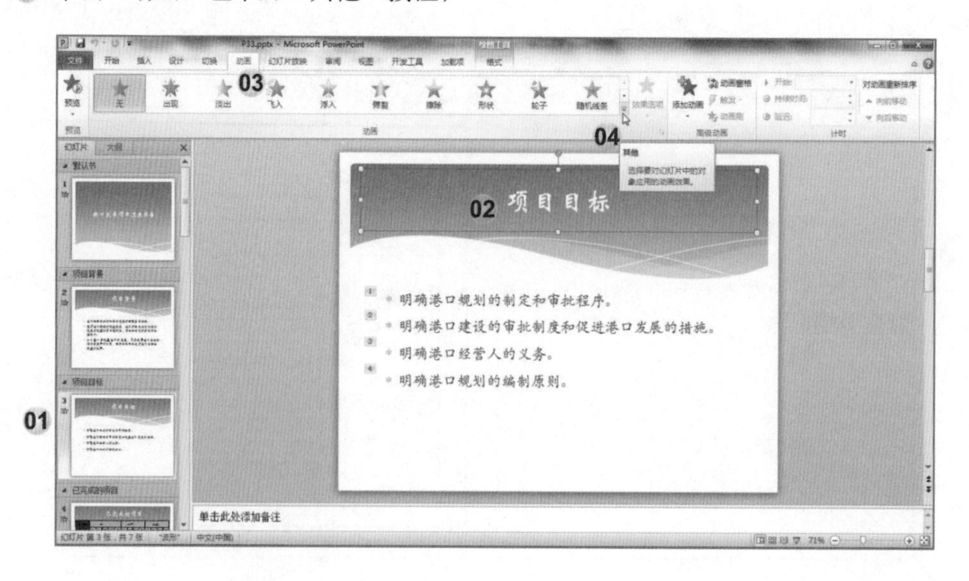

05 单击“动作路径”中的“形状”动作路径；

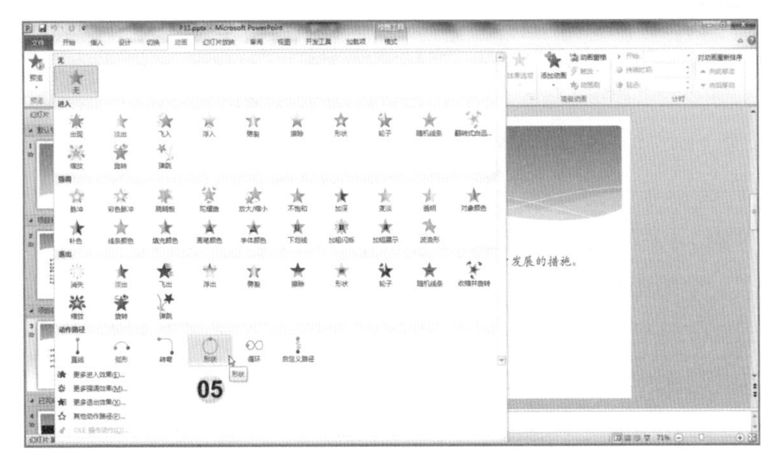

06 单击“动画”组“效果选项”下拉列表中的“梯形”。

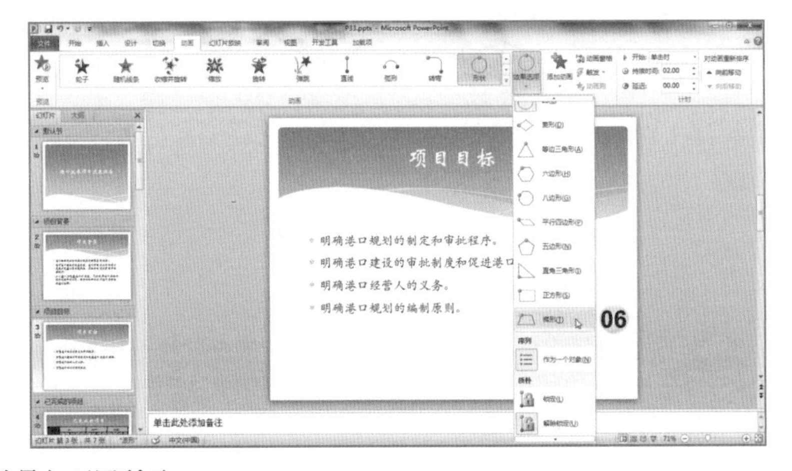

完成后效果如下图所示。

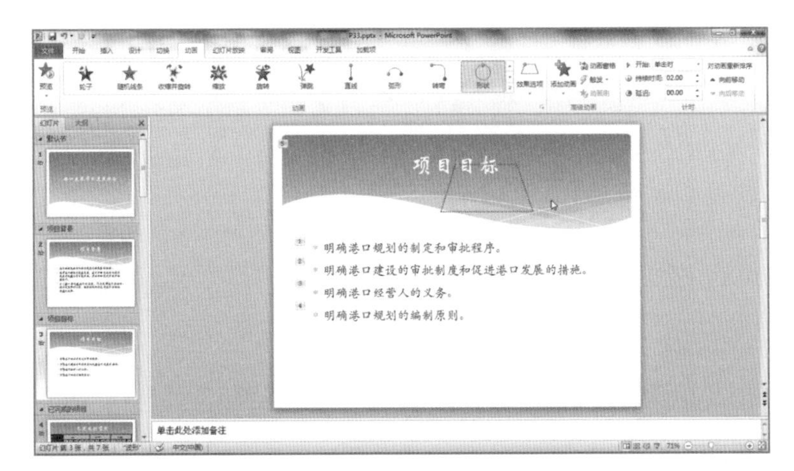

题目34

在幻灯片6上将图表类型修改为“簇状圆柱图”。

打开练习文档（PowerPoint练习题组/P34.pptx）。

解法

01 在幻灯片索引标签中选择第6张幻灯片；

02 单击幻灯片中的图表；

03 单击“设计”选项卡；

04 单击“类型”组中的“更改图表类型”按钮；

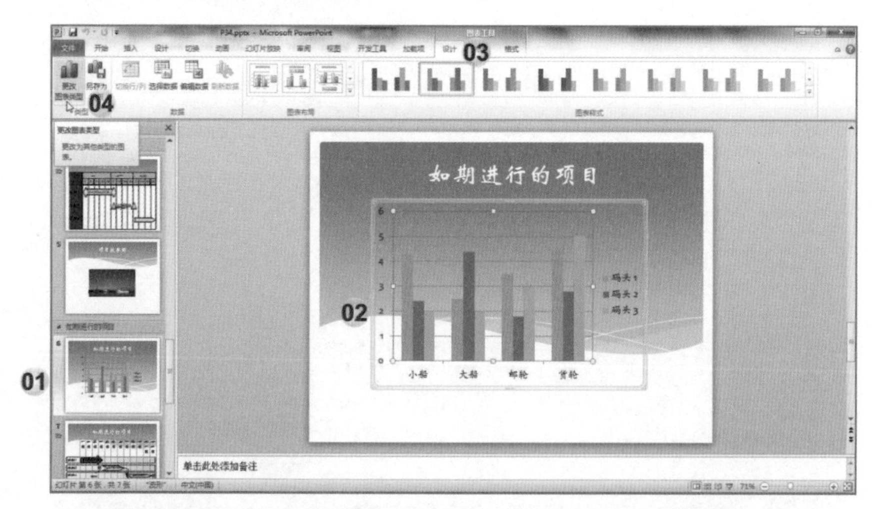

05 在“更改图表类型”对话框中选择“柱形图”中的“簇状圆柱图”；

06 单击“确定”按钮。

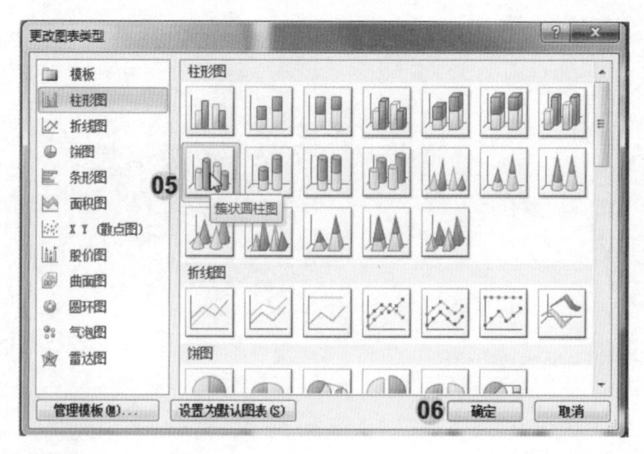

完成后效果如下图所示。

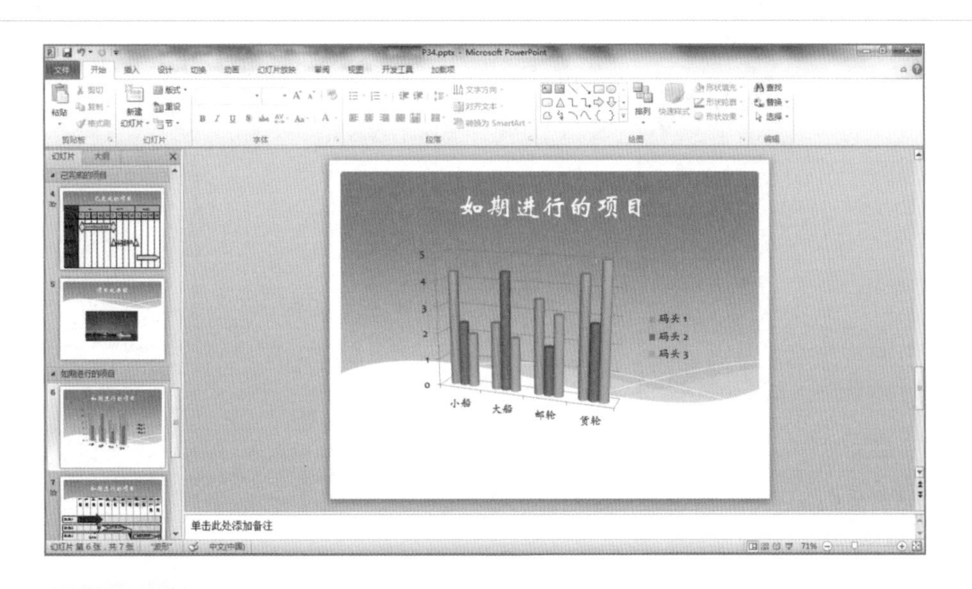

题目35

设置“视图”选项卡，用“黑白模式”查看演示文稿。

打开练习文档（PowerPoint练习题组/P35.pptx）。

解法

01 单击“视图”选项卡；

02 单击“颜色/灰度”组中的“黑白模式”按钮。

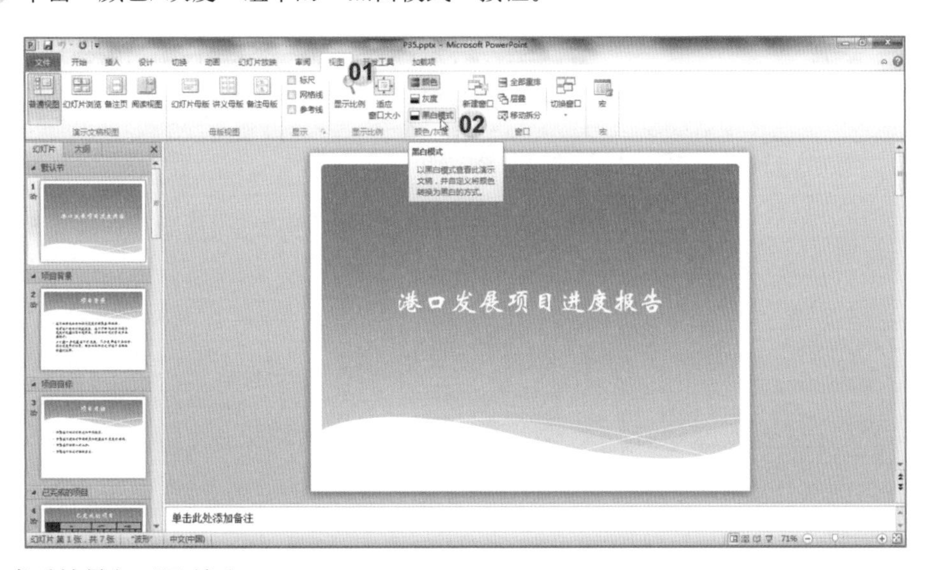

完成后效果如下图所示。

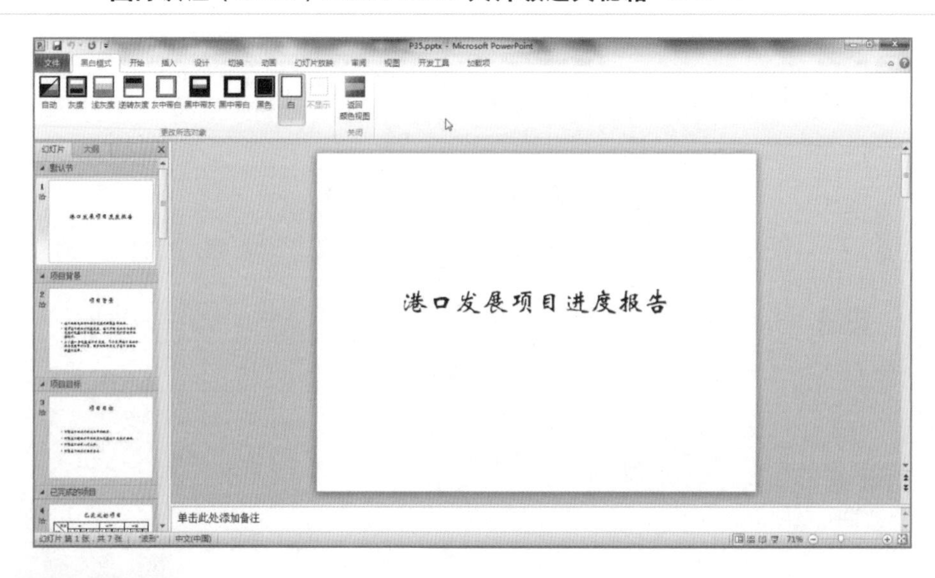

PowerPoint 2010

题目36

在第3张幻灯片上将文本框的格式设置为分为两栏。

打开练习文档（PowerPoint练习题组/P36.pptx）。

解法

01 在幻灯片索引标签中选择第3张幻灯片；

02 单击幻灯片中的文本框；

03 单击“开始”选项卡“段落”组中“分栏”下拉列表中的“两列”；

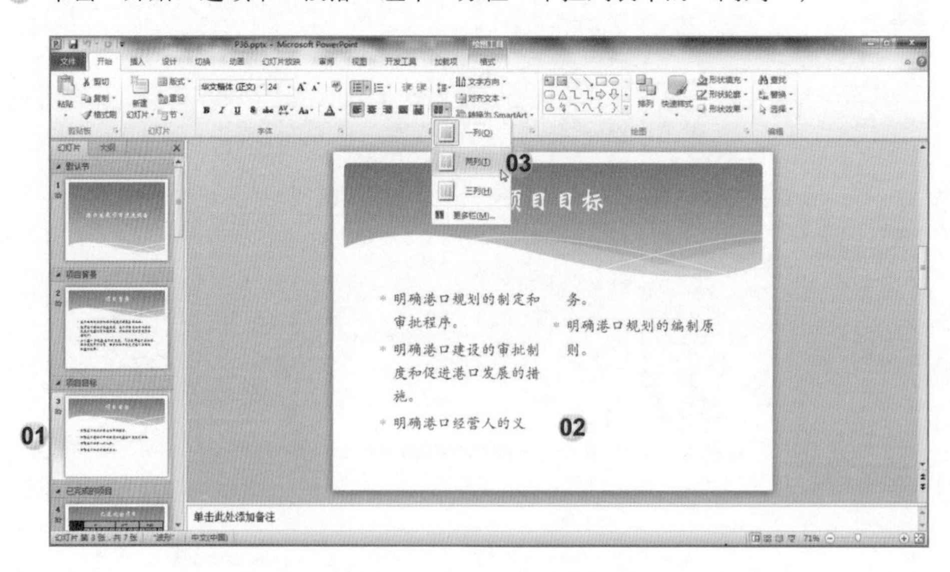

题目37

将幻灯片放映设置为观众自行浏览。

打开练习文档（PowerPoint练习题组/P37.pptx）

解法

01 单击“幻灯片放映”选项卡；

02 单击“设置”组中的“设置幻灯片放映”按钮；

03 在“设置放映方式”对话框中选择“观众自行浏览（窗口）”单选按钮；

04 单击“确定”按钮。

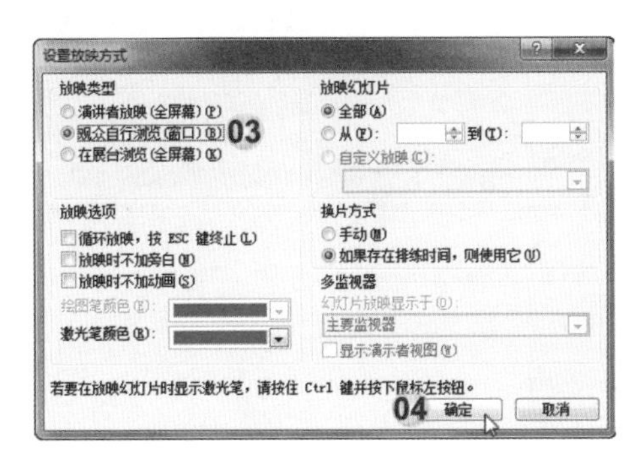

题目38

在幻灯片6上插入一个有2列4行的表格。将左栏标题字段编辑为“项目计划”，右栏标题字段编辑为“项目目标”。

打开练习文档（PowerPoint练习题组/P38.pptx）。

解法

01 在幻灯片索引标签中选择第6张幻灯片；

02 单击文本框中的“插入表格”图标；

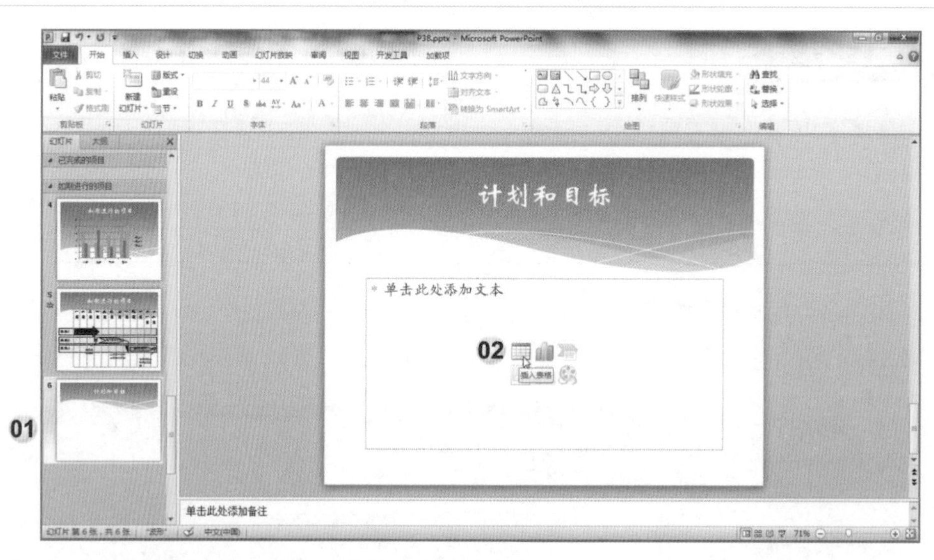

03 在“插入表格”对话框的“列数”处设置为“2”；

04 “行数”处设置为“4”；

05 单击“确定”按钮；

06 在表格的左栏标题字段处输入“项目计划”；

07 右栏标题字段处输入“项目目标”。

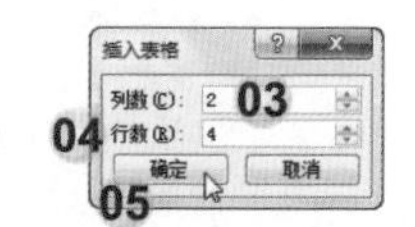

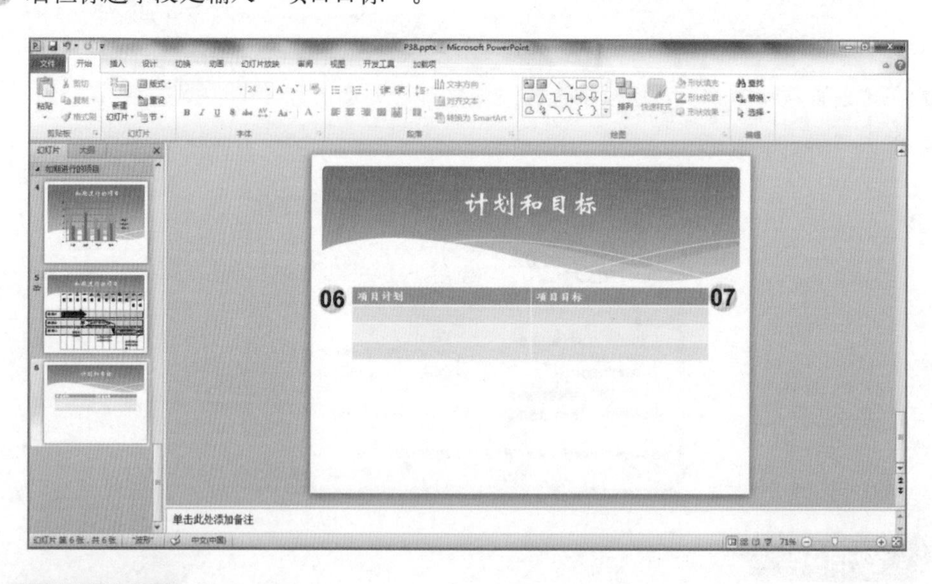

题目39

创建一个“相册”，以黑白方式显示“图片”文件夹中的所有图片。将“图片版式”设置为4张图片（带标题）。（注意：接受所有其他的默认设置）

打开练习文档（PowerPoint练习题组/P39.pptx）。

解法

01 单击“插入”选项卡；

02 单击“图像”组中“相册”下拉列表中的“新建相册”；

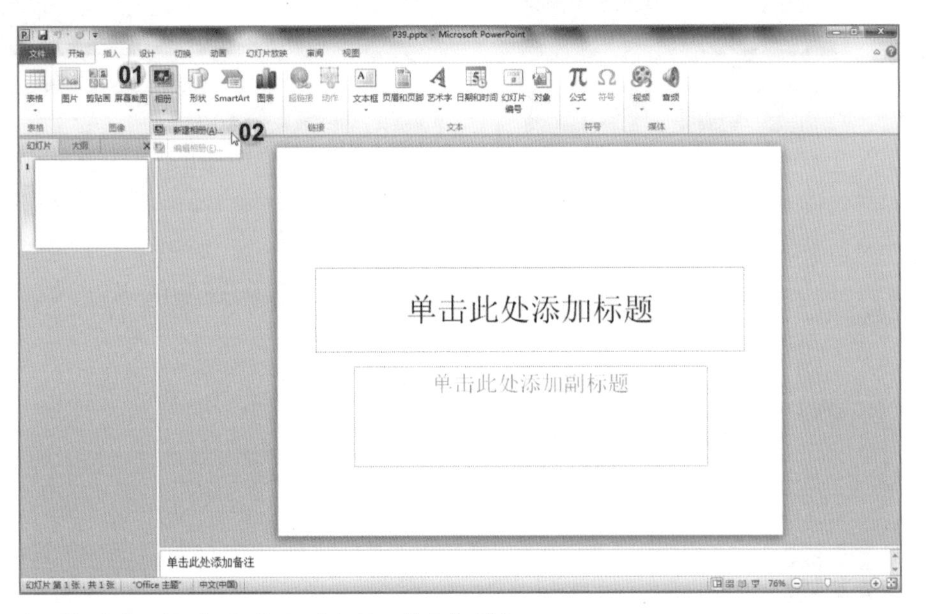

03 在“相册”对话框中单击“文件/磁盘”按钮；

04 在“插入新图片”中选择“图片”文件夹下的“示例图片”文件夹；（注意：真实考试时图片文件夹的位置为“C:\Certiport\iQsystem\Exams\Microsoft Office Specialist\文档\图片”，请注意切换路径）

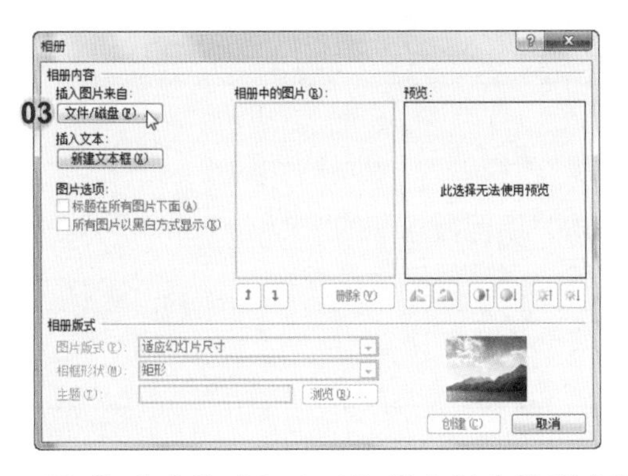

05 拖动或按【Ctrl+A】组合键全选所有图片；

06 单击“插入”按钮；

07 在“相册”对话框中勾选“所有图片以黑白方式显示”复选框；

08 在“图片版式”下拉列表中选择“4张图片（带标题）”；

09 单击“创建”按钮；

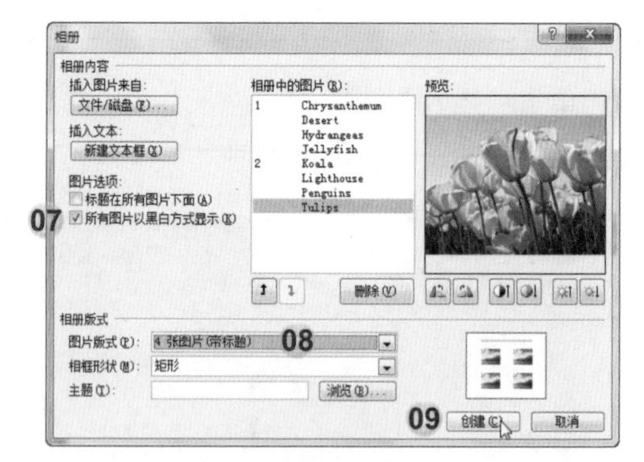

10 完成后效果如下图所示。

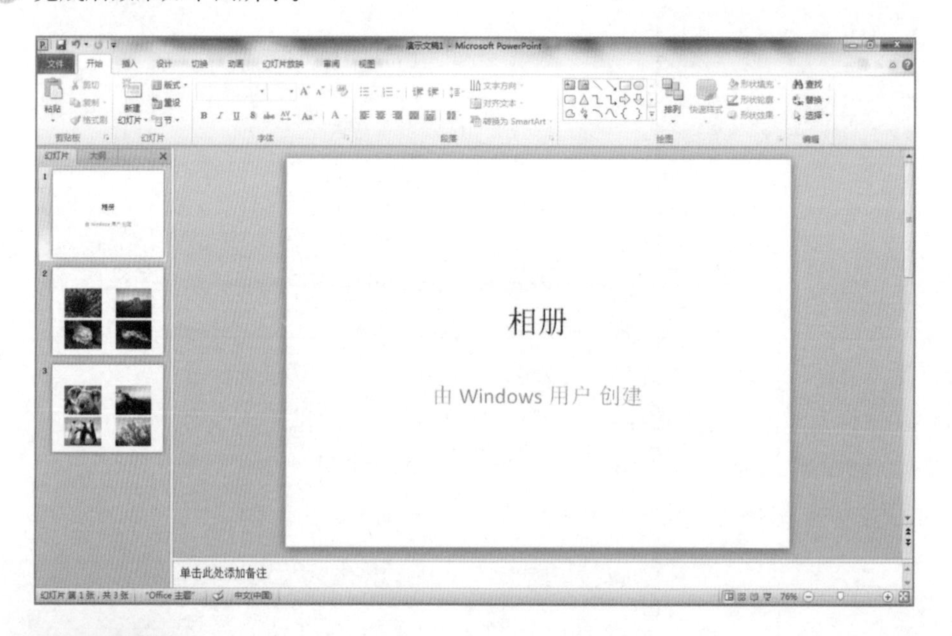

题目40

在“文档”文件夹中将演示文档保存为名为“项目报告”的“PowerPoint97-2003演示文稿”。

打开练习文档（PowerPoint练习题组/P40.pptx）。

解法

01 单击“文件”选项卡；

02 单击“另存为”选项卡；

03 在“另存为”对话框中“保存位置”处选择“文档”文件夹；

04 在“文件名”文本框中输入“项目报告”；

05 在“保存类型”下拉列表中选择“PowerPoint 97-2003演示文稿”；

06 单击“保存”按钮。

01
02
P40.pptx - Microsoft PowerPoint
文件
保存
另存为
打开
关闭
P40.pptx
P38.pptx
P39.pptx
信息
最近所用文件
新建
打印
保存并发送
帮助
选项
退出
有关 P40 的信息
权限
任何人都能打开、复制并更改此演示文稿的任何部分。
保护演示文稿
准备共享
在共享此文件前，请注意其包含以下内容:
文档属性和作者的姓名
残障人士无法阅读的内容
检查问题
版本
找不到此文件的上一个版本。
管理版本
属性
大小
277KB
页数
7
隐藏幻灯片张数
0
标题
标记
类别
相关日期
上次修改时间
今天 11:05
创建时间
2003/12/31 11:47
上次打印时间
相关人员
作者
上次修改者
MOS TEST2
相关文档
打开文件位置
显示所有属性

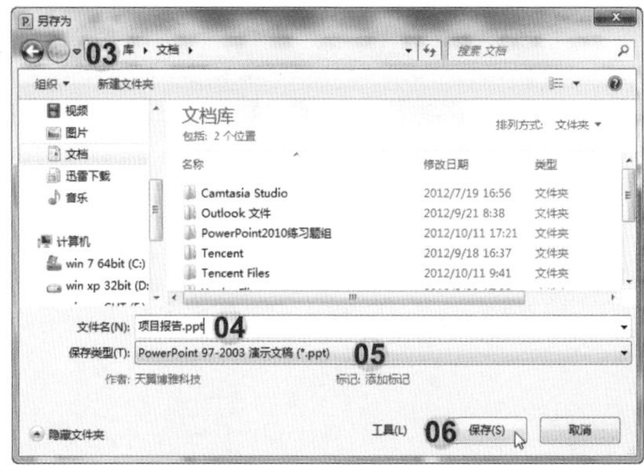
另存为
03
库 ▸ 文档 ▸
搜索 文档
组织
新建文件夹
视频
图片
文档
迅雷下载
音乐
计算机
win 7 64bit (C:)
win xp 32bit (D:
文档库
包括: 2 个位置
排列方式: 文件夹
名称
修改日期
类型
Camtasia Studio
2012/7/19 16:56
文件夹
Outlook 文件
2012/9/21 8:38
文件夹
PowerPoint2010练习题组
2012/10/11 17:21
文件夹
Tencent
2012/9/18 16:37
文件夹
Tencent Files
2012/10/11 9:41
文件夹
文件名(N):
项目报告.ppt
04
保存类型(T):
PowerPoint 97-2003 演示文稿 (*.ppt)
05
作者: 天翼浦雅科技
标记: 添加标记
隐藏文件夹
工具(L)
06
保存(S)
取消

第四章 Access 2010

Access 2010认证题目共34题，包括“管理Access环境”、“创建表”、“创建窗体”、“创建和管理查询”、“创建报表”五项技能，满分1 000分，及格所需分数为700分。

题号	模拟题目	类别	页码
1	在“折扣”报表中，添加“中”控件边距以更改“客户名称”、“账户日期”和“到期金额”数据库字段。保存该报表	创建报表	148
2	修改“区域主管”和“讲师”表之间的现有关系，使这些表用“主管 ID”连接起来（注意：接受所有其他的默认设置）	创建表	149
3	修改“到期金额”查询使其包含“销售”表中的“客户 ID”字段，并将其作为第一字段。保存该查询	创建和管理查询	150
4	在“客户数据”报表中，将所有元素的字体背景色更改为“浅蓝”。保存该报表	创建报表	152
5	在“折扣”查询中，添加“基本工资”加上“工龄工资”的计算字段。将该计算字段放入第 5 列，并将其命名为“下年度工资”。运行并保存该查询	创建和管理查询	154
6	使用“应用程序部件”创建带表单的“问题”表。创建“销售”至“难题”的一对多关系。使用“销售 ID”作为查询字段，将该查询字段命名为“销售员”（注意：接受所有其他的默认设置）	管理 Access 环境	155
7	从数据库中删除“客户”窗体	管理 Access 环境	156
8	在“用户”窗体中，将“主体”部分的背景色更改为“褐色 2”。保存该窗体	创建窗体	157
9	将“折扣”报表按“到期金额”从大到小的顺序排序。保存该报表	创建报表	158
10	新建“导航”窗体，使用“垂直标签，右侧”。在新窗体中添加“客户”窗体和“客户数据”报表作为单独标签。将该窗体保存为“导航”	创建窗体	159
11	使用“应用程序部件”创建“批注”表。创建“销售”至“批注”的一对多关系。将查询列命名为“客户 ID”，将其设置为显示“客户名称”字段（注意：接受所有其他的默认设置）	管理 Access 环境	161
12	在“到期金额”查询中，添加字段以显示“在公司工作年限”字段中的值再加上一（年）的值。将该字段放入第 3 列，并将其命名为“工龄”。保存并运行该查询	创建和管理查询	162
13	在“销售团队”窗体中重新调整“销售团队指数”数据库字段的大小，使其与最宽的数据库字段宽度保持一致。保存该窗体	创建窗体	163

题号	模拟题目	类别	页码
14	在“客户数据”报表中，将标题更改为“客户数据的详细信息”。以“第 N 页，共 M 页”格式将页码添加到所有页面底端内侧位置	创建报表	165
15	将“客户”表重命名为“客户资料”	管理 Access 环境	166
16	对“客户”表应用过滤，仅显示“到期金额”大于或等于 5 000 的记录	创建表	167
17	在“计算客户数量”查询中，将查询更改为显示“地区主管姓名”和“客户姓名”的数量。运行并保存该查询	创建和管理查询	169
18	移除“客户”和“销售团队”表之间的参照完整性（注意：接受所有其他的默认设置）	创建表	171
19	创建一个新表，使用“学生 ID”作为主键，并将其设为“自动编号”。创建文本字段“学生姓名”、“地址”和“电话”。将该表保存为“学生信息”	创建表	172
20	在“学生信息”表中创建一个名为“报名日期”的新字段，使用“长日期”格式，并默认为当前日期。保存该表	创建表	173
21	从“文档”文件夹中的“学校 .accdb”数据库导入“讲师”表作为新表（注意：接受所有其他的默认设置）	创建表	174
22	创建一个新表，使用“教师 ID”作为主键字段，并将其设为“自动编号”。创建一个名为“备注”的文本字段和一个名为“雇佣日期”的日期时间字段。将该表保存为“教师管理”	创建表	176
23	更改“Access 选项”以在关闭数据库文件时将其进行压缩	管理 Access 环境	178
24	更改“折扣”查询使“账户日期”字段为第 1 列，“客户名称”为第 2 列。然后，添加“折扣收入”作为最后一列。运行并保存该查询	创建和管理查询	179
25	创建新的查询，仅显示“讲师”表中取得“高级讲师资格”的讲师。显示“讲师姓名”、“经验年限”和“计时工资”。包含“高级讲师资格”字段，但将其隐藏。运行该查询，将其保存为“讲师查询”	创建和管理查询	180

题号	模拟题目	类别	页码
26	使用“查询向导”创建一个名为“高薪主管”的“简单查询”，包含“主管薪水”查询中的所有字段。然后编辑该查询标准，使其仅显示“薪水”高于 55 000 的记录。运行并保存该查询	创建和管理查询	182
27	将“学生”表中现有的“备注”字段更改为允许 255 个以上文本字符的数据类型。保存该表	创建表	185
28	在“销售团队成员”报表中，将布局更改为“横向”，并隐藏报表边距。保存该报表。	创建报表	186
29	对“销售团队”表应用过滤，仅显示带“经验年限”4 和 8 的记录（备注：请勿关闭该表）	创建表	187
30	使用“窗体向导”创建新的窗体，该窗体包含“讲师”表中除“高级讲师资格”之外的所有字段，并使用“数据表”式布局。将该窗体保存为“讲师数据”（注意：接受所有其他的默认设置）	创建窗体	188
31	在“折扣”查询中，更改查询使其隐藏“账户日期”并显示“到期金额”的合计值。运行并保存该查询	创建和管理查询	190
32	在“客户”窗体上自动重新安排标签的顺序，使元素以默认顺序显示。保存该窗体	创建窗体	192
33	创建报表并添加位于“学生”表中的以下字段：“学生姓名”“报名时间”“每月辅导小时数”“教师 ID” 将该报表保存为“学生报表”（注意：接受所有其他的默认设置）	创建报表	194
34	将数据库备份到“文档”文件夹，并使用文件名“备份”（注意：接受所有其他的默认设置）	管理 Access 环境	196

题目1

在“折扣”报表中，添加“中”控件边距以更改“客户名称”、“账户日期”和“到期金额”数据库字段。保存该报表。

打开练习文档（Access练习题组/A01.accdb）。

解法

01 选择“折扣”报表；

02 右击，在弹出的快捷菜单中选择“设计视图”命令；

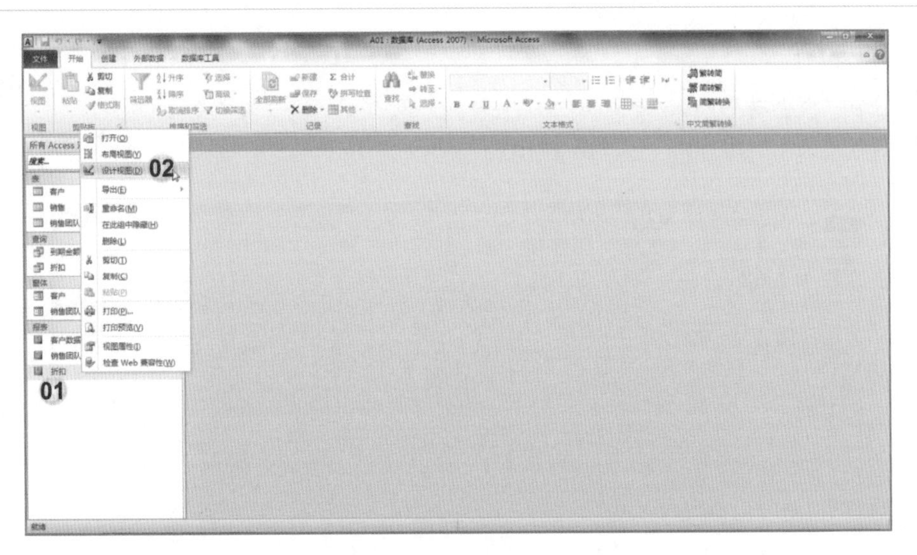

03 在“设计视图”中的“主体”部分按住【Ctrl】键选择“客户名称”、“账户日期”和“到期金额”数据库字段；

04 单击“排列”选项卡；

05 单击“位置”组“控件边距”下拉列表中的“中”；

06 单击“保存”按钮或按【Ctrl+S】组合键保存该报表。

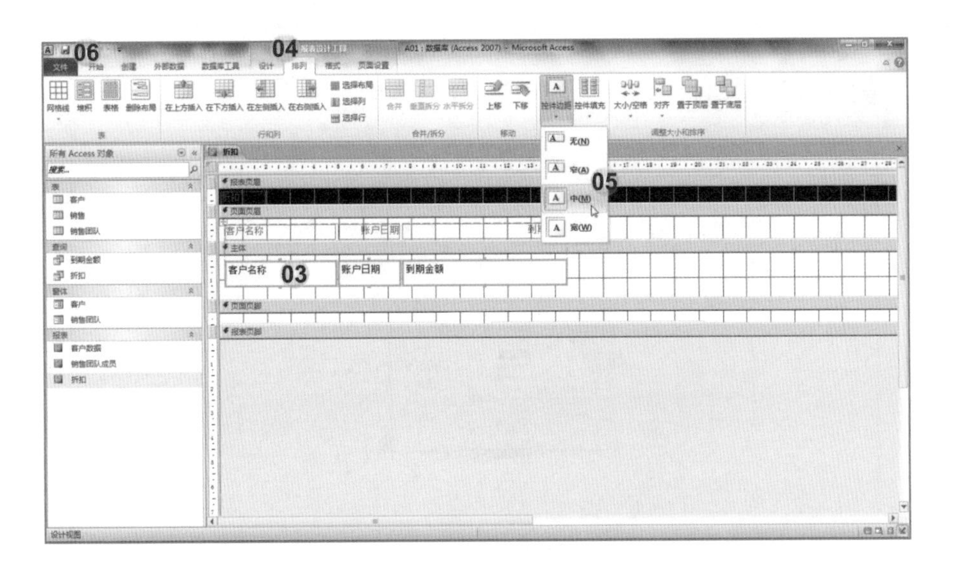

题目2

修改“区域主管”和“讲师”表之间的现有关系，使这些表用“主管ID”连接起来。（注意：接受所有其他的默认设置）

打开练习文档（Access练习题组/A02.accdb）。

解法

01 单击“数据库工具”选项卡；

02 单击“关于”组中的“关系”按钮；

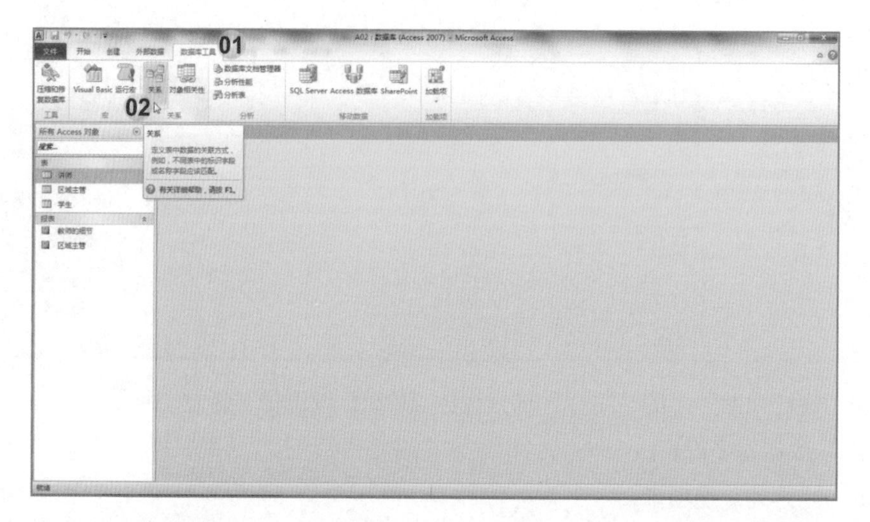

03 在“关系”视图中双击“区域主管”表和“讲师”表之间的连线；

04 在“编辑关系”对话框中调整“区域主管”表和“讲师”表的查询字段均为“主管ID”；

05 单击“确定”按钮。

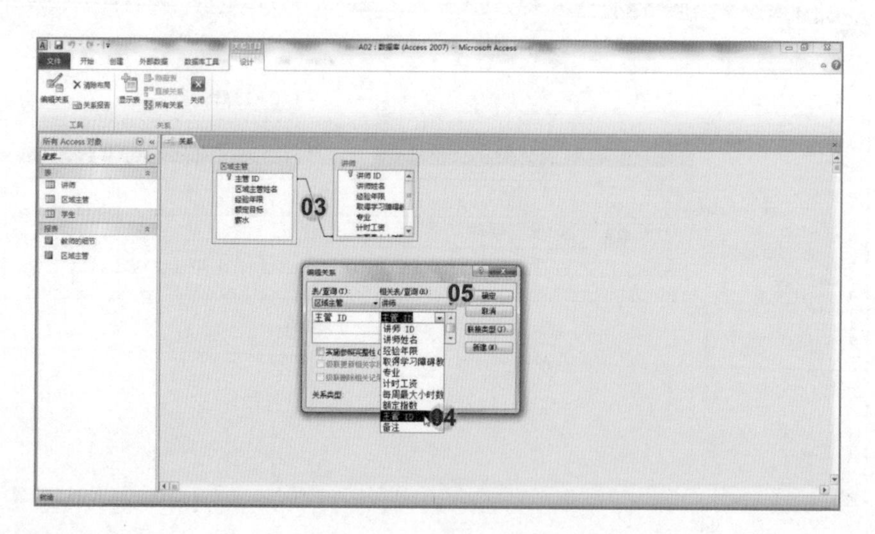

题目3

修改“到期金额”查询使其包含“销售”表中的“客户ID”字段，并将其作为第一字段。保存该查询。

打开练习文档（Access练习题组/A03.accdb）

解法

01 选择“到期金额”查询；

02 右击，在弹出的快捷菜单中选择“设计视图”命令；

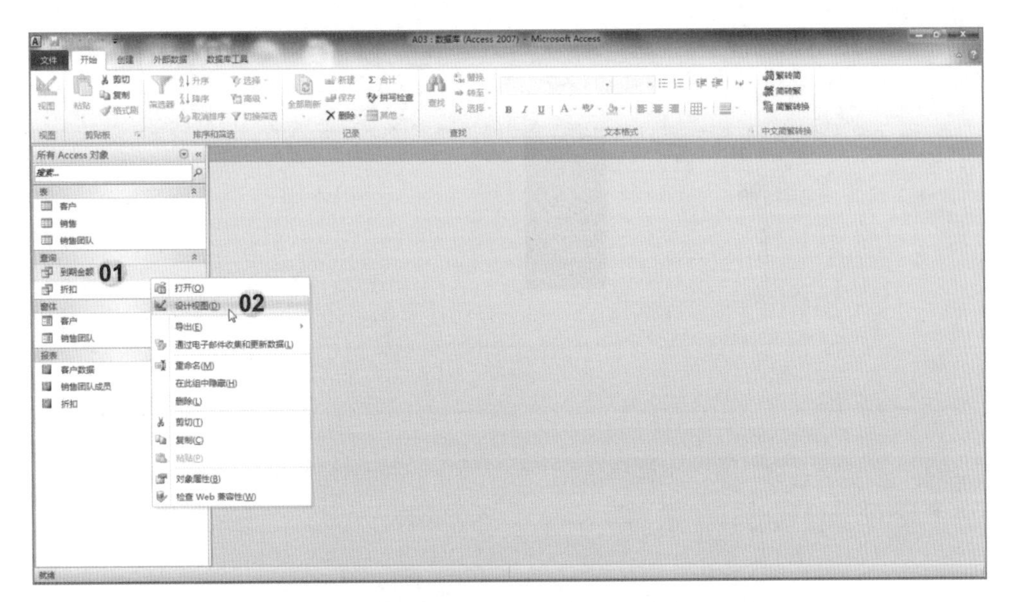

03 在“设计视图”中单击新空白字段处，选择查询字段为“销售”表中的“客户ID”字段；

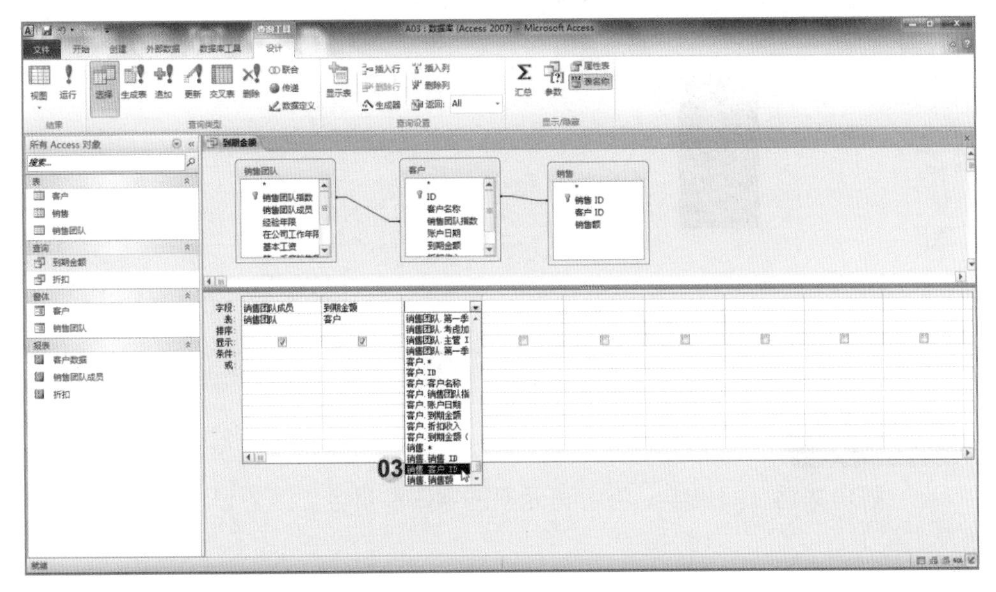

04 选中该列字段后拖动，使其移动位置到第一字段；

05 单击“保存”按钮，保存该查询。

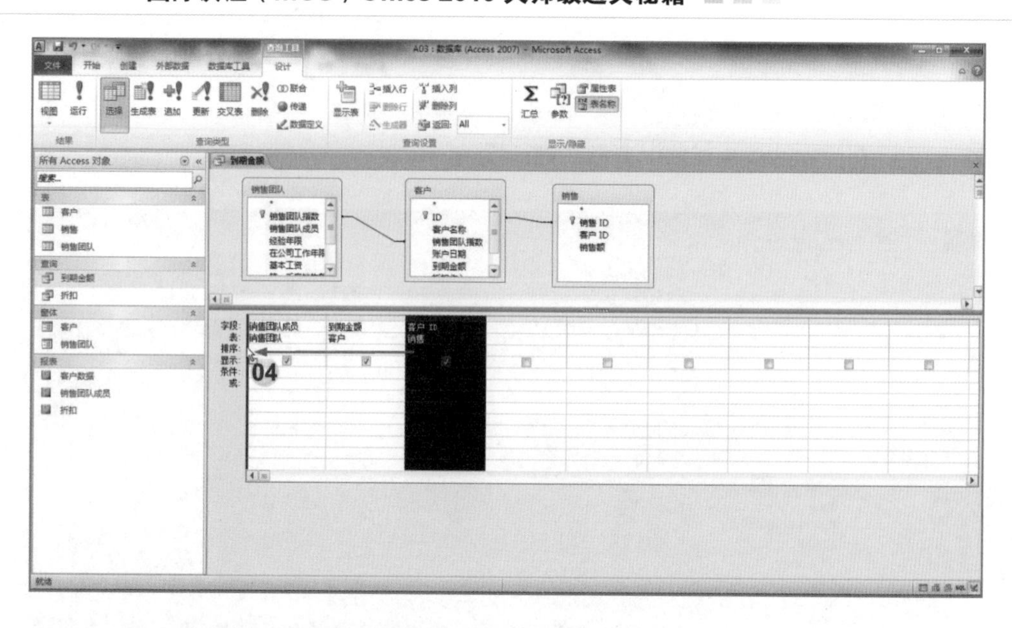

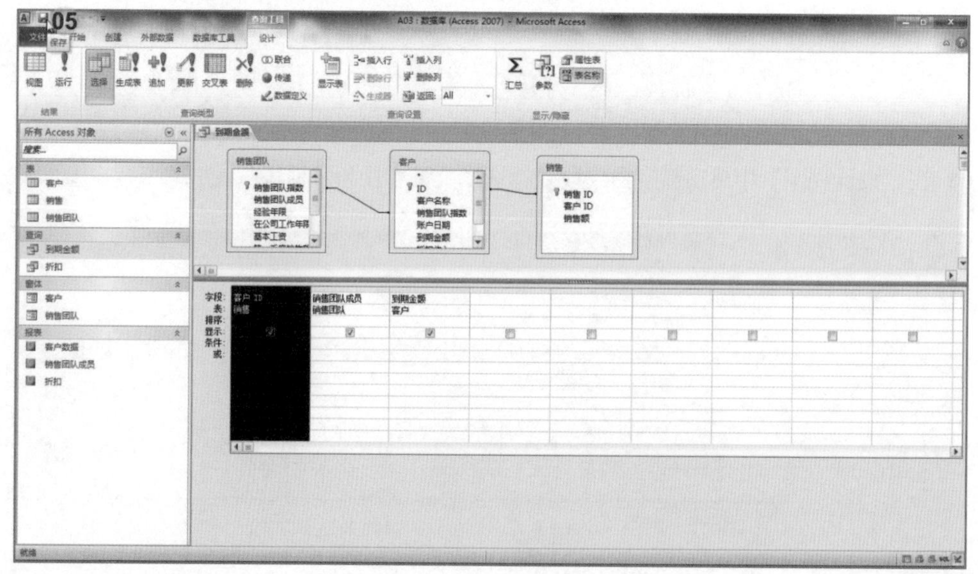

题目4

在“客户数据”报表中，将所有元素的字体背景色更改为“浅蓝”。保存该报表。

打开练习文档（Access练习题组/A04.accdb）。

解法

01 选择“客户数据”报表；

02 右击，在弹出的快捷菜单中选择“设计视图”命令；

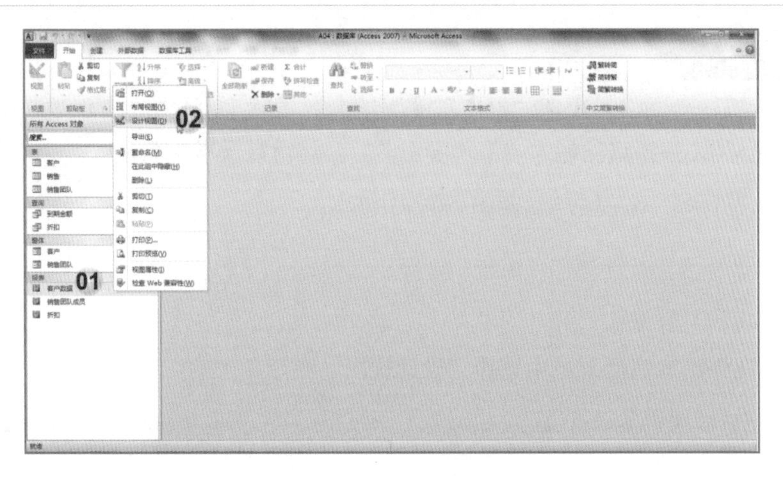

03 单击“格式”选项卡；

04 单击“所选内容”组中的“全选”按钮，全选所有元素；（或按【Ctrl+A】组合键）

05 单击“字体”组“背景色”下拉列表中的“浅蓝”按钮；

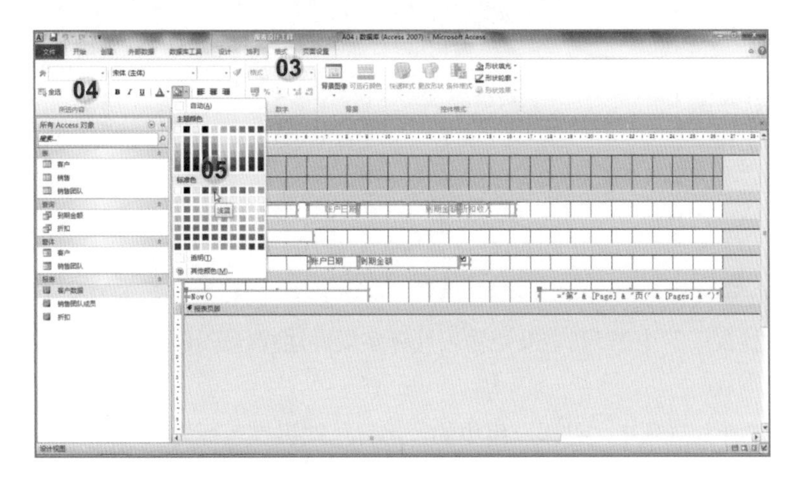

06 单击“保存”按钮，保存该报表。

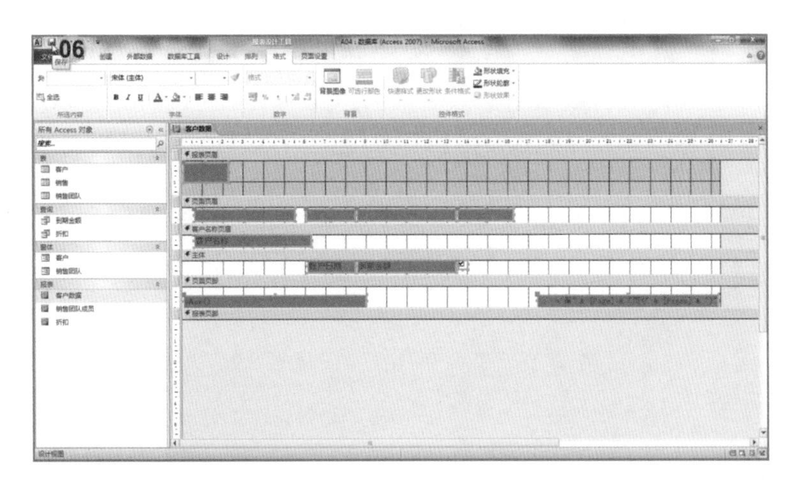

题目5

在“折扣”查询中，添加“基本工资”加上“工龄工资”的计算字段。将该计算字段放入第5列，并将其命名为“下年度工资”。运行并保存该查询。

打开练习文档（Access练习题组/A05.accdb）。

解法

01 选择“折扣”查询；

02 右击，在弹出的快捷菜单中选择“设计视图”命令；

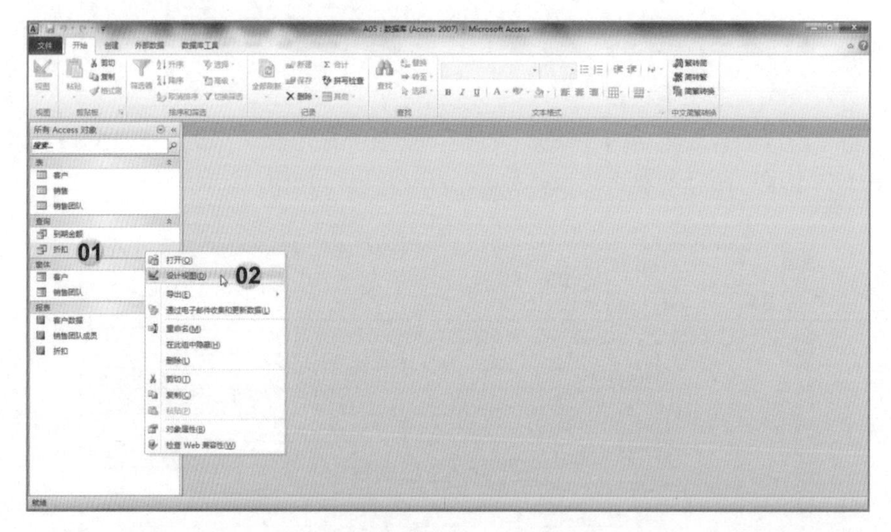

03 在“设计视图”中第5列字段处输入计算字段表达式：“下年度工资:[基本工资]+[工龄工资]”；

04 单击“设计”选项卡“结果”组中的“运行”按钮，运行该查询；

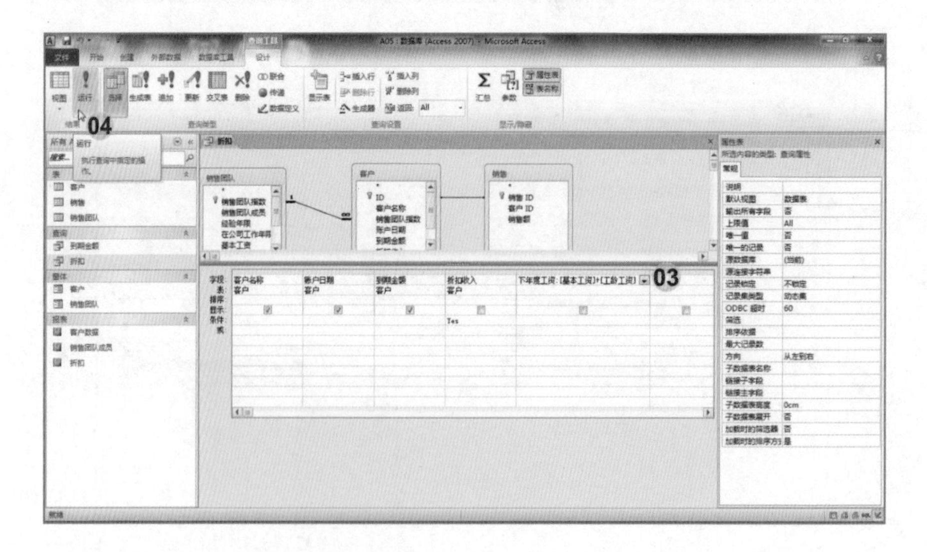

05 单击“保存”按钮，保存该查询。

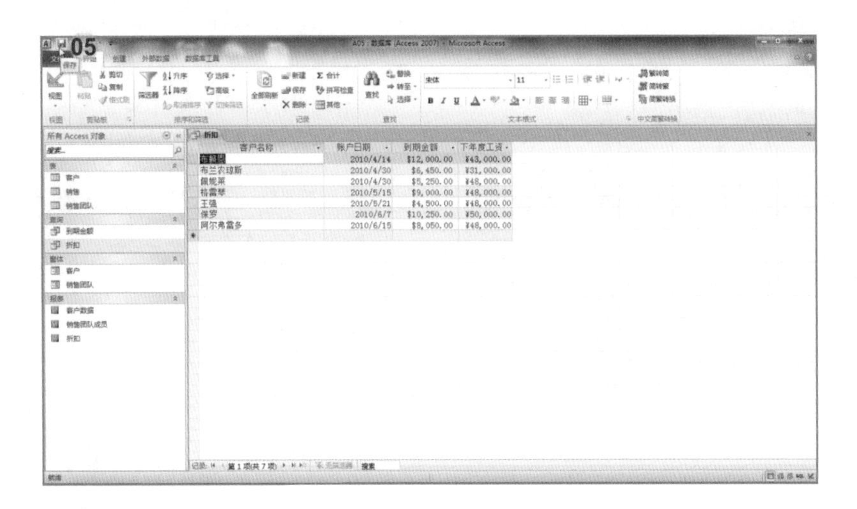

题目6

使用“应用程序部件”创建带表单的“问题”表。创建“销售”至“难题”的一对多关系。使用“销售ID”作为查询字段，将该查询字段命名为“销售员”。（注意：接受所有其他的默认设置）

打开练习文档（Access练习题组/A06.accdb）。

解法

01 单击“创建”选项卡；

02 单击“模板”组“应用程序部件”下拉列表中的“问题”；

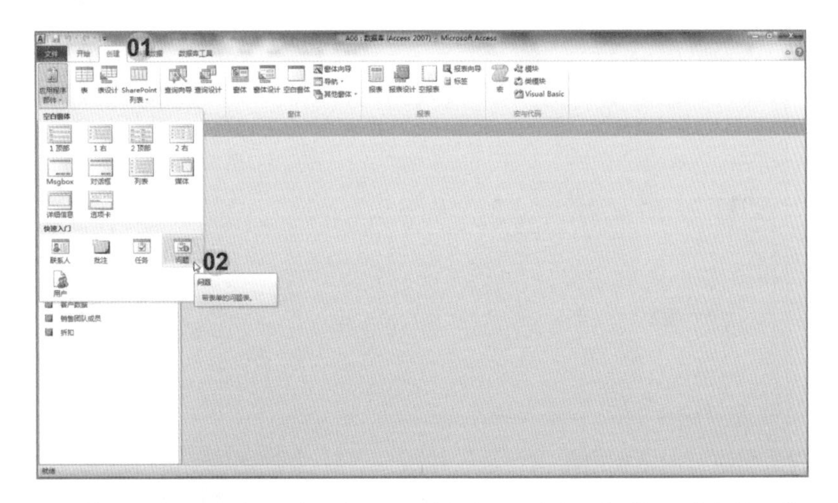

03 在“创建简单关系”对话框中选择“‘销售’至‘难题’的一对多关系”；

04 单击“下一步”按钮；

05 在“选择查询列”对话框的“自‘销售’的字段”下拉列表中选择“销售ID”作为查询字段；

06 在“请指定查询列的名称”文本框输入“销售员”；

07 单击“创建”按钮。

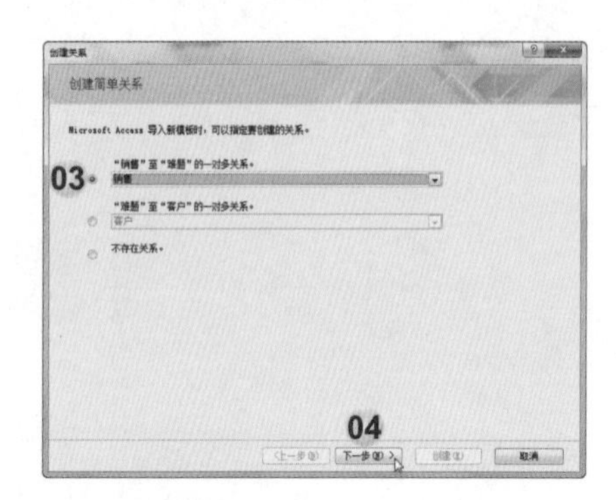

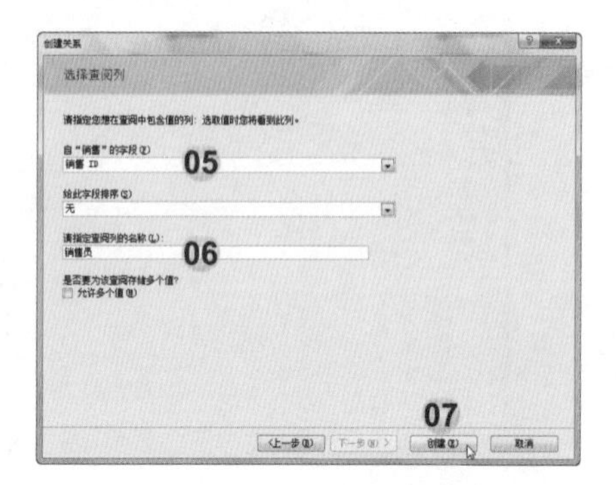

题目7

从数据库中删除“客户”窗体。

打开练习文档（Access练习题组/A07.accdb）。

解法

01 选择“客户”窗体；

02 右击，在弹出的快捷菜单中选择“删除”命令；

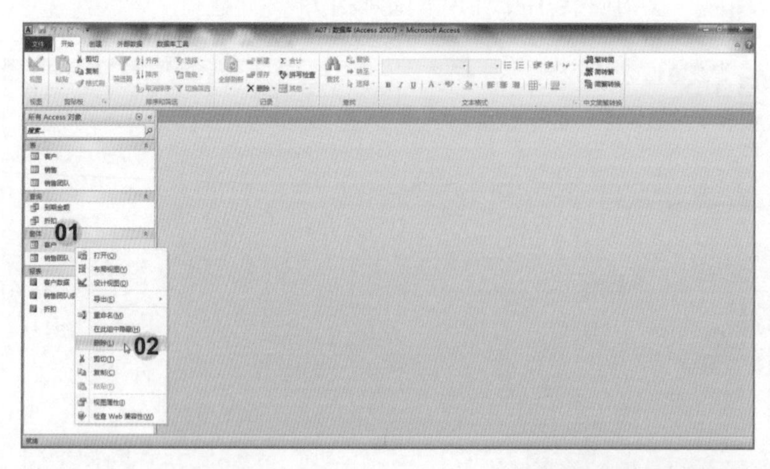

03 在“确认删除”对话框中单击“是”按钮。

题目8

在“用户”窗体中，将“主体”部分的背景色更改为“褐色2”。保存该窗体。

打开练习文档（Access练习题组/A08.accdb）。

解法

01 选择“用户”窗体；

02 右击，在弹出的快捷菜单中选择“设计视图”命令；

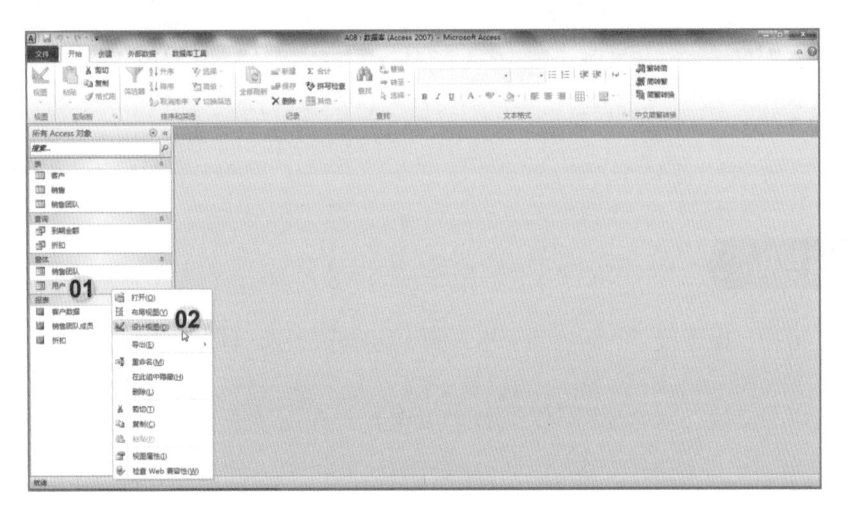

03 单击“设计”选项卡“工具”组中的“属性表”按钮；

04 在“属性表”任务窗格的“所选内容的类型”下拉列表中选择“主体”；

05 在“背景色”处单击[...]按钮；

06 选择“褐色2”；

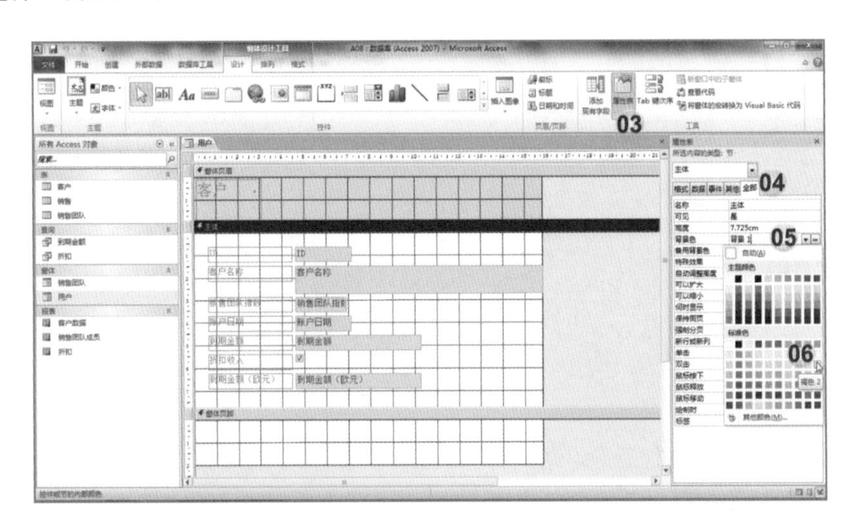

07 单击“保存”按钮，保存该窗体。

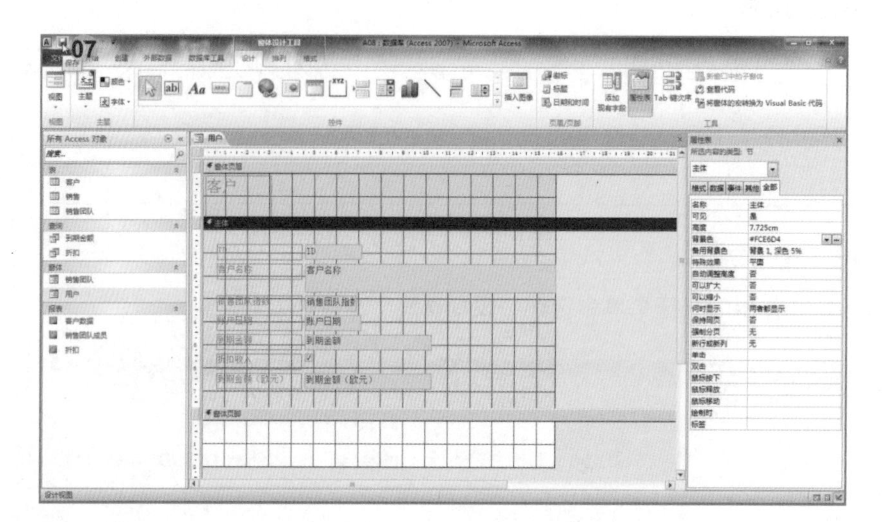

题目9

将“折扣”报表按“到期金额”从大到小的顺序排序。保存该报表。

打开练习文档（Access练习题组/A09.accdb）

解法

01 选择“折扣”报表；

02 右击，在弹出的快捷菜单中选择“设计视图”命令；

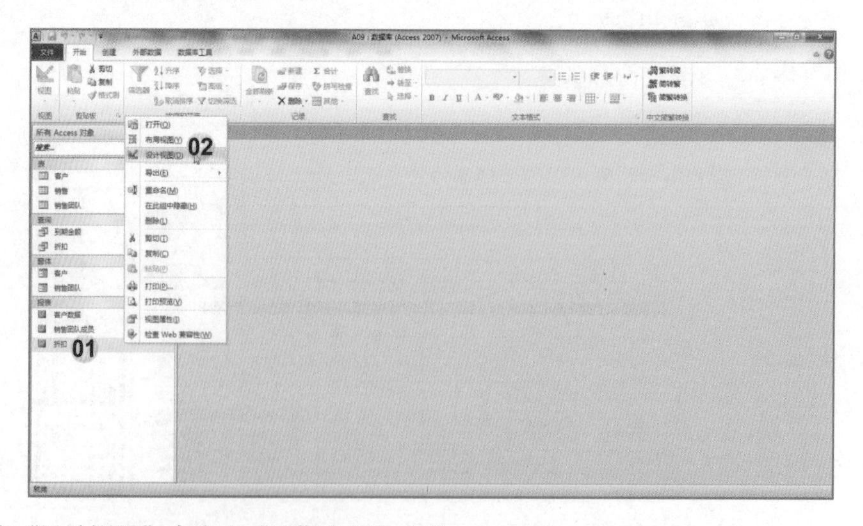

03 在“设计视图”中右击“到期金额”字段；

04 在弹出的快捷菜单中选择“降序排序”命令；

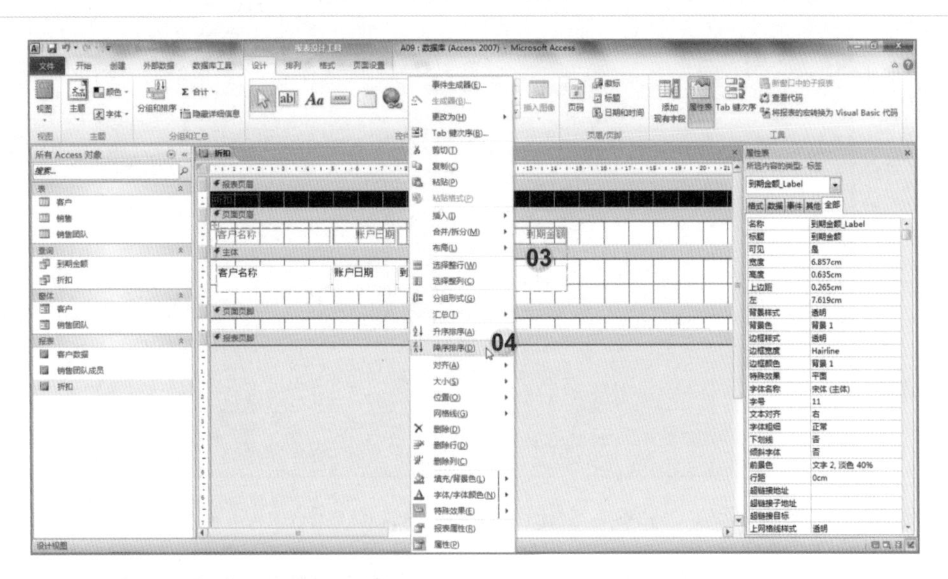

05 单击“保存”按钮，保存该报表。

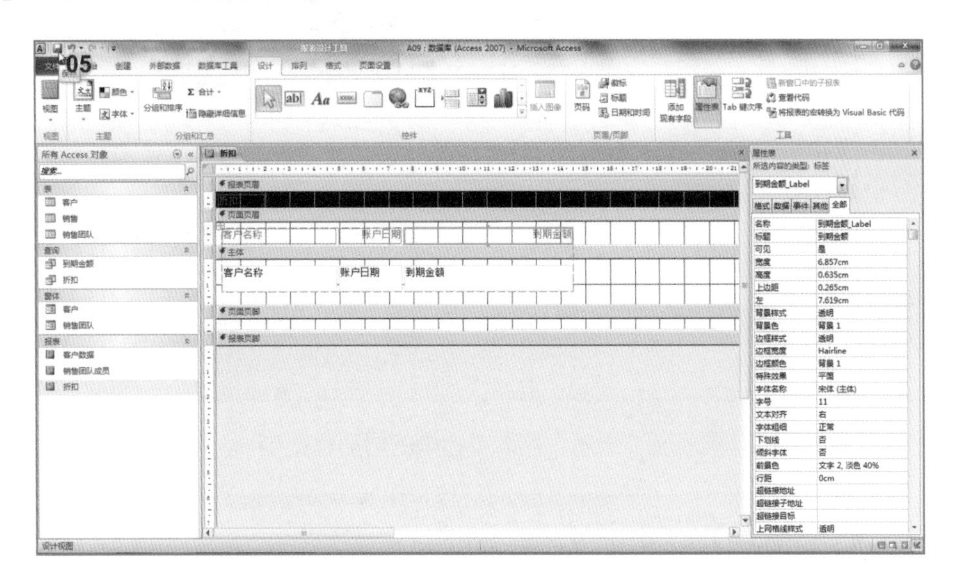

题目10

新建“导航”窗体，使用“垂直标签，右侧”。在新窗体中添加“客户”窗体和“客户数据”报表作为单独标签。将该窗体保存为“导航”。

打开练习文档（Access练习题组/A10.accdb）。

解法

01 单击“创建”选项卡；

02 单击“窗体”组“导航”下拉列表中的“垂直标签，右侧”，创建一个导航窗体；

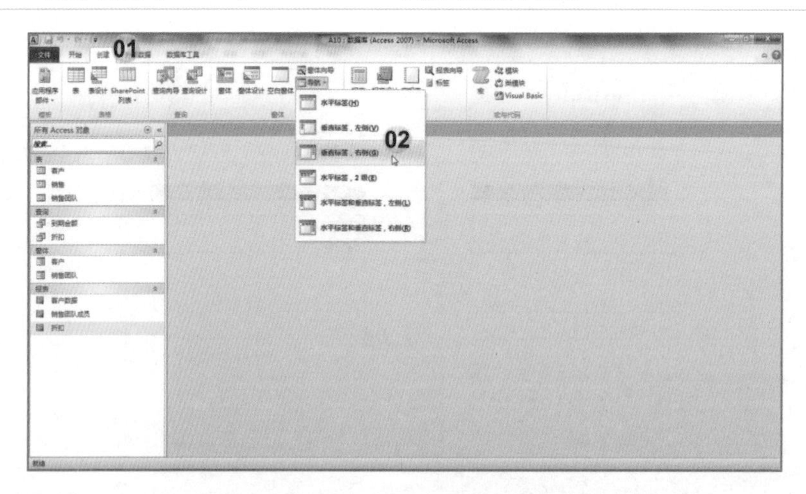

03 拖动“客户”窗体到“导航”窗体中右侧的导航标签中；

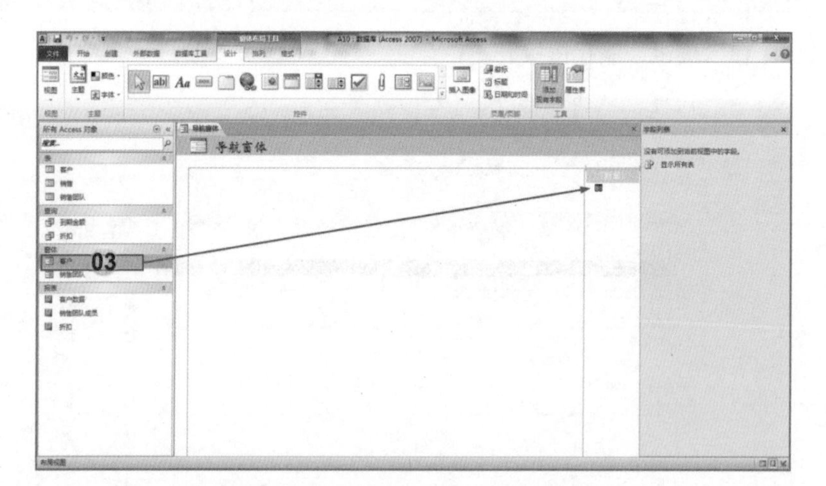

04 拖动“客户数据”报表到“导航”窗体中右侧的导航标签中；

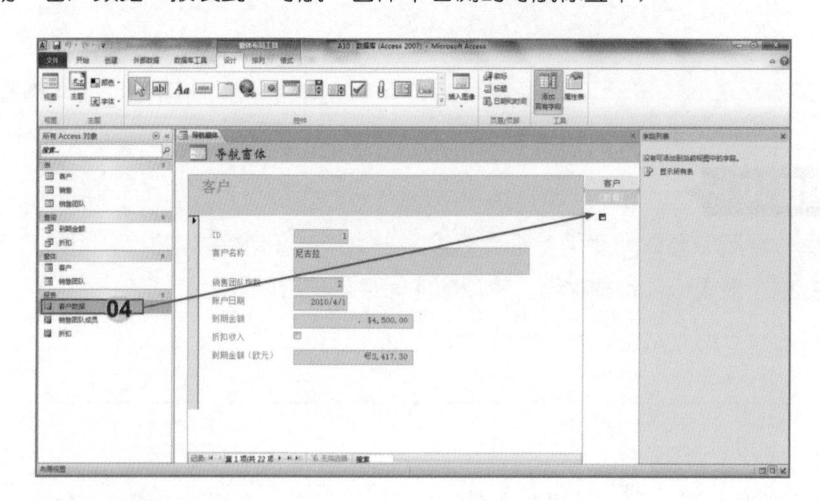

05 单击“保存”按钮；

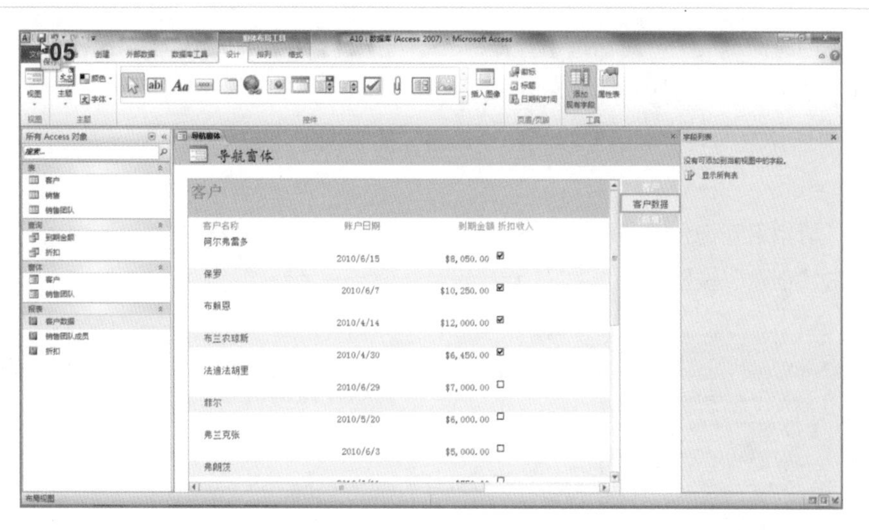

06 在“另存为”对话框的“窗体名称”文本框中输入“导航”；

07 单击“确定”按钮。

题目11

使用“应用程序部件”创建“批注”表。创建“销售”至“批注”的一对多关系。将查询列命名为“客户ID”，将其设置为显示“客户名称”字段。（注意：接受所有其他的默认设置）

打开练习文档（Access练习题组/A11.accdb）。

解法

01 单击“创建”选项卡；

02 单击“模板”组“应用程序部件”下拉列表中的“批注”；

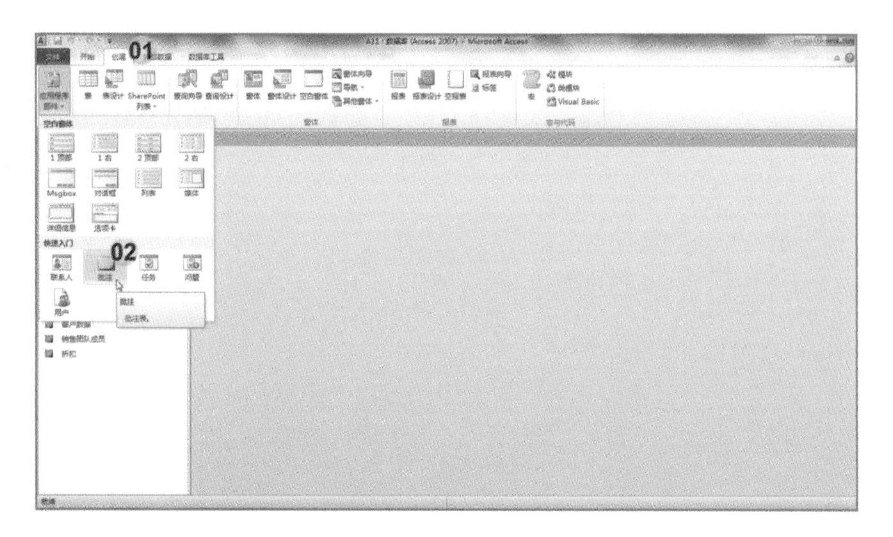

03 在“创建简单关系”对话框中选择“‘销售’至‘批注’的一对多关系”；

04 单击“下一步”按钮；

05 在“选择查询列”对话框的“自‘销售’的字段”下拉列表中选择“客户ID”作为查询字段；

06 在“请指定查询列的名称”文本框中输入“客户名称”；

07 单击“创建”按钮。

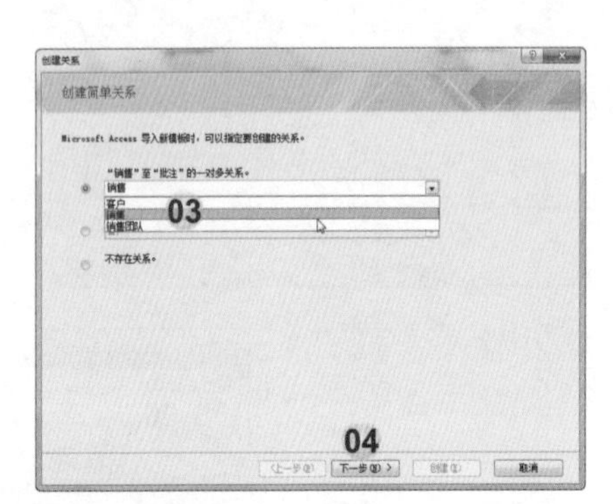

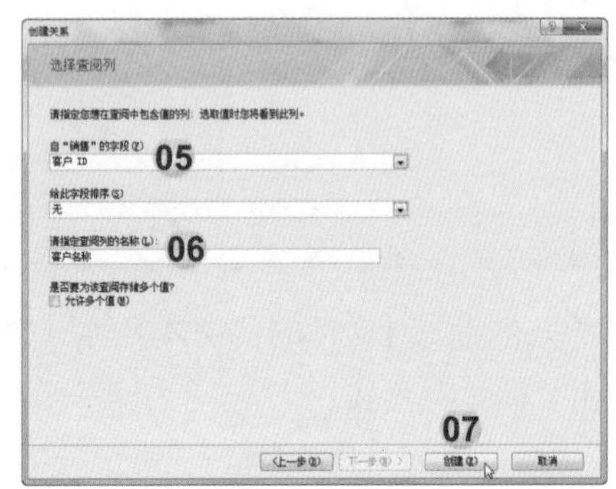

题目12

在“到期金额”查询中，添加字段以显示“在公司工作年限”字段中的值再加上一（年）的值。将该字段放入第3列，并将其命名为“工龄”。保存并运行该查询。

打开练习文档（Access练习题组/A12.accdb）。

解法

01 选择“到期金额”查询；

02 右击，在弹出的快捷菜单中选择“设计视图”命令；

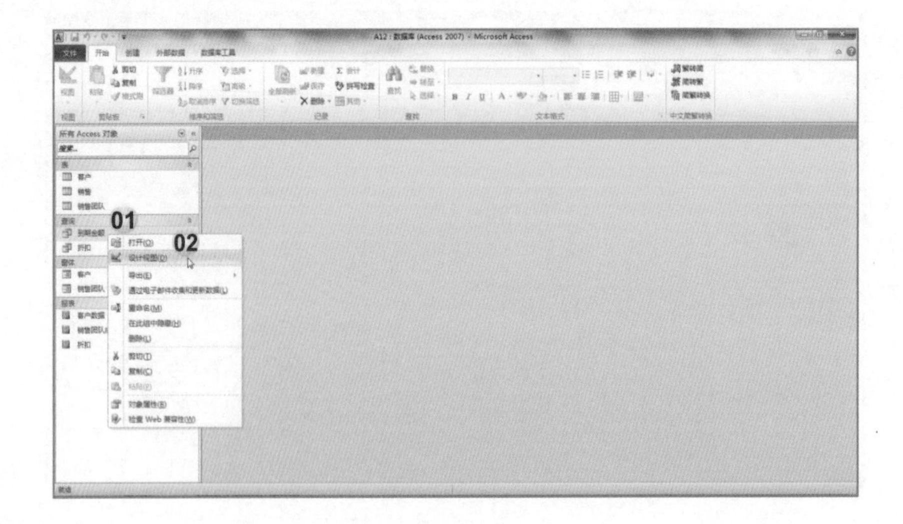

03 在“设计视图”第5列字段中输入计算字段表达式：“工龄:[在公司工作年限]+1”；

04 单击“设计”选项卡的“运行”按钮，运行该查询；

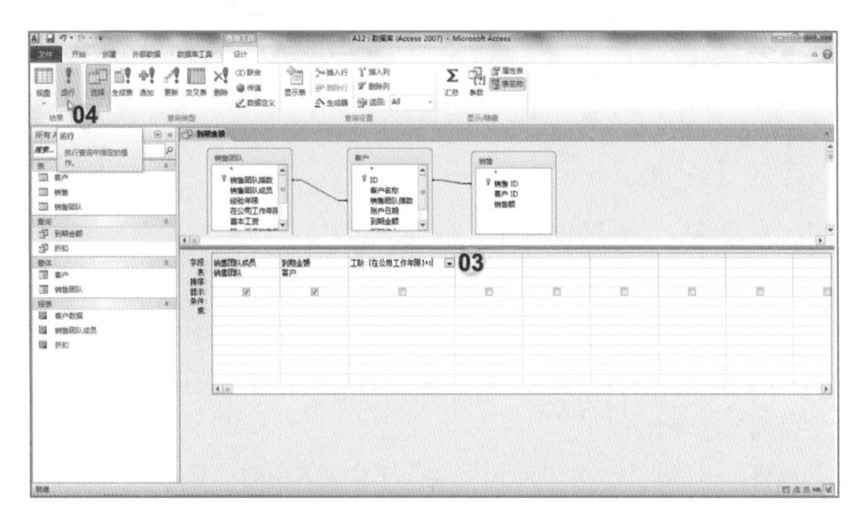

05 单击“保存”按钮，保存该查询。

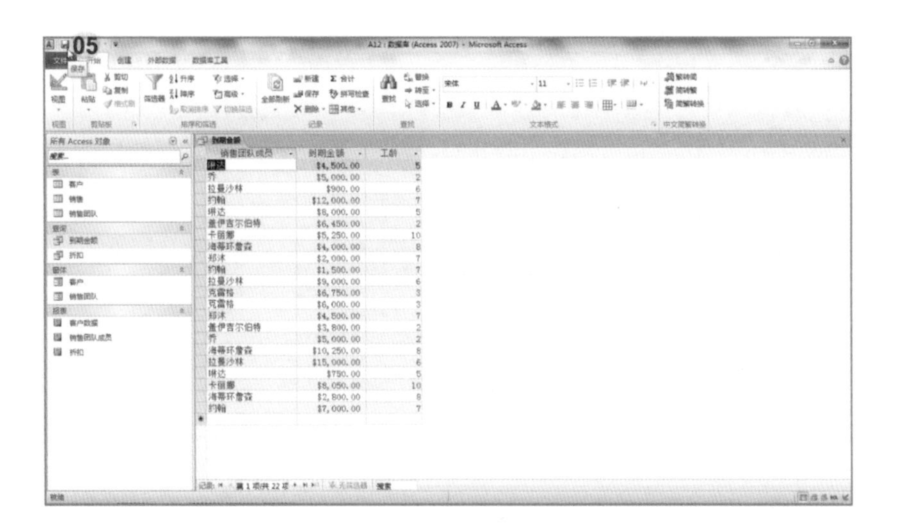

题目13

在“销售团队”窗体中重新调整“销售团队指数”数据库字段的大小，使其与最宽的数据库字段宽度保持一致。保存该窗体。

打开练习文档（Access练习题组/A13.accdb）。

解法

01 选择“销售团队”窗体；

02 右击，在弹出的快捷菜单中选择“设计视图”命令；

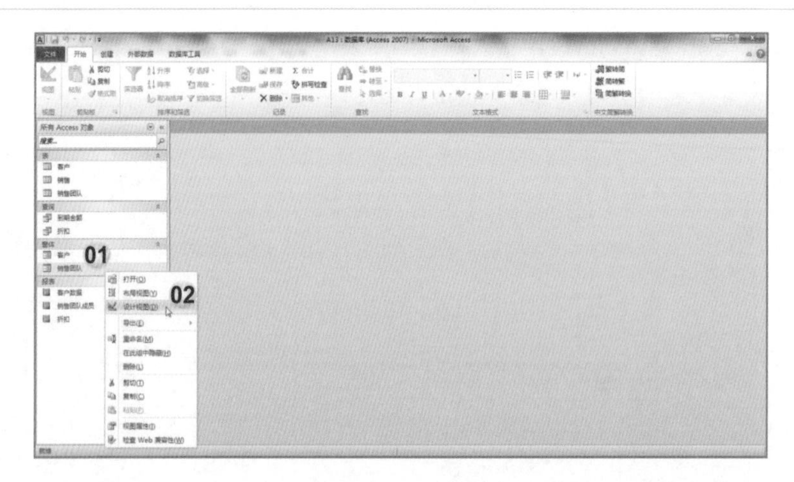

03 按【Ctrl】键单击主体中“销售团队指数”数据库字段和“销售团队成员”字段；

04 单击“排列”选项卡；

05 单击“调整大小和排序”组“大小/空格”下拉列表中的“至最宽”；

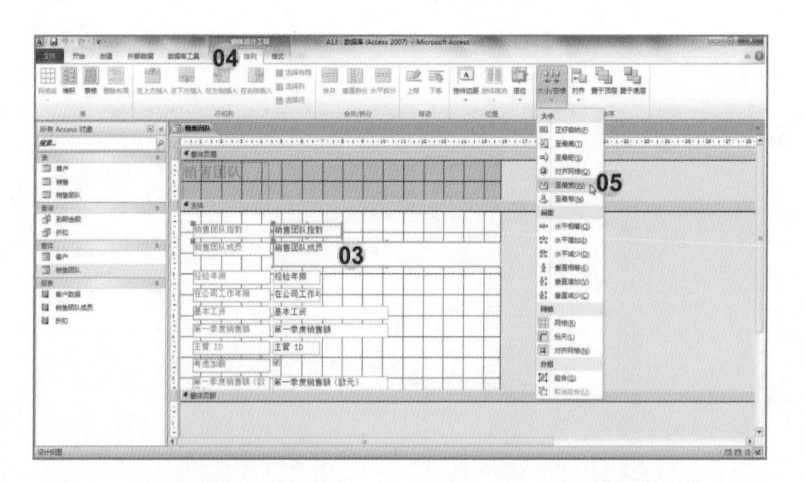

06 单击“保存”按钮，保存该窗体。

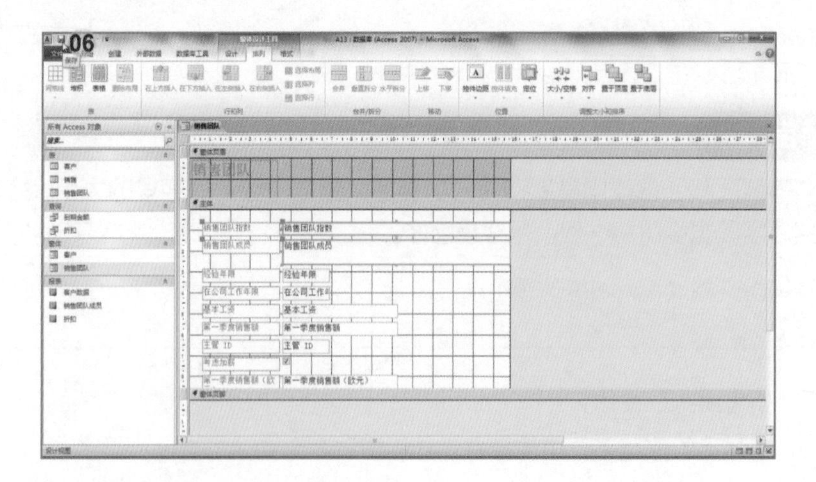

题目14

在“客户数据”报表中，将标题更改为“客户数据的详细信息”。以“第N页，共M页”格式将页码添加到所有页面底端内侧位置。

打开练习文档（Access练习题组/A14.accdb）

解法

01 选择“客户数据”报表；

02 右击，在弹出的快捷菜单中选择“设计视图”命令；

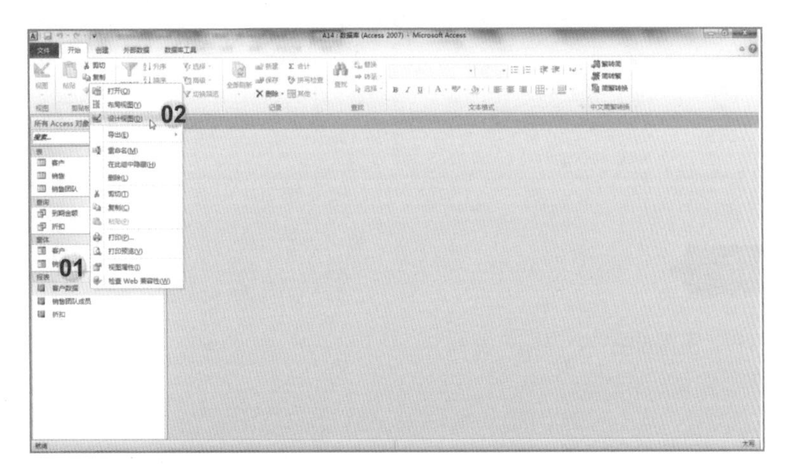

03 修改标题为“客户数据的详细信息”；

04 单击“设计”选项卡“页眉和页脚”组中的“页码”按钮；

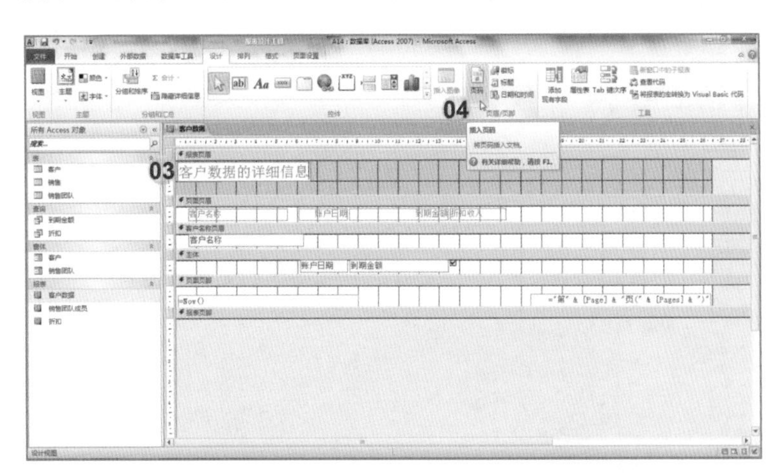

05 在“页码”对话框中选择“第N页，共M页”；

06 在“位置”处选择“页面底端（页脚）”；

07 在“对齐”处选择“内”；

08 单击“确定”按钮；

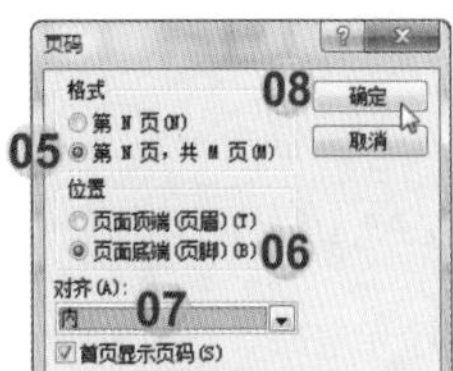

09 单击“保存”按钮，保存该报表。

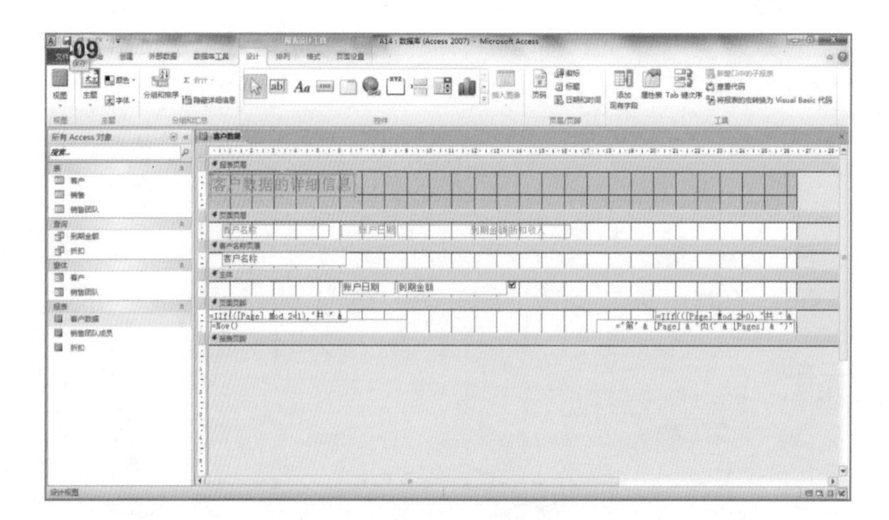

题目15

将“客户”表重命名为“客户资料”。

打开练习文档（Access练习题组/A15.accdb）。

解法

01 选择“客户”表；

02 右击，在弹出的快捷菜单中选择“重命名”命令；

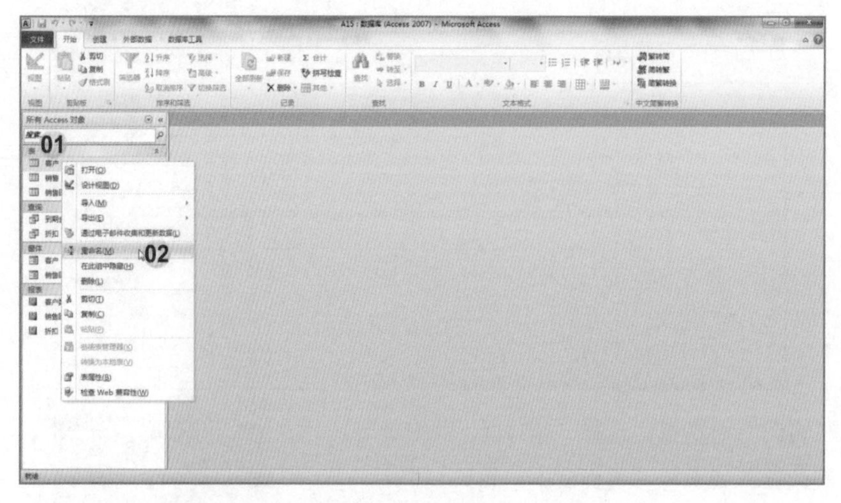

03 将“客户”表重命名为“客户资料”；

04 在空白处单击。

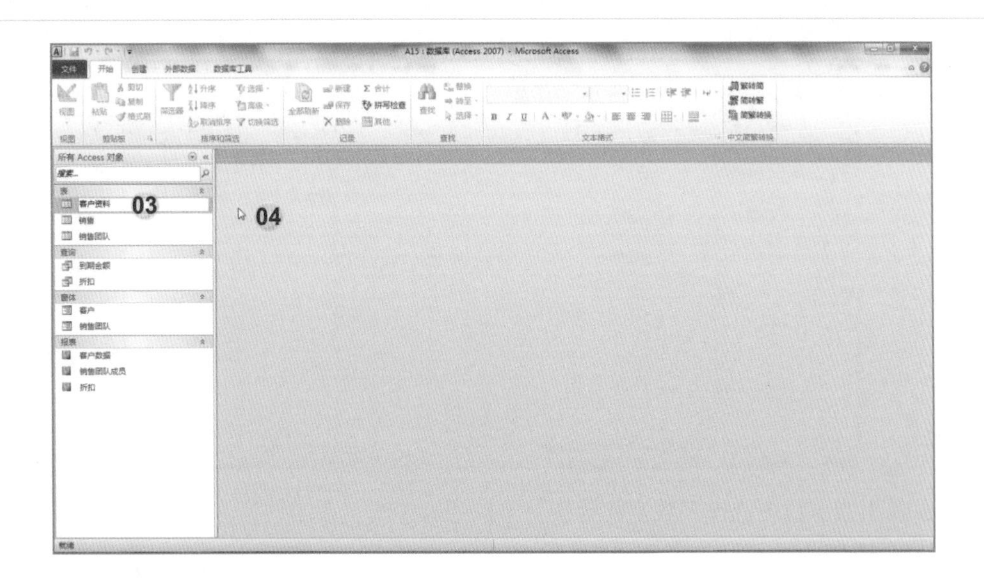

题目16

对“客户”表应用过滤，仅显示“到期金额”大于或等于5000的记录。

打开练习文档（Access练习题组/A16.accdb）。

解法

01 在“客户”表上双击，打开“客户”表；

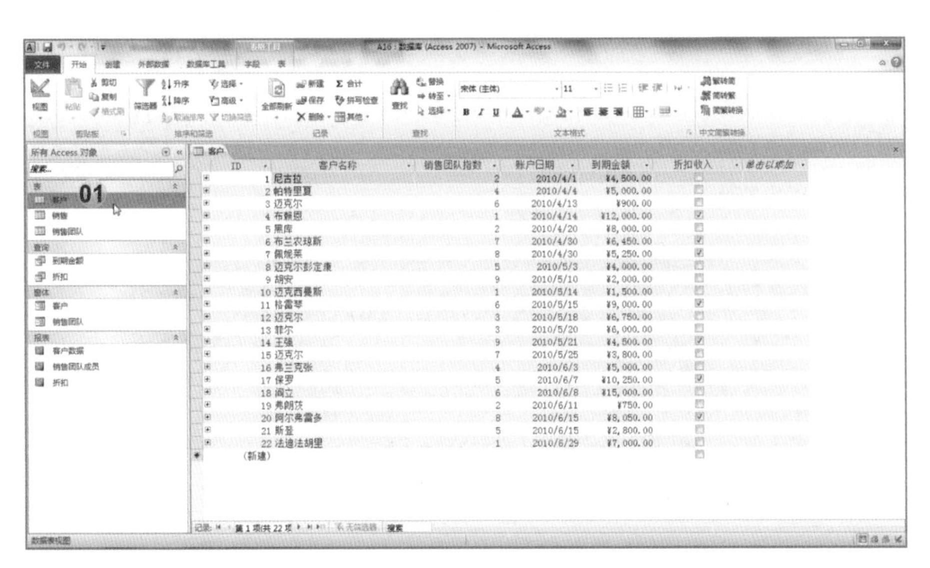

02 选中“到期金额”列；

03 单击“开始”选项卡“排序和筛选”组中的“筛选器”按钮；

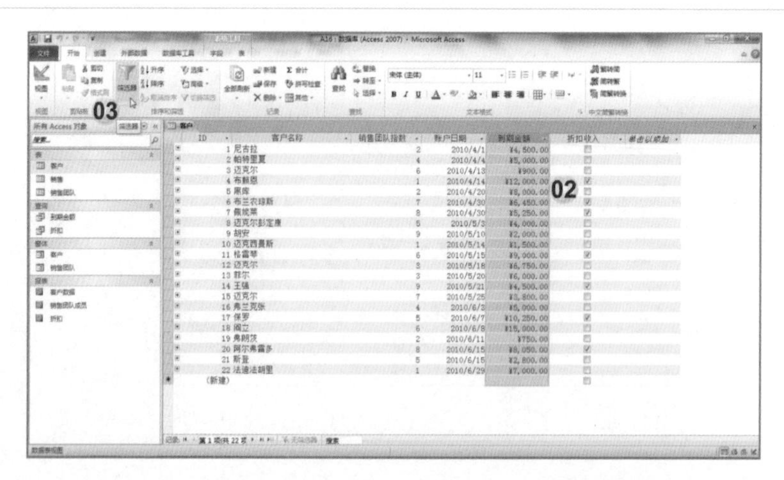

04 在弹出的窗口中选择“数字筛选器”下拉列表中的“大于”；

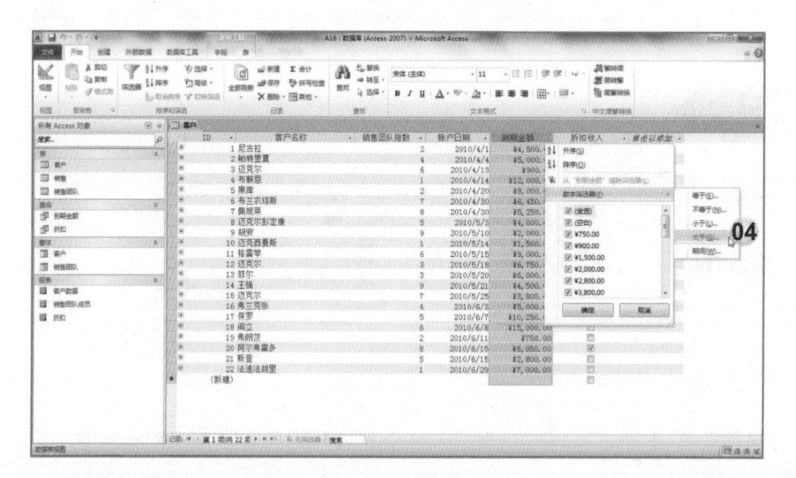

05 在“自定义筛选”对话框的文本框中输入5000；

06 单击“确定”按钮。

完成后效果如下图所示。

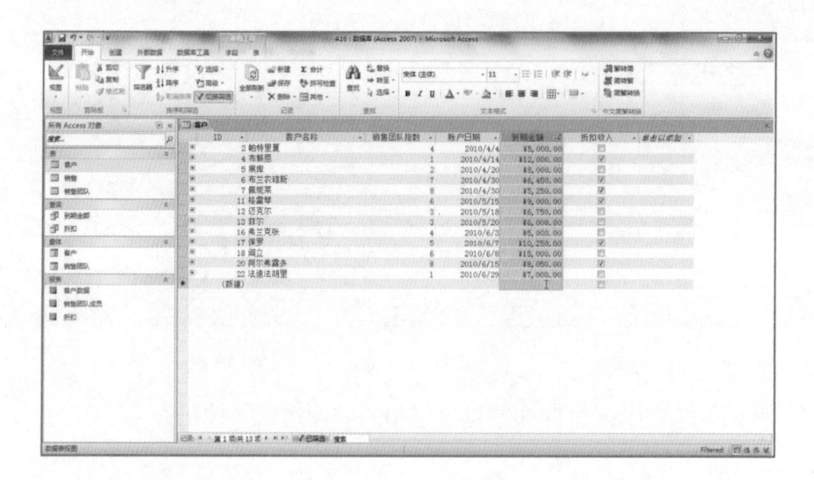

题目17

在“计算客户数量”查询中，将查询更改为显示“地区主管姓名”和“客户姓名”的数量。运行并保存该查询。

打开练习文档（Access练习题组/A17.accdb）。

解法

01 选择“计算客户数量”查询；

02 右击，在弹出的快捷菜单中选择“设计视图”；

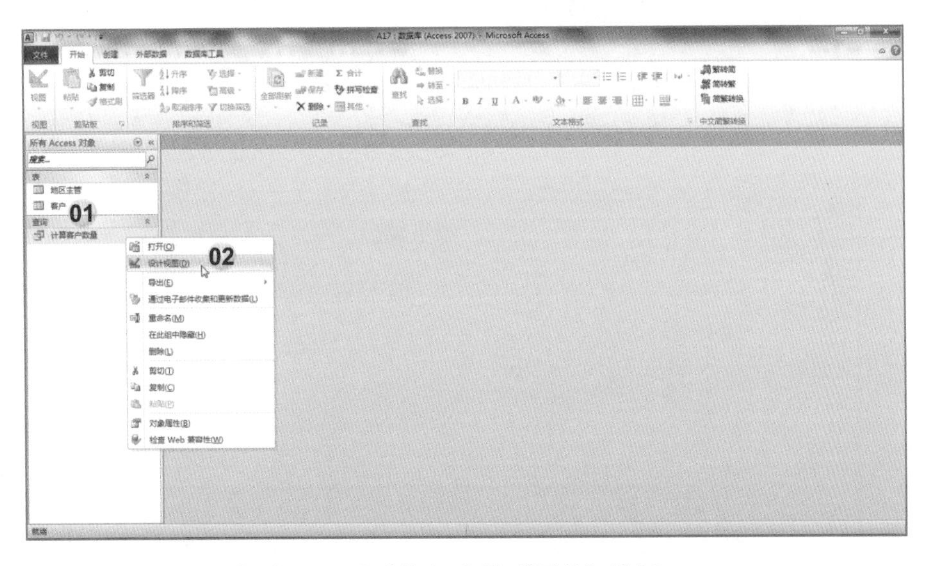

03 单击“设计”选项卡“显示/隐藏”组中的“汇总”按钮；

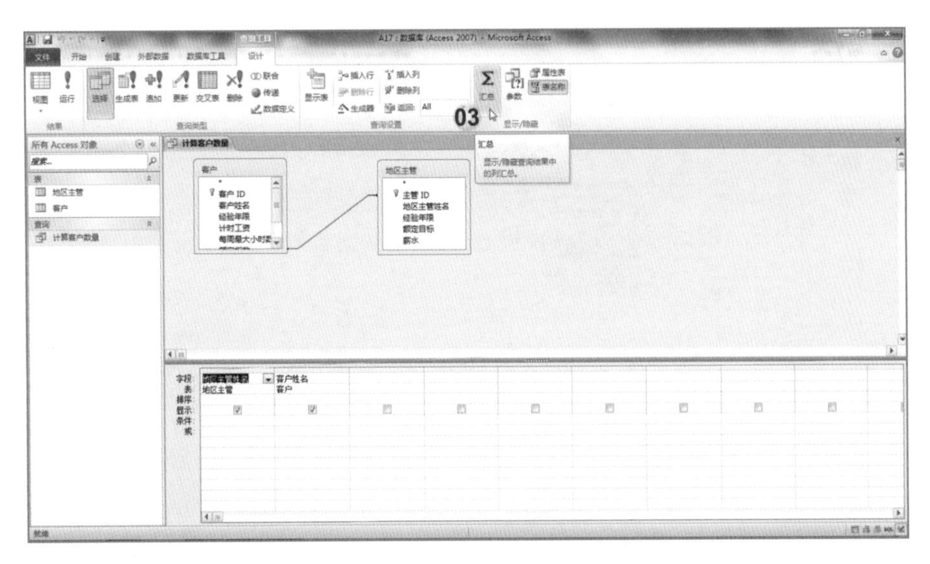

04 在“客户姓名”字段下的“总计”处选择“计数”；

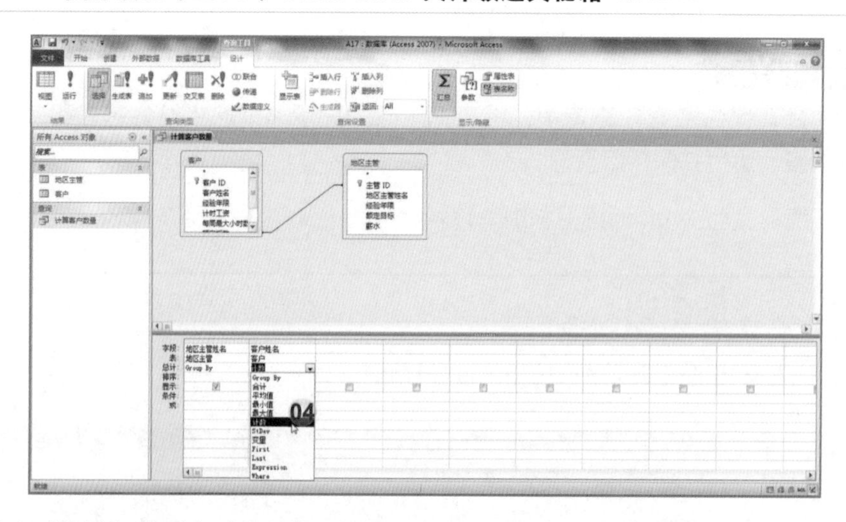

05 单击“设计”选项卡“结果”组中的“运行”按钮，运行该查询；

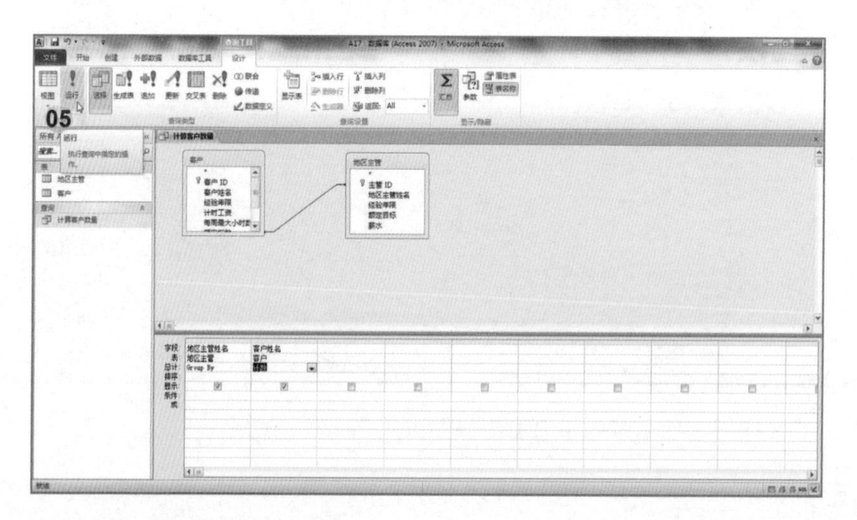

06 单击“保存”按钮，保存该查询。

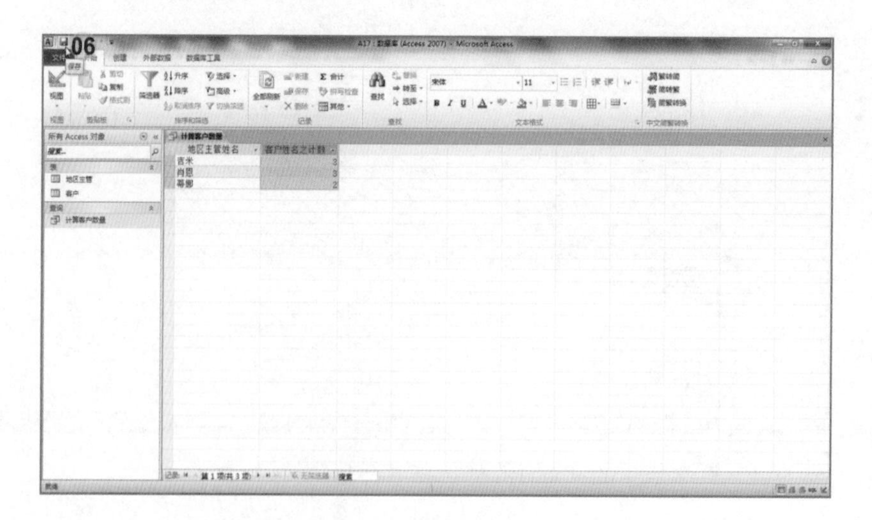

题目18

移除“客户”和“销售团队”表之间的参照完整性。（注意：接受所有其他的默认设置）

打开练习文档（Access练习题组/A18.accdb）。

解法

01 单击“数据库工具”选项卡；

02 单击“关系”组中的“关系”按钮，打开“关系”选框；

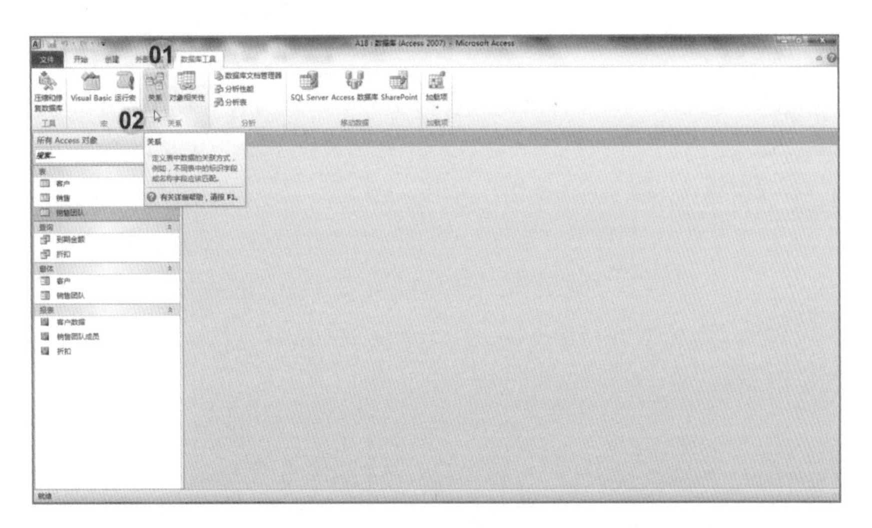

03 在“关系”选框中双击“客户”和“销售团队”表之间的连接线，弹出“编辑关系”对话框；

04 在“编辑关系”对话框中取消勾选“实施参照完整性”复选框；

05 单击“确定”按钮。

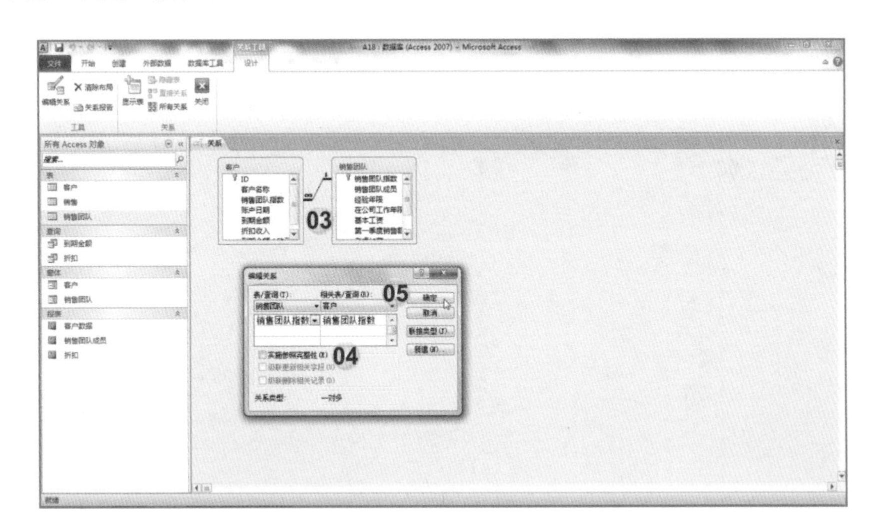

题目19

创建一个新表，使用“学生 ID”作为主键，并将其设为“自动编号”。创建文本字段“学生姓名”、“地址”和“电话”，将该表保存为“学生信息”。

打开练习文档（Access练习题组/A19.accdb）。

解法

01 单击“创建”选项卡；

02 单击“表格”组中的“表设计”按钮；

03 在表设计窗口中的“字段名称”处输入“学生 ID”；（注意：“学生”和“ID”之间有一个空格）

04 在“数据类型”处选择“自动编号”；

05 单击“设计”选项卡“工具”组中的“主键”按钮，将该字段设为主键；

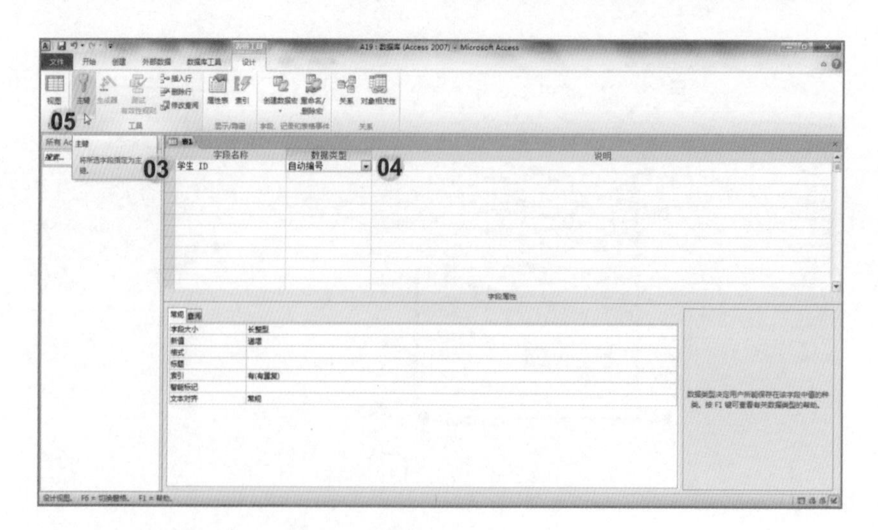

06 在第2行“字段名称”处输入“学生姓名”；

07 在“数据类型”处选择“文本”；

08 在第3行“字段名称”处输入“地址”；

09 在“数据类型”处选择“文本”；

10 在第4行“字段名称”处输入“电话”；

11 在“数据类型”处选择“文本”；

12 单击“保存”按钮；

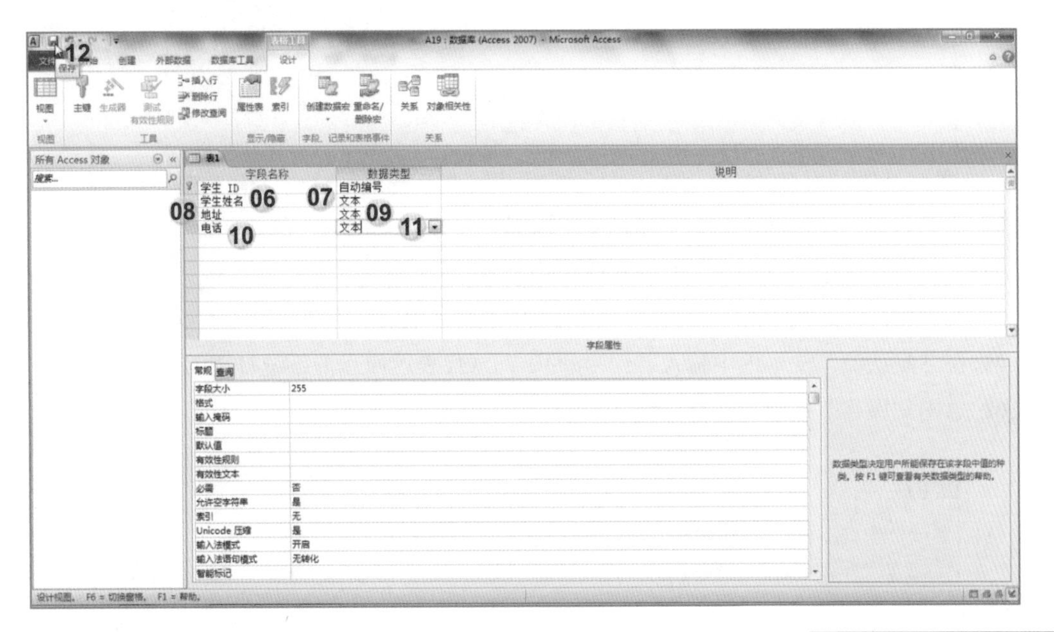

13 在“另存为”对话框的“表名称”文本框中输入“学生信息”；

14 单击“确定”按钮。

题目20

在“学生信息”表中创建一个名为“报名日期”的新字段，使用“长日期”格式，并默认为当前日期。保存该表。

打开练习文档（Access练习题组/A20.accdb）。

解法

01 选择“学生信息”表；

02 右击，在弹出的快捷菜单中选择“设计视图”命令；

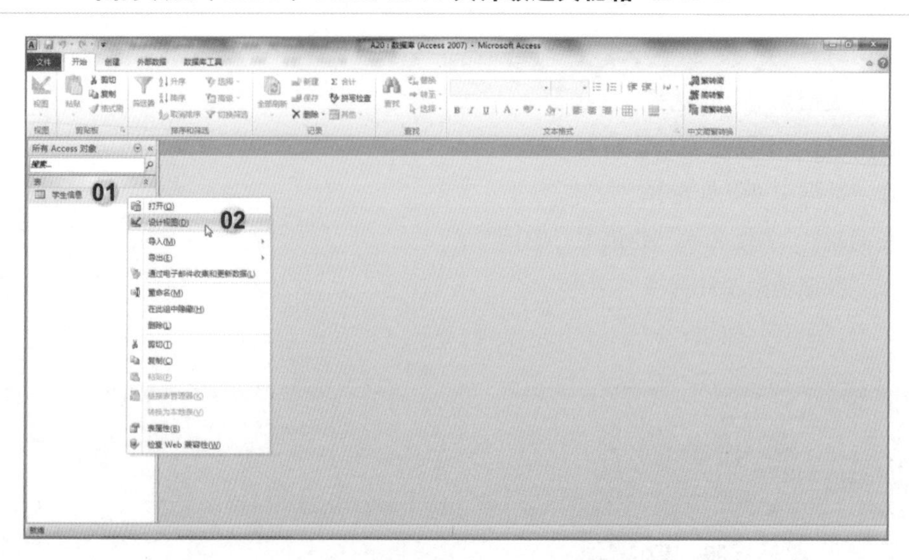

03 在紧接原有字段的下一行中输入新字段名称“报名日期”；

04 在“数据类型”处选择“日期/时间”；

05 在“常规”选项卡的“格式”下拉列表中选择“长日期”；

06 在“默认值”文本框中输入“=Date()”；（代表返回当前系统日期的日期变量）

07 单击“保存”按钮，保存该表。

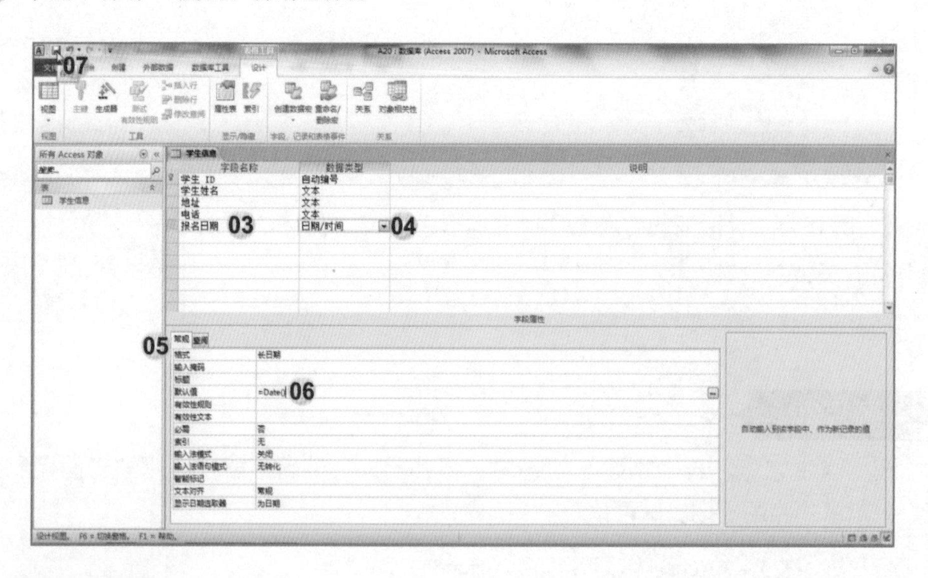

题目21

从“文档”文件夹中的“学校.accdb”数据库导入“讲师”表作为新表。（注意：接受所有其他的默认设置）

打开练习文档（Access练习题组/A21.accdb）。

解法

01 单击“外部数据”选项卡；

02 单击“导入并链接”组中的“Access”按钮，弹出“获取外部数据—Access数据库”对话框；

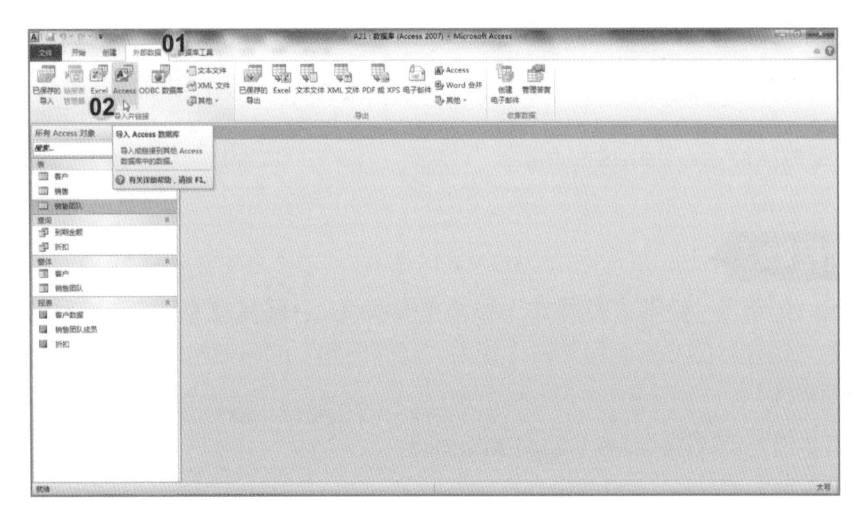

03 在“文件名”处单击“浏览”按钮；

04 选择“C:\Certiport\iQsystem\Exams\Microsoft Office Specialist\文档”文件夹中的“学校.accdb”数据库文件；

05 单击“打开”按钮；

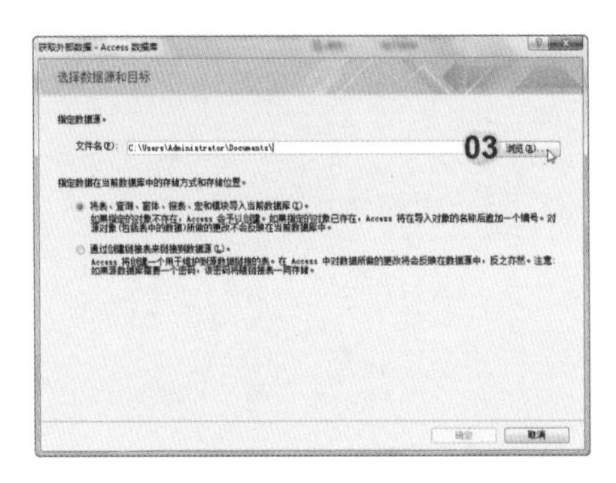

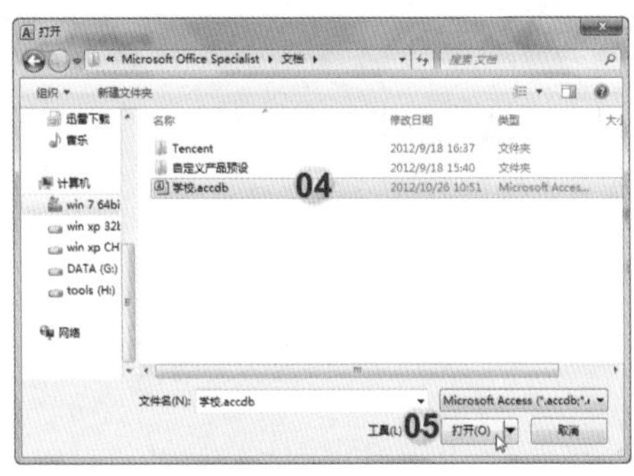

06 在“选择数据源和目标”对话框中单击“确定”按钮；

07 在“导入对象”对话框中单击“表”选项卡；

08 选择“讲师”表；

09 单击“确定”按钮；

10 在“保存导入步骤”对话框中单击“关闭”按钮。

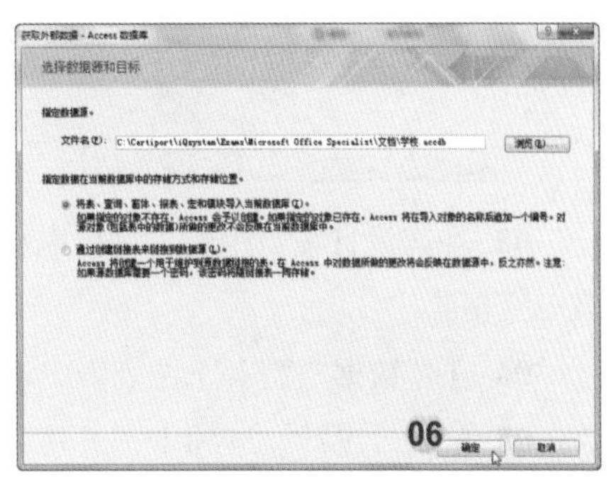

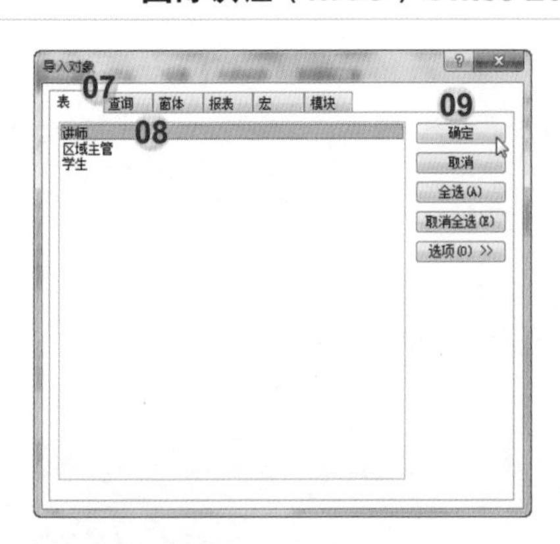

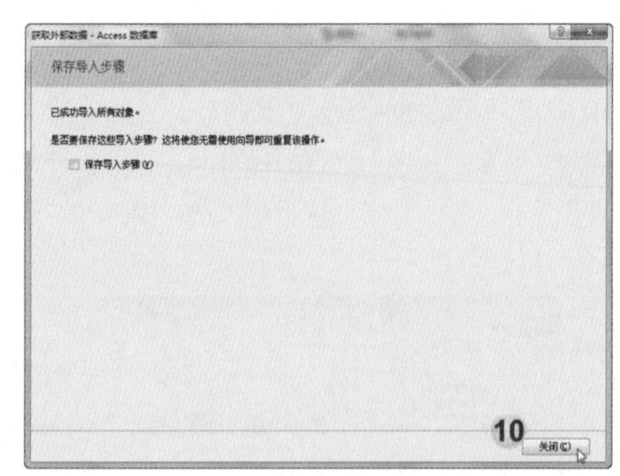

题目22

创建一个新表，使用“教师 ID”作为主键字段，并将其设为“自动编号”。创建一个名为“备注”的文本字段和一个名为“雇佣日期”的日期时间字段。将该表保存为“教师管理”。

打开练习文档（Access练习题组/A22.accdb）。

解法

01 单击“创建”选项卡；

02 单击“表格”组中的“表设计”按钮；

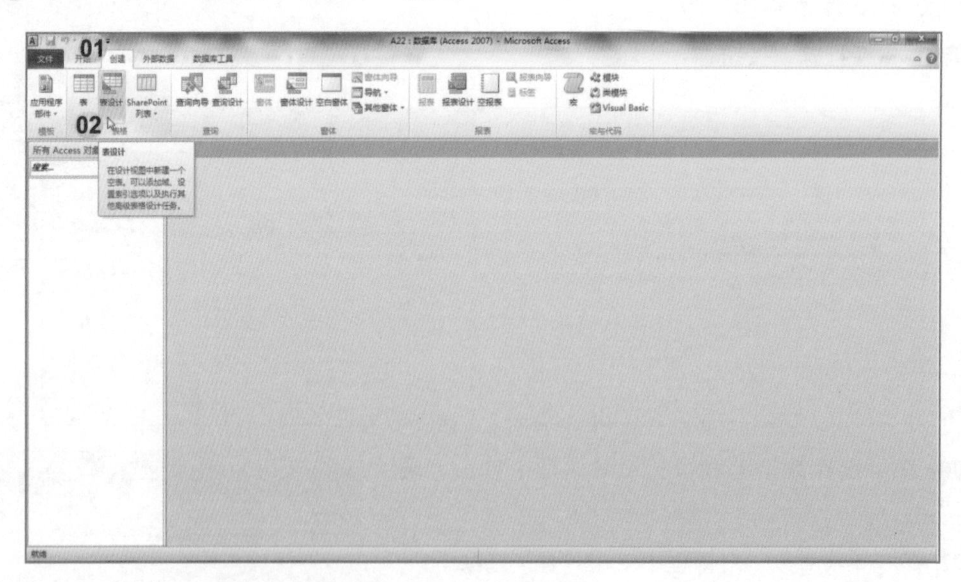

03 在表设计窗口中的“字段名称”处输入“教师 ID”；（注意：“教师”和“ID”之间有一空格）

04 在“数据类型”下拉列表中选择“自动编号”；

05 单击“设计”选项卡“工具”组中的“主键”按钮，将该字段设为主键；

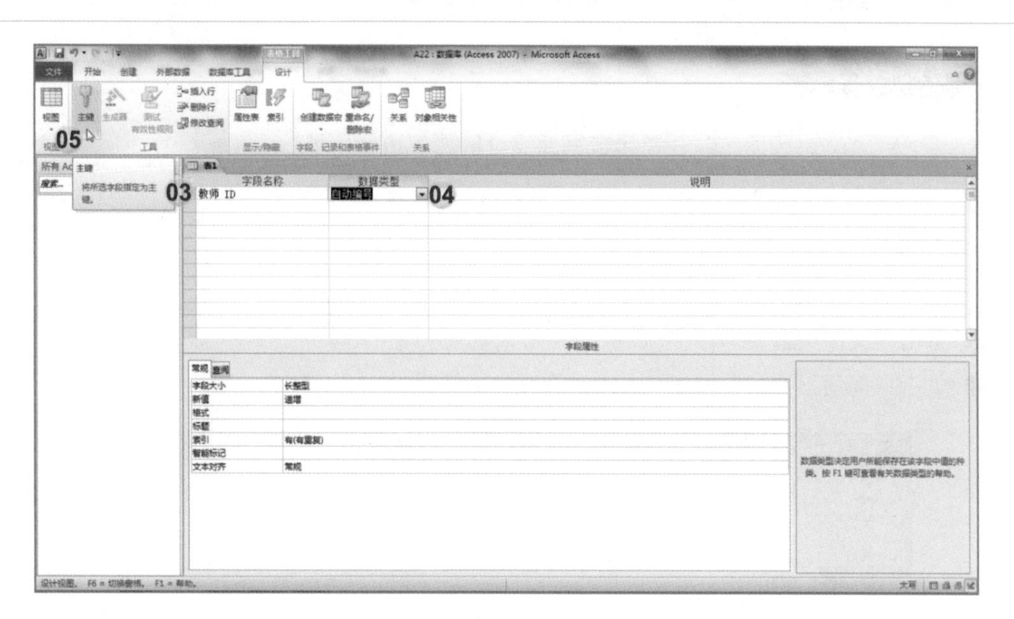

06 在第2行“字段名称”处输入“备注”；

07 在“数据类型”下拉列表中选择“文本”；

08 在第3行“字段名称”处输入“雇佣日期”；

09 在“数据类型”下拉列表中选择“日期/时间”；

10 单击“保存”按钮；

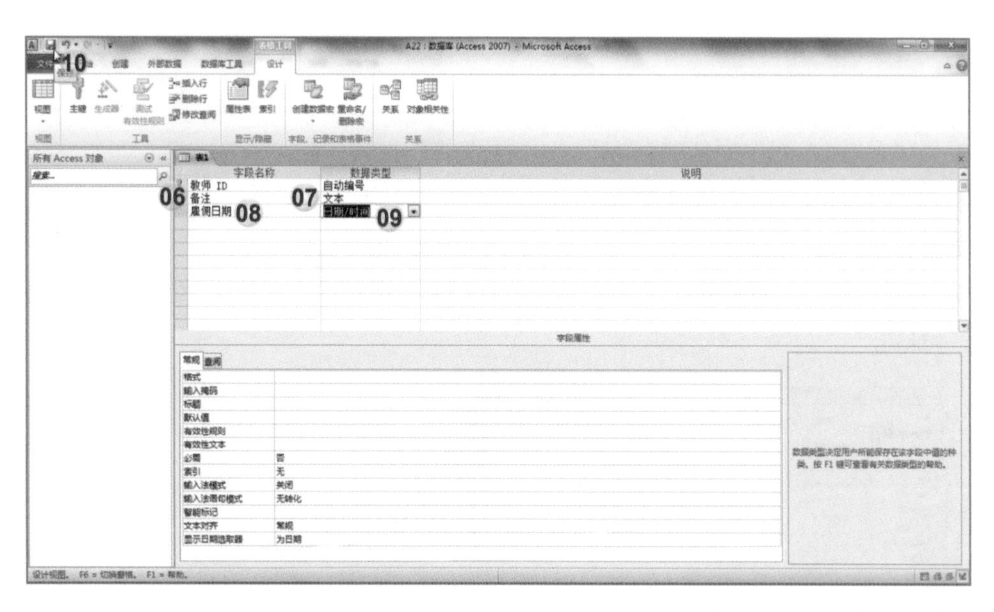

11 在“另存为”对话框的“表名称”文本框中输入“教师管理”；

12 单击“确定”按钮。

题目23

更改“Access选项”以在关闭数据库文件时将其进行压缩。

打开练习文档（Access练习题组/A23.accdb）。

解法

01 单击“文件”选项卡；

02 单击“选项”按钮，弹出“Access选项”对话框；

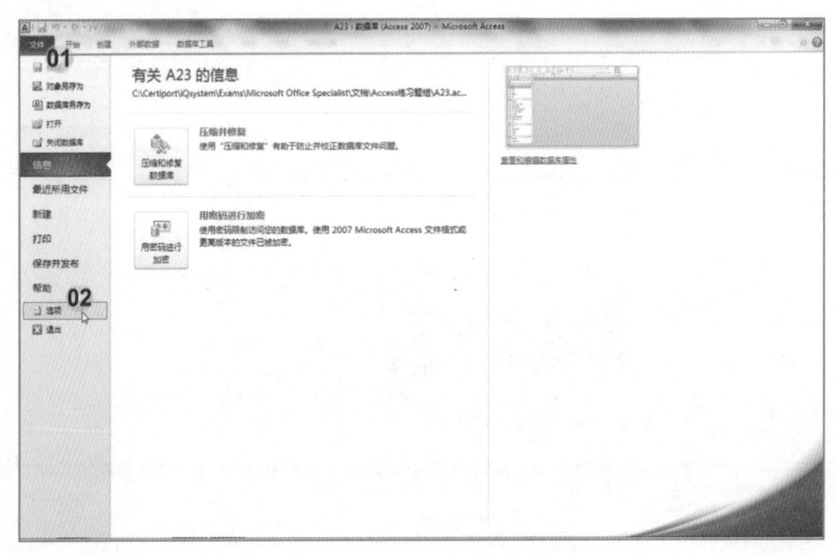

03 在“Access选项”对话框中单击“当前数据库”选项卡；

04 在“应用程序选项”组中勾选“关闭时压缩”复选框；

05 单击“确定”按钮；

06 在弹出的“必须关闭并重新打开当前数据库，指定选项才能生效”的对话框中单击“确定”按钮。

题目24

更改“折扣”查询使“账户日期”字段为第1列，“客户名称”为第2列。然后，添加“折扣收入”作为最后一列。运行并保存该查询。

打开练习文档（Access练习题组/A24.accdb）。

解法

01 选择“折扣”查询；

02 右击，在弹出的快捷菜单中选择“设计视图”命令；

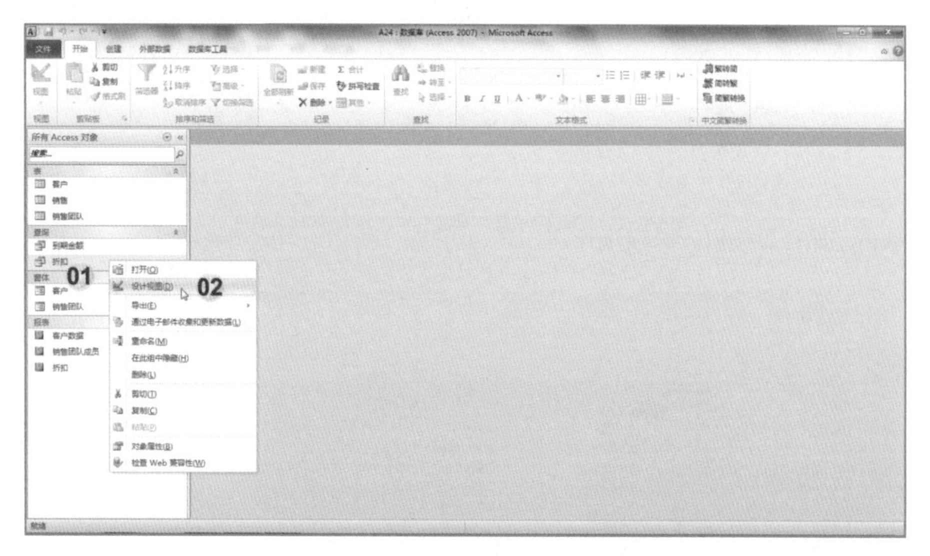

03 在“设计视图”中选中第2列“账户日期”字段，将其拖动到第1列的位置，使其原来的第1列“客户名称”列变为第2列。

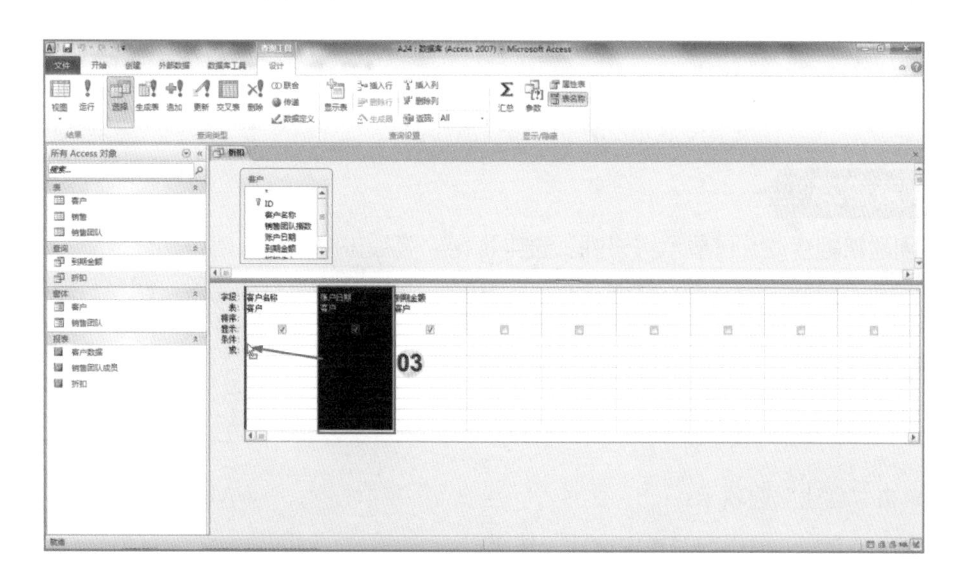

04 在空白列第4列字段处选择“折扣收入”字段；

05 单击“设计”选项卡“视图”组中的“运行”按钮，运行该查询；

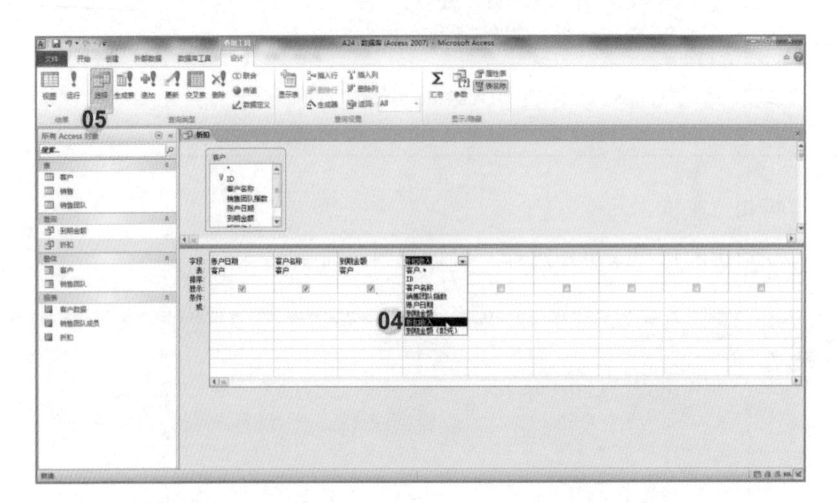

06 单击“保存”按钮，保存该查询。

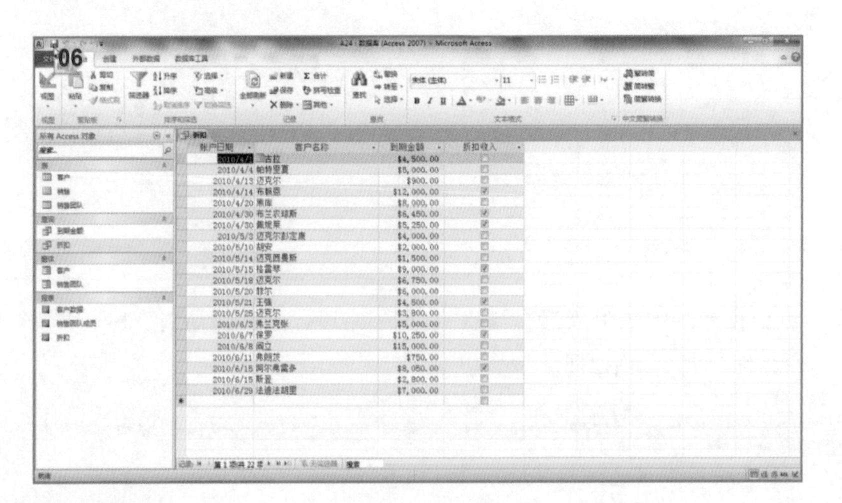

题目25

创建新的查询，仅显示“讲师”表中取得“高级讲师资格”的讲师。显示“讲师姓名”、“经验年限”和“计时工资”，包含“高级讲师资格”字段，但将其隐藏。运行该查询，将其保存为“讲师查询”。

打开练习文档（Access练习题组/A25.accdb）。

解法

01 单击“创建”选项卡；

02 单击“查询”组中的“查询设计”按钮；

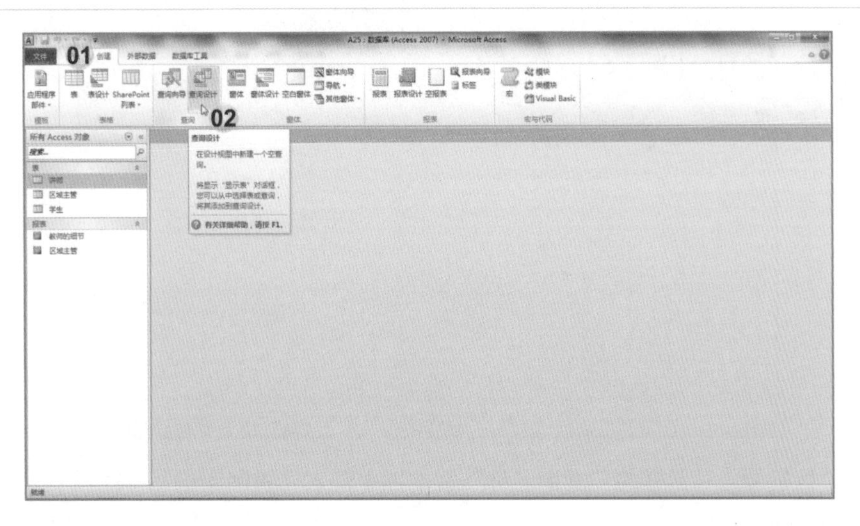

03 在“显示表”对话框中单击“表”选项卡；

04 选择“讲师”表；

05 单击“添加”按钮；

06 然后单击“关闭”按钮，关闭“显示表”对话框；

07 在“设计视图”中依次添加“讲师姓名”、“经验年限”、“计时工资”和“高级讲师资格”字段；

08 取消勾选“高级讲师资格”字段下方的“显示”选项；（代表隐藏该字段）

09 在“高级讲师资格”字段下方的“条件”处输入“Yes”；（代表仅显示取得高级讲师资格的教师的数据）

10 单击“设计”选项卡“视图”组中的“运行”按钮，运行该查询；

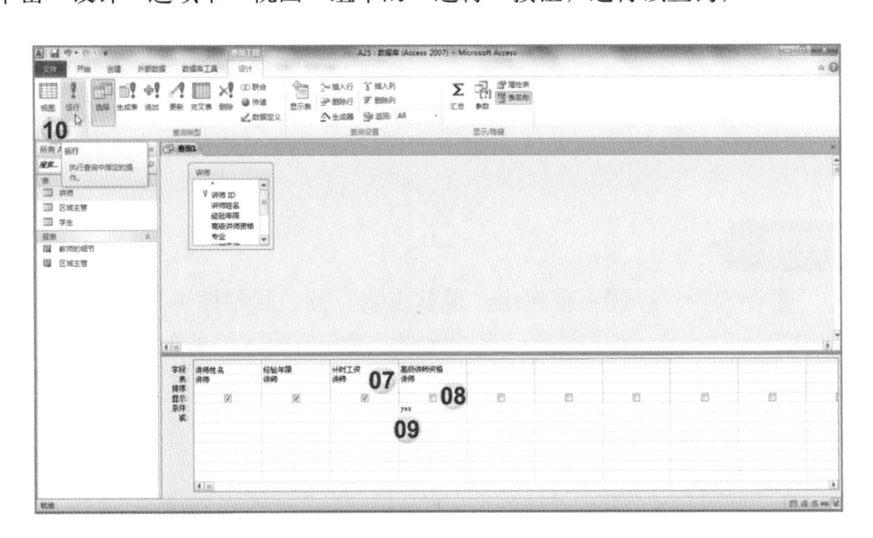

11 单击“保存”按钮，保存该查询。

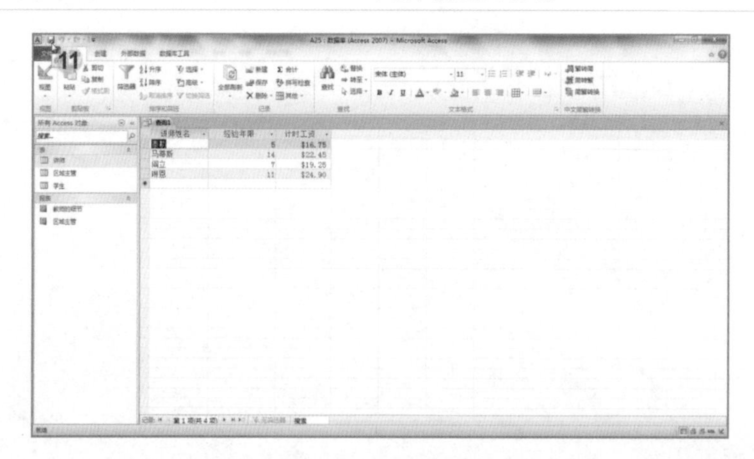

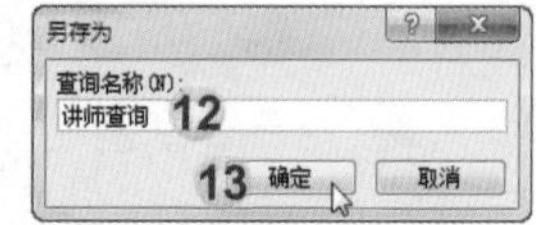

12 在“另存为”对话框的“查询名称”文本框中输入“讲师查询”。

13 单击“确定”按钮。

NOTE

隐藏字段也可以在“查询窗口”中右击“高级讲师资格”字段，在弹出的快捷菜单中选择“隐藏字段”命令，隐藏该字段。

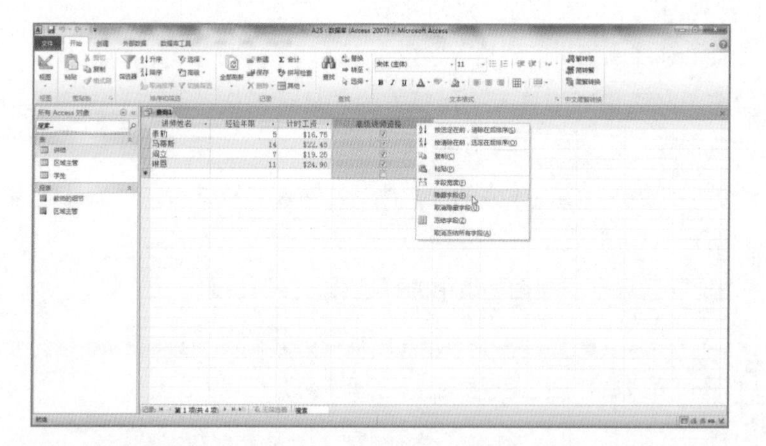

题目26

使用“查询向导”创建一个名为“高薪主管”的“简单查询”，包含“主管薪水”查询中的所有字段。然后编辑该查询标准，使其仅显示“薪水”高于55 000的记录。运行并保存该查询。

打开练习文档（Access练习题组/A26.accdb）。

解法

01 单击“创建”选项卡；

02 单击“查询”组中的“查询向导”按钮；

03 在“新建查询”对话框中选择“简单查询向导”；

04 单击“确定”按钮；

05 在“简单查询向导”对话框“表/查询”下拉列表中选择“查询：主管薪水”；

06 在“可用字段”处单击[>>]按钮，添加所有字段到“选定字段”；

07 单击“下一步”按钮；

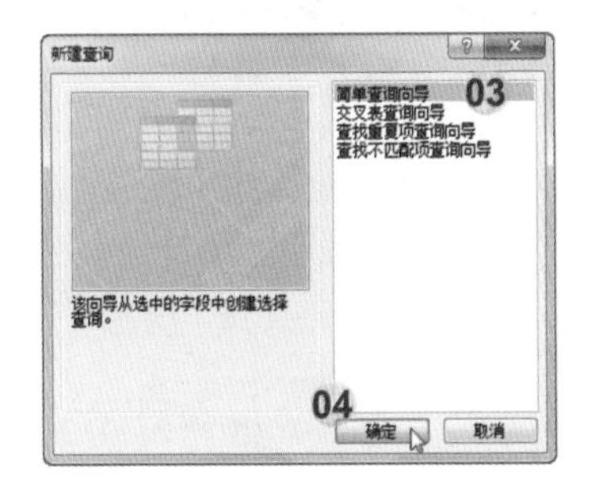

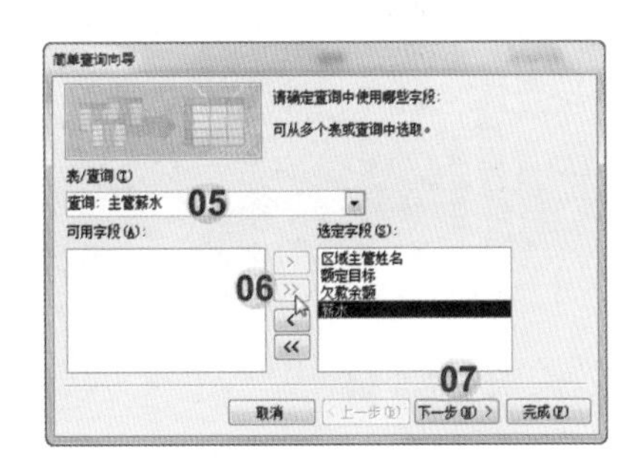

08 在“请确定采用明细查询还是汇总查询”处保持默认选项“明细（显示每个记录的每个字段）”，直接单击“下一步”按钮；

09 在“请为查询指定标题”文本框中输入“高薪主管”；

10 单击“完成”按钮；

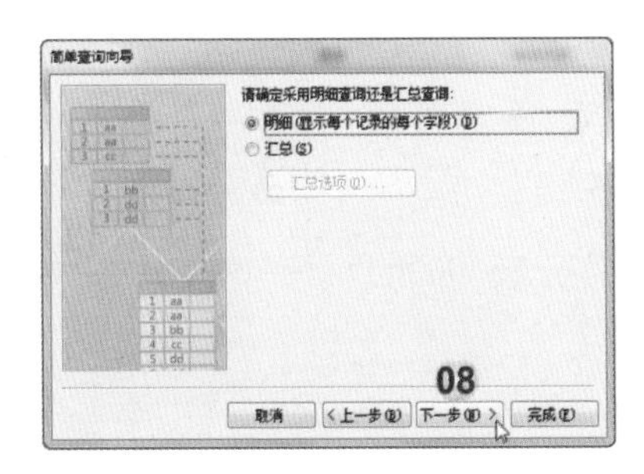

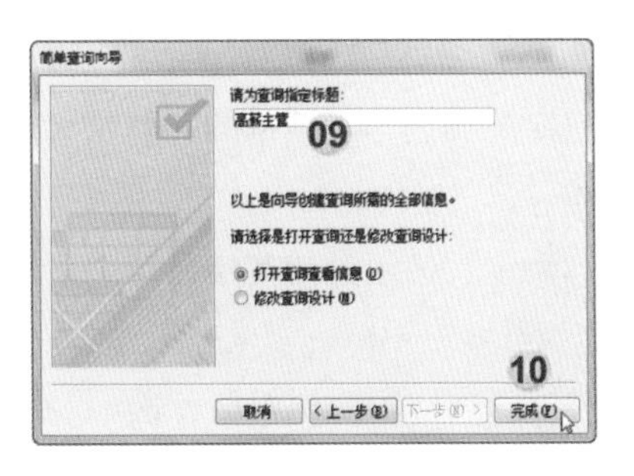

11 在“查询”窗口中选择“薪水”列；

12 在“开始”选项卡“排序和筛选”组中单击“筛选器”按钮；

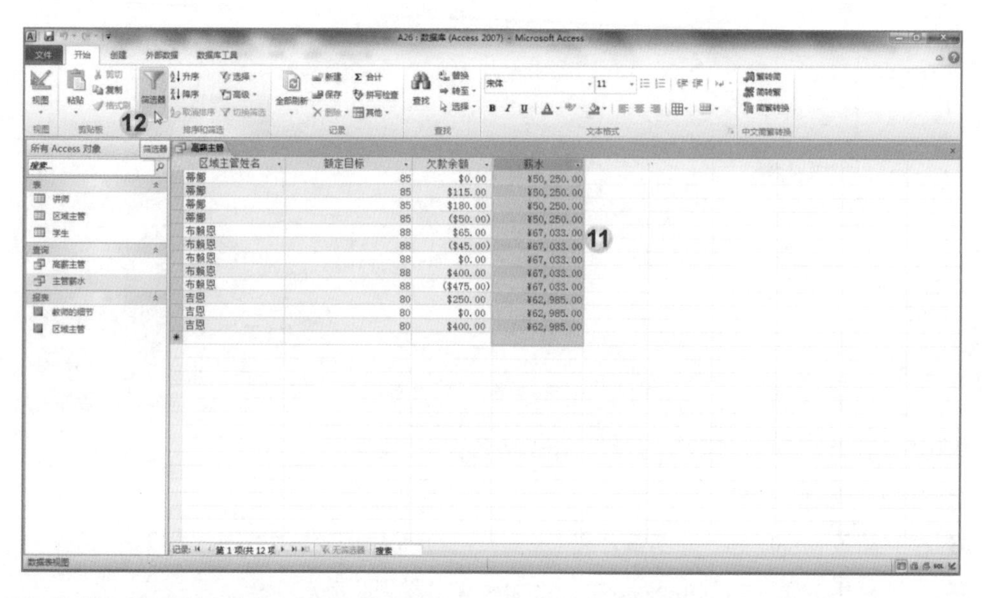

13 在弹出的列表中选择“数字筛选器”/“大于”；

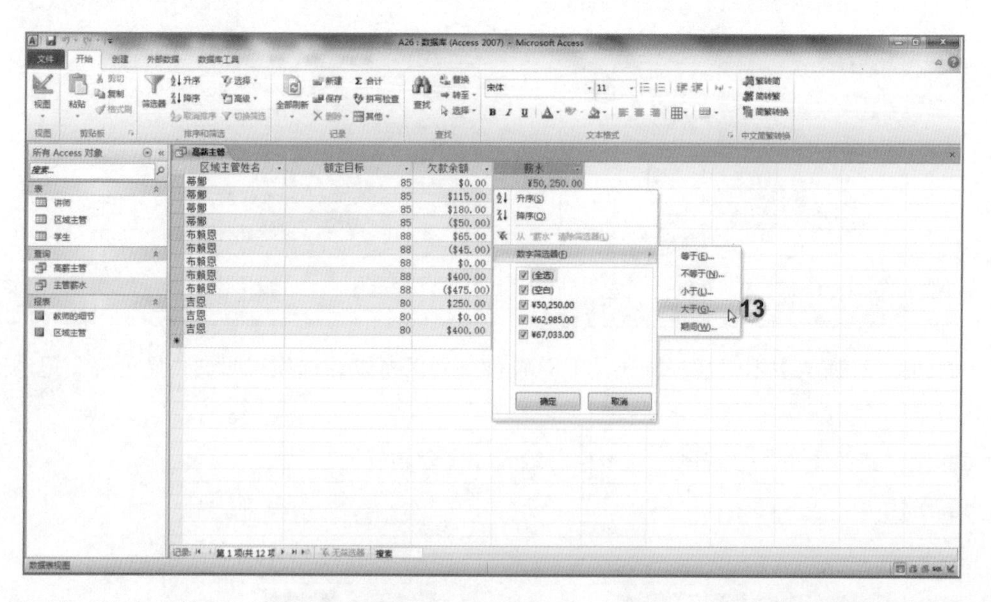

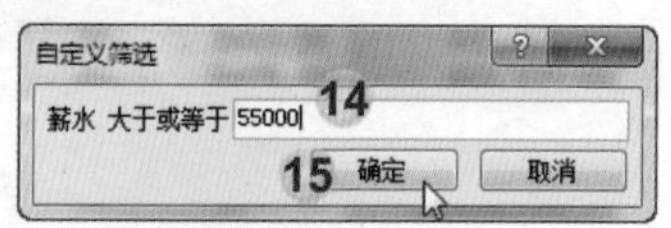

14 在“自定义筛选”对话框的“薪水大于或等于”文本框中输入“55000”；

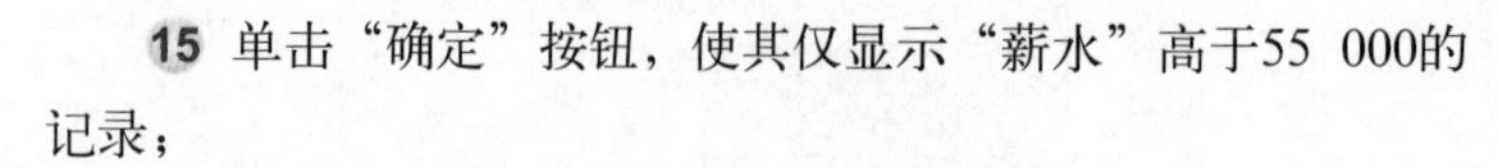

15 单击“确定”按钮，使其仅显示“薪水”高于55 000的记录；

16 单击“保存”按钮，保存该查询。

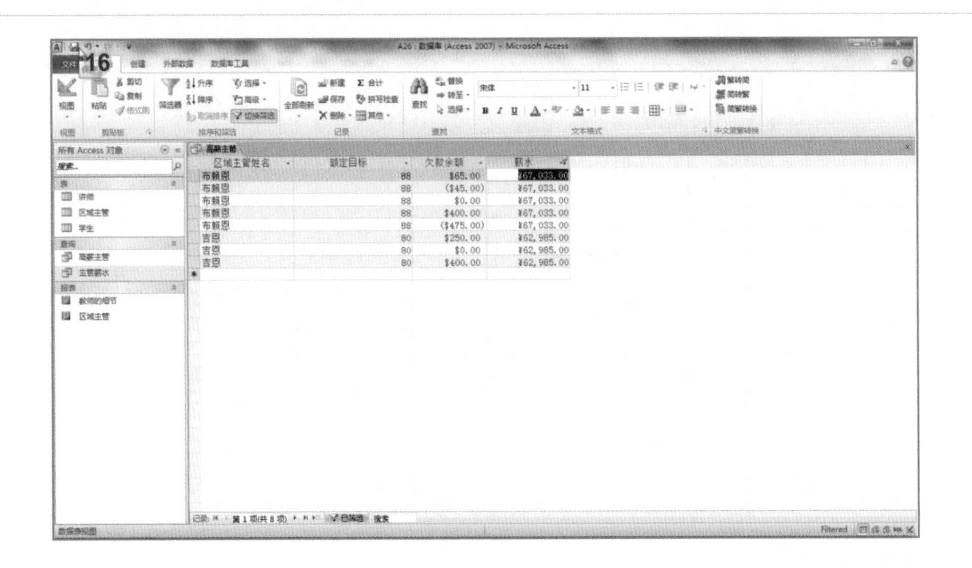

题目27

将“学生”表中现有的“备注”字段更改为允许255个以上文本字符的数据类型。保存该表。

打开练习文档（Access练习题组/A27.accdb）。

解法

01 选择“学生”表；

02 右击，在弹出的快捷菜单中选择“设计视图”命令；

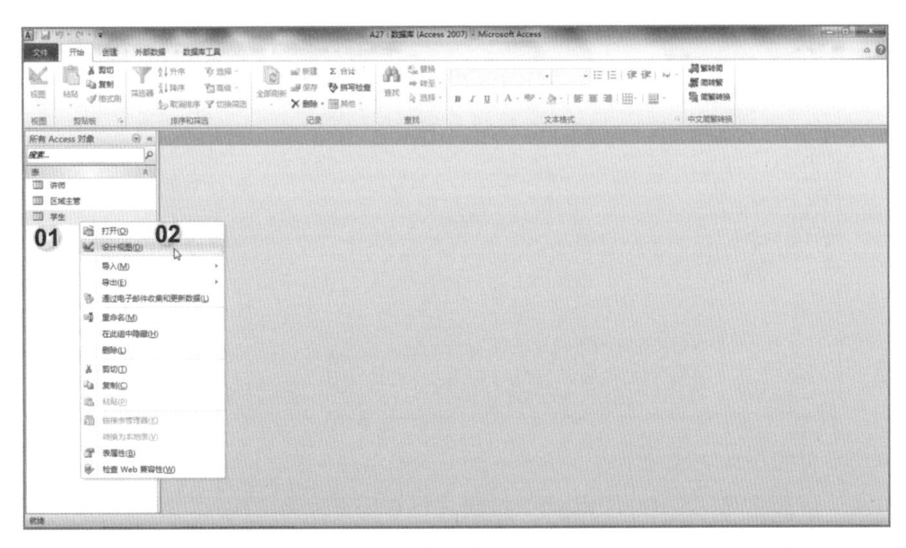

03 在“设计视图”将“备注”字段的“数据类型”修改为“备注”类型；

04 单击“保存”按钮，保存该表。

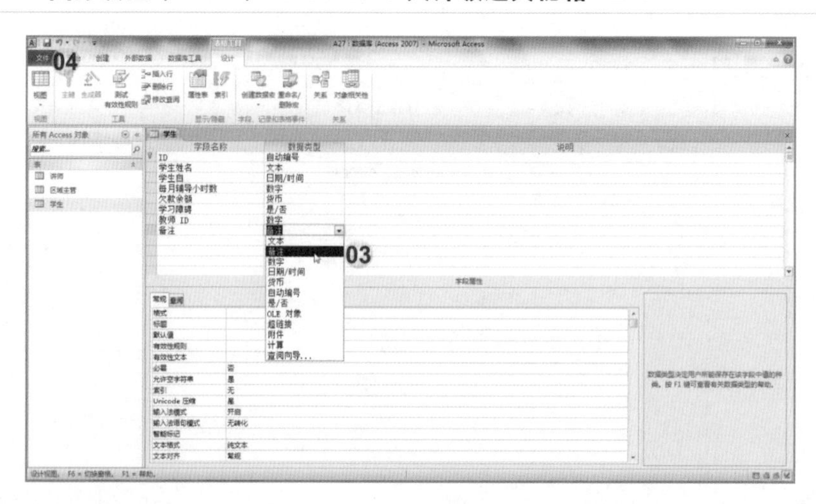

题目28

在“销售团队成员”报表中，将布局更改为“横向”，并隐藏报表边距。保存该报表。

打开练习文档（Access练习题组/A28.accdb）。

解法

01 选择“销售团队成员”报表；

02 右击，在弹出的快捷菜单中选择“布局视图”命令；

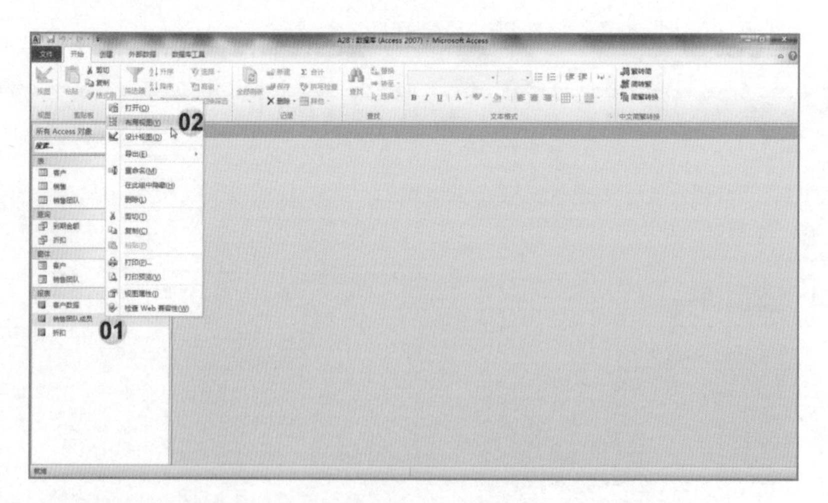

03 单击“页面设置”选项卡；

04 单击“页面布局”组中的“横向”按钮，将布局更改为“横向”；

05 在“页面大小”组中取消勾选“显示边距”复选框；

06 单击“保存”按钮，保存该报表。

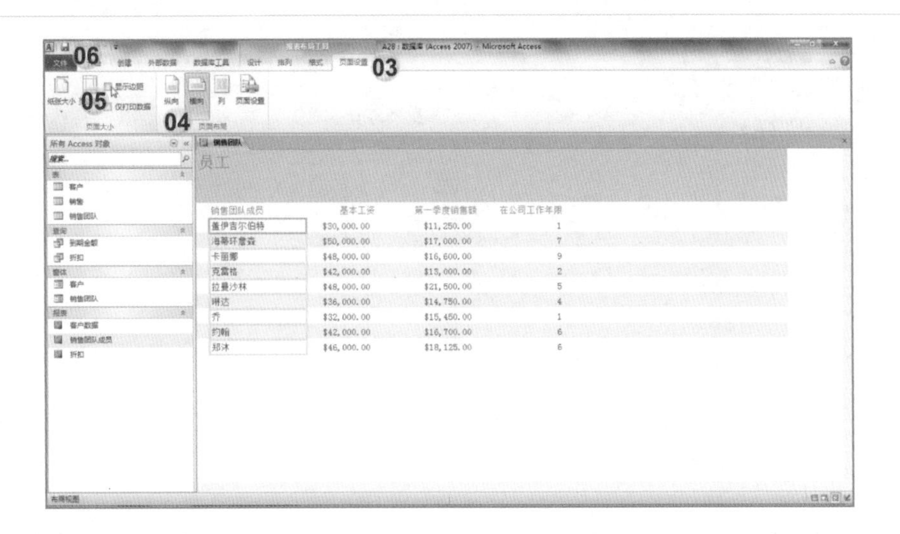

题目29

对“销售团队”表应用过滤，仅显示带“经验年限”4和8的记录。（备注：请勿关闭该表）

打开练习文档（Access练习组/A29.accdb）。

解法

01 在“销售团队”表上双击，打开该表；

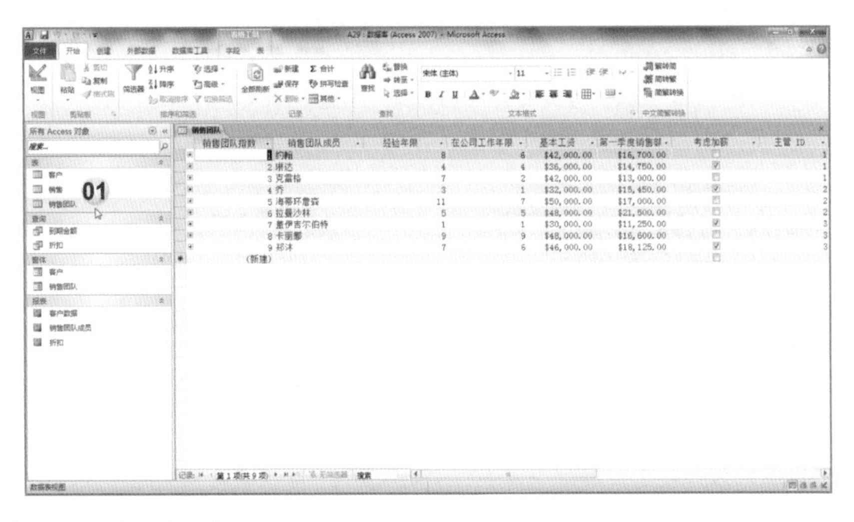

02 选择“经验年限”列；

03 单击“开始”选项卡“排序和筛选”组中的“筛选器”按钮；

04 在弹出的列表中取消其他记录的勾选，仅勾选“4”和“8”的记录；

05 单击“确定”按钮。

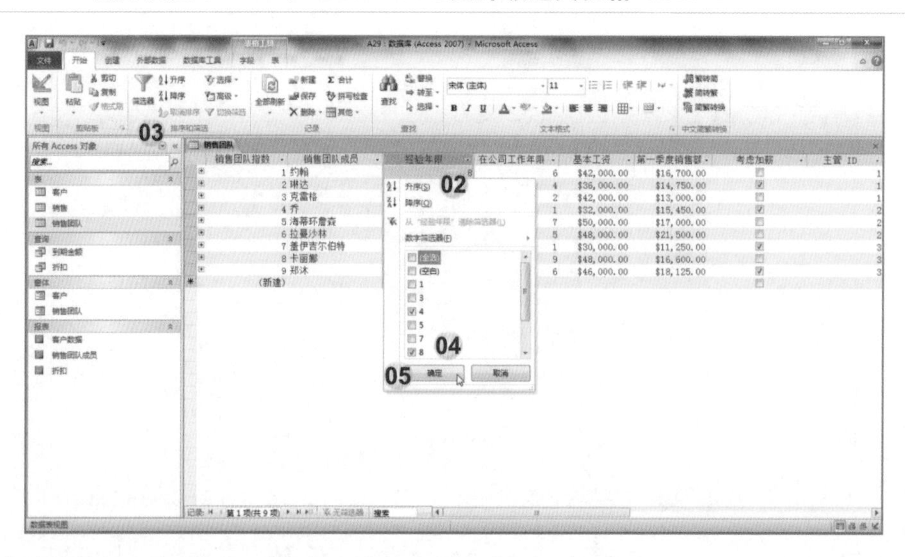

完成后效果如下图所示。（注意：请勿关闭该表）

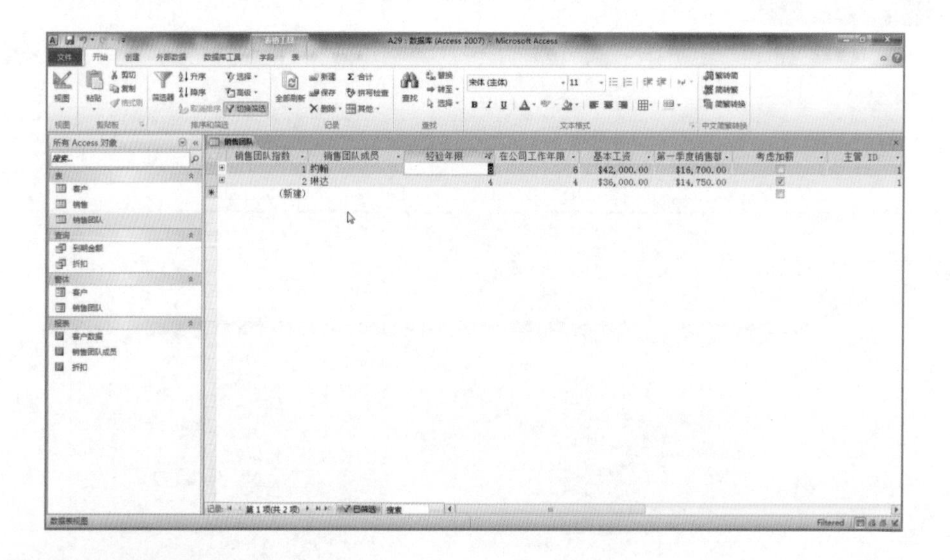

题目30

使用“窗体向导”创建新的窗体，该窗体包含“讲师”表中除“高级讲师资格”之外的所有字段，并使用“数据表”式布局。将该窗体保存为“讲师数据”。（注意：接受所有其他的默认设置）

打开练习文档（Access练习题组/A30.accdb）。

解法

01 单击“创建”选项卡；

02 单击“窗体”组中的“窗体向导”按钮；

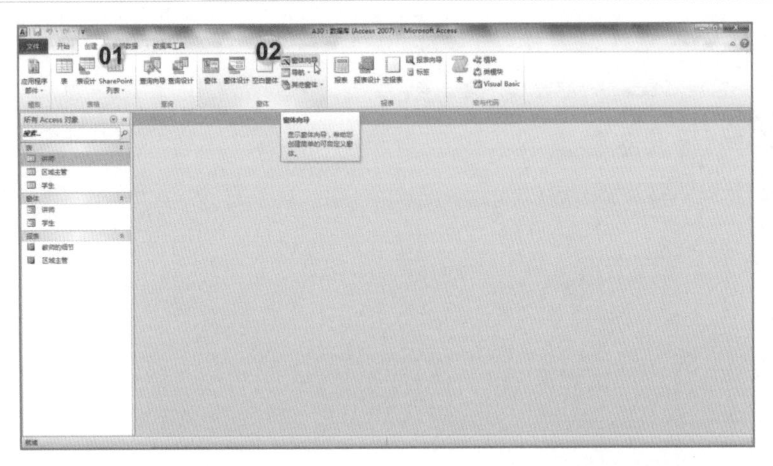

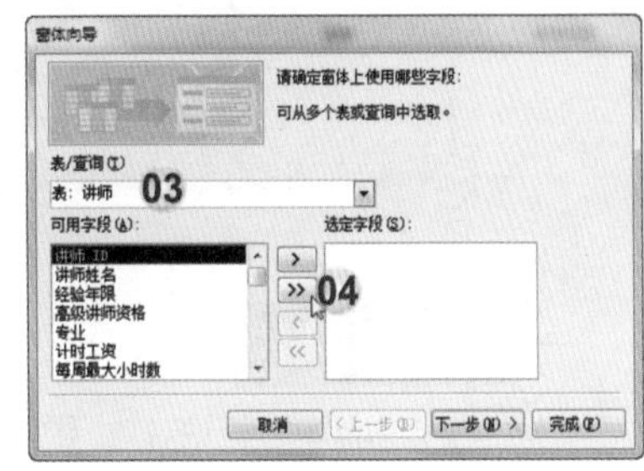

03 在“窗体向导”对话框的“表/查询”下拉列表中选择“表：讲师”；

04 在“可用字段”处单击>>按钮，添加所有字段到“选定字段”；

05 在“选定字段”中选择“高级讲师资格”字段，

06 单击<按钮，取消添加该字段到“选定字段”；

07 单击“下一步”按钮；

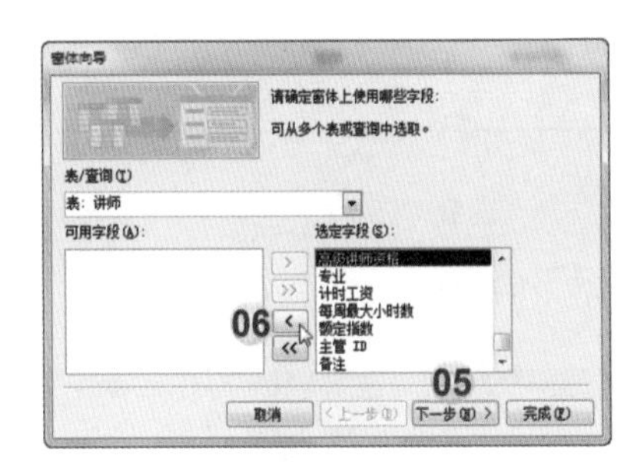

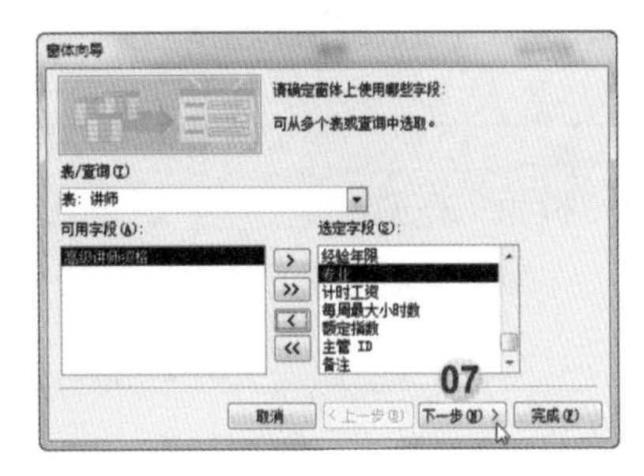

08 在“请确定窗体使用的布局”处选择“数据表”；

09 单击“下一步”按钮；

10 在“请为窗体指定标题”文本框中输入“讲师数据”；

11 单击“完成”按钮；

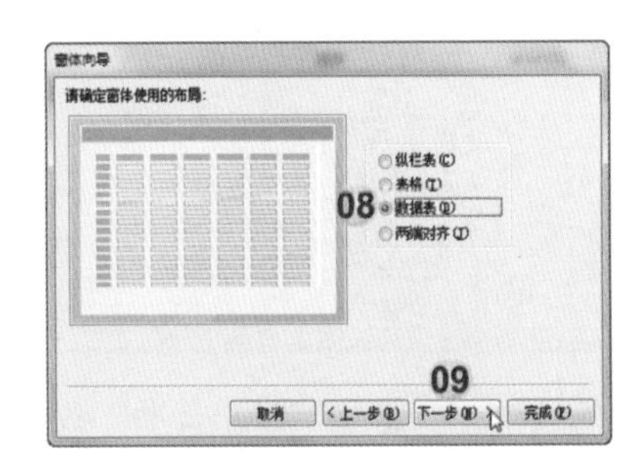

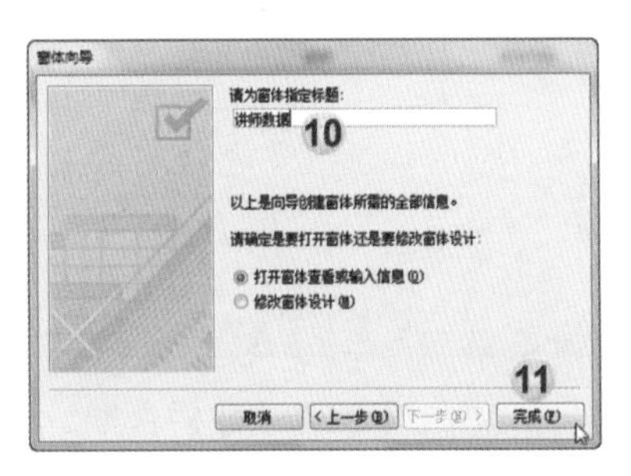

12 单击“保存”按钮，保存该窗体。

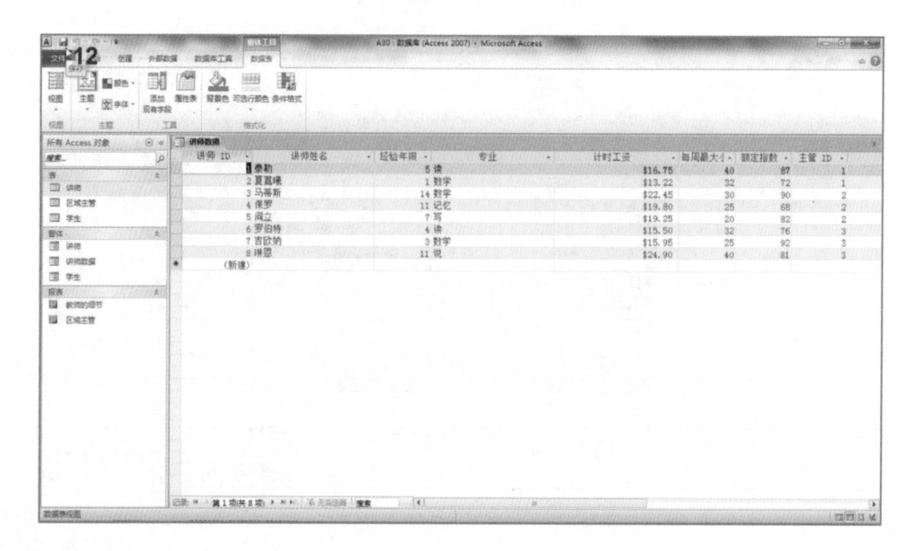

题目31

在“折扣”查询中，更改查询使其隐藏“账户日期”并显示“到期金额”的合计值。运行并保存该查询。

打开练习文档（Access练习题组/A31.accdb）。

解法

01 选择“折扣”查询；

02 右击，在弹出的快捷菜单中选择“设计视图”命令；

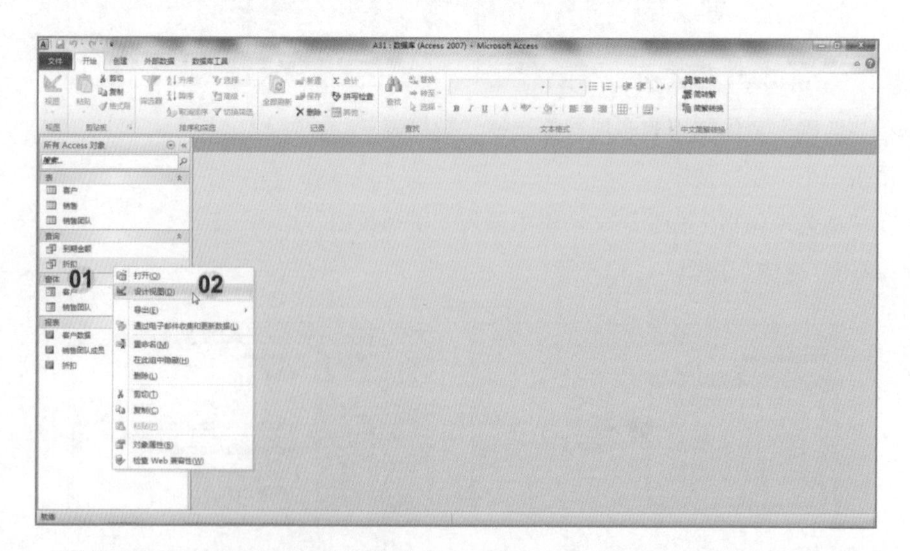

03 在“设计视图”中取消“账户日期”显示的选框；（隐藏“账户日期”数据列）

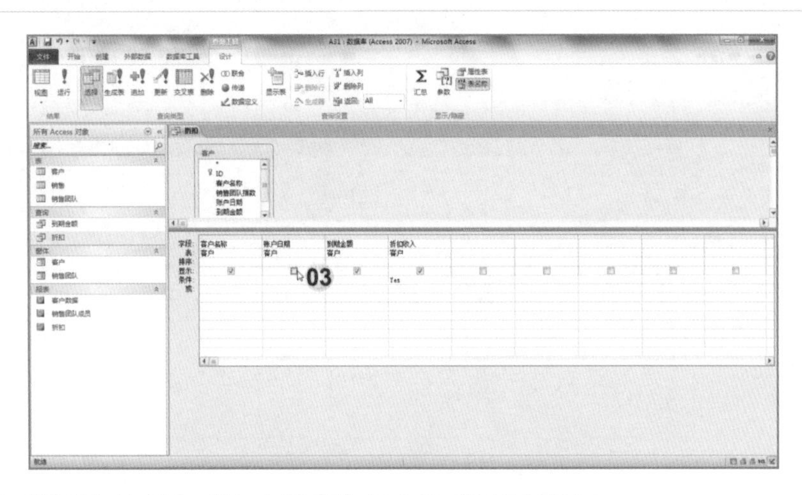

04 单击“设计”选项卡“显示/隐藏”组中的“汇总”按钮；

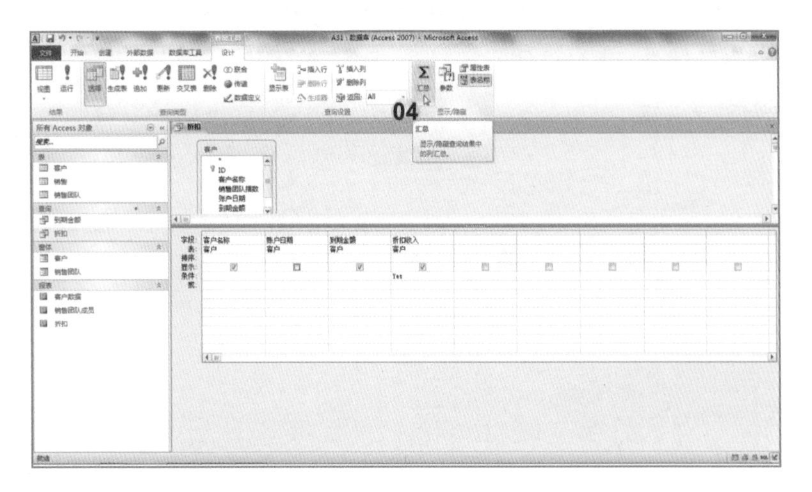

05 在“到期金额”字段下方的“Group By”处选择“合计”；

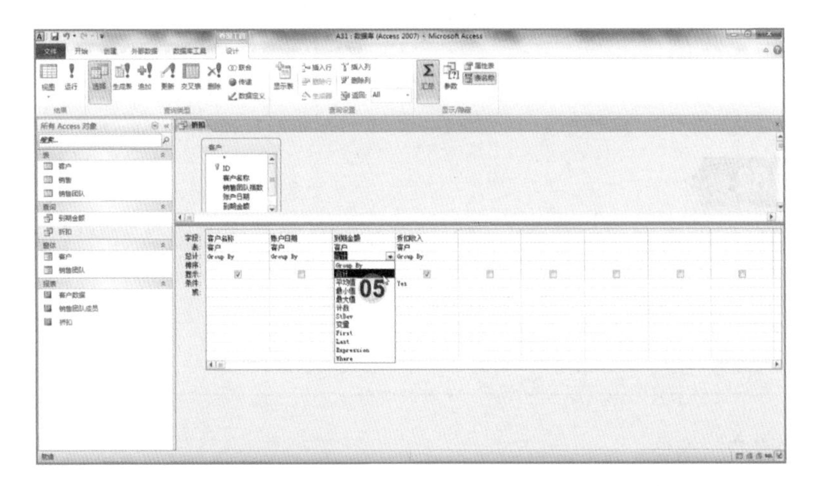

06 单击“设计”选项卡“视图”组中的“运行”按钮，运行该查询；

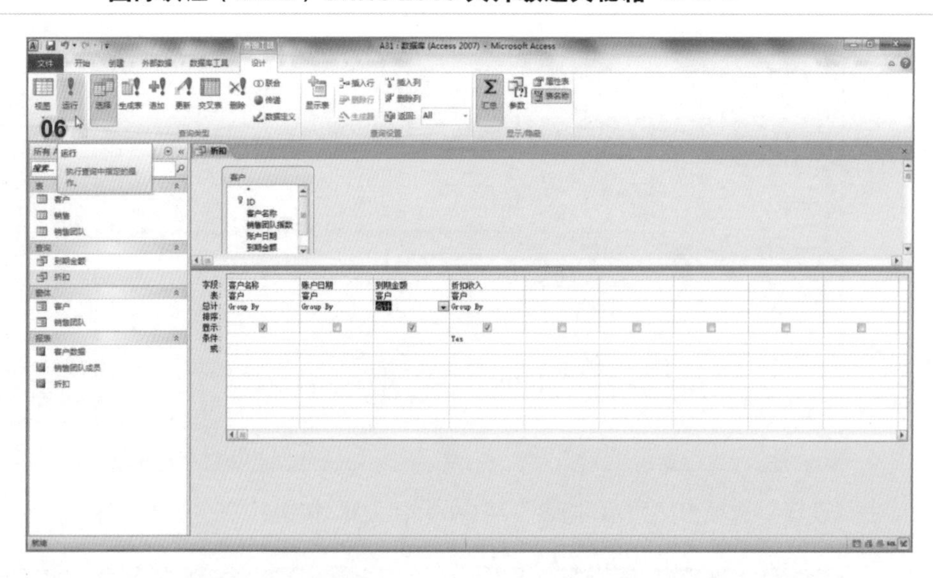

07 单击“保存”按钮，保存该查询。

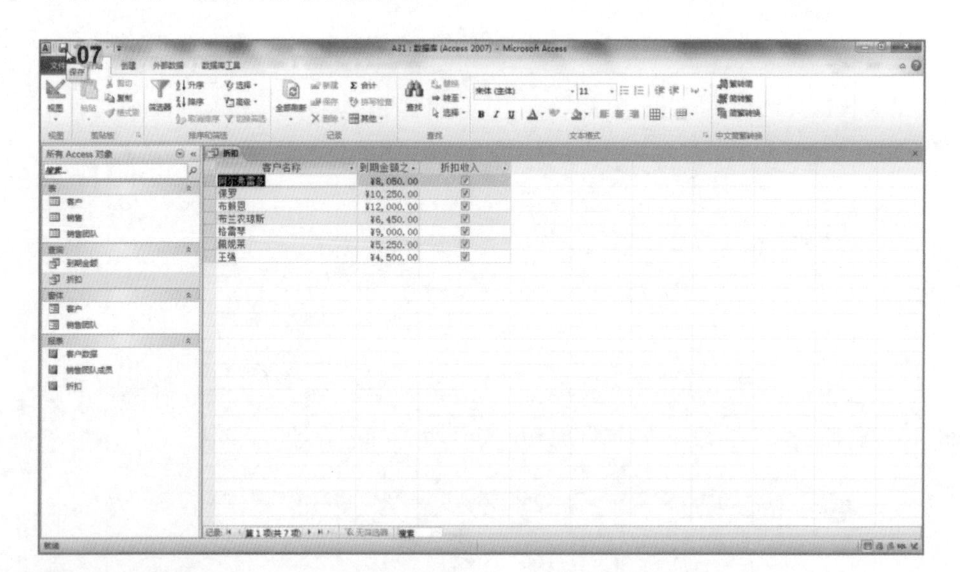

题目32

在“客户”窗体上自动重新安排标签的顺序，使元素以默认顺序显示。保存该窗体。

打开练习文档（Access练习题组/A32.accdb）。

解法

01 选择“客户”窗体；

02 右击，在弹出的快捷菜单中选择“设计视图”命令；

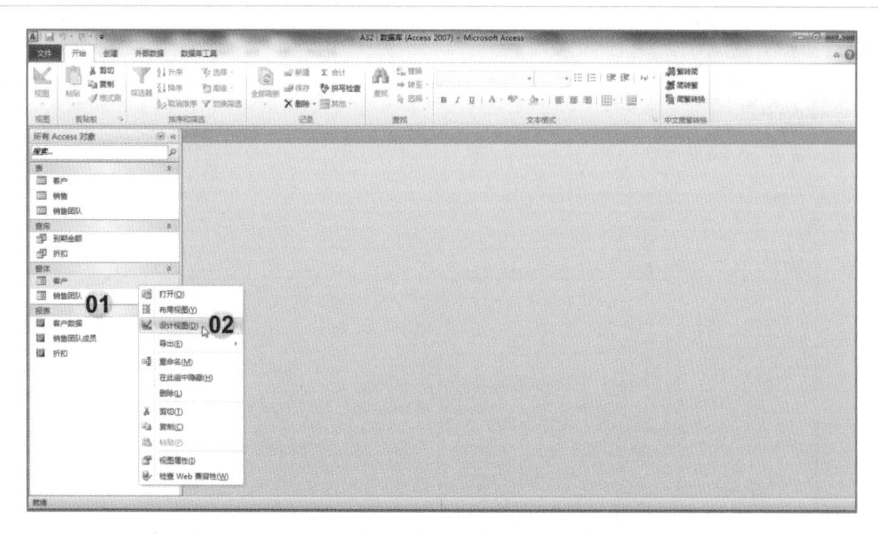

03 单击“设计”选项卡“工具”组中的“Tab键次序”按钮；

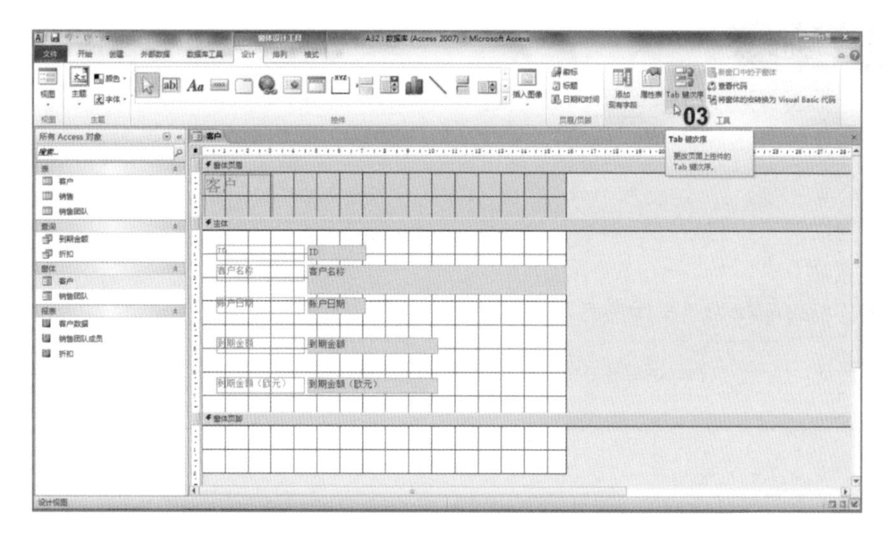

04 在“Tab键次序”对话框中单击“自动排序”按钮，使窗体上标签的顺序自动重新安排；

05 单击“确定”按钮，关闭“Tab键次序”对话框；

06 单击“保存”按钮，保存该窗体。

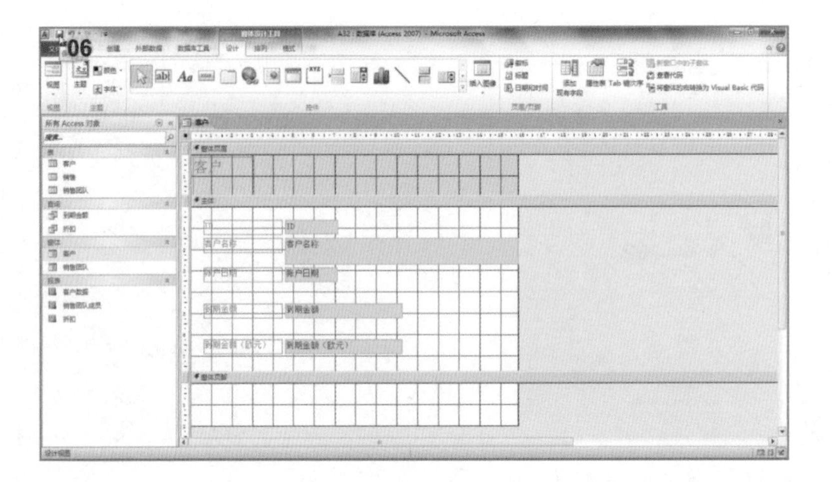

题目33

创建报表并添加位于“学生”表中的以下字段：
“学生姓名”
“报名时间”
“每月辅导小时数”
“教师ID”
将该报表保存为“学生报表”。（注意：接受所有其他的默认设置）

打开练习文档（Access练习题组/A33.accdb）。

解法

01 单击“创建”选项卡；

02 单击“报表”组中的“报表向导”按钮；

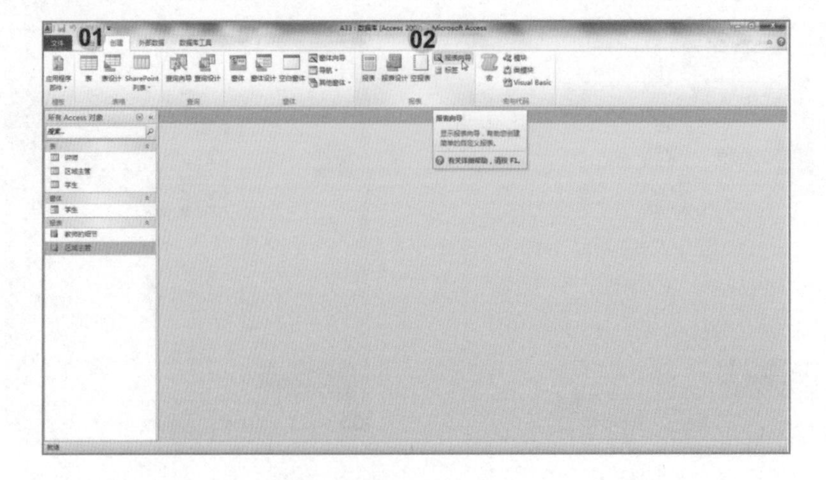

03 在“报表向导”对话框的“表/查询”下拉列表中选择“表：学生”；

04 在“可用字段”处选择“学生姓名”；

05 单击[>]按钮，将其添加到“选定字段”；

06 同理，依次添加“报名时间”、“每月辅导小时数”、“教师 ID”字段到“选定字段”；

07 单击“下一步”按钮；

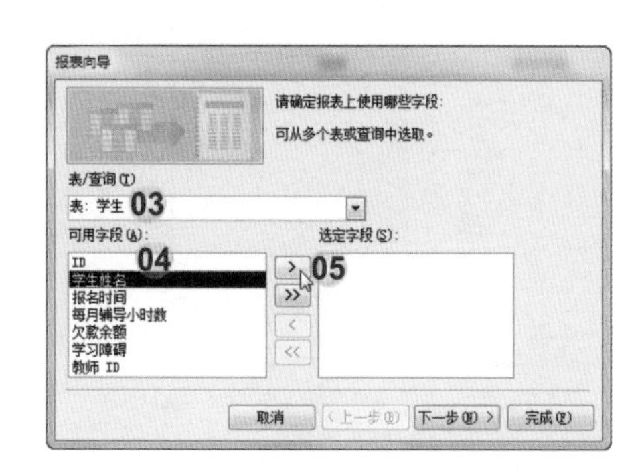

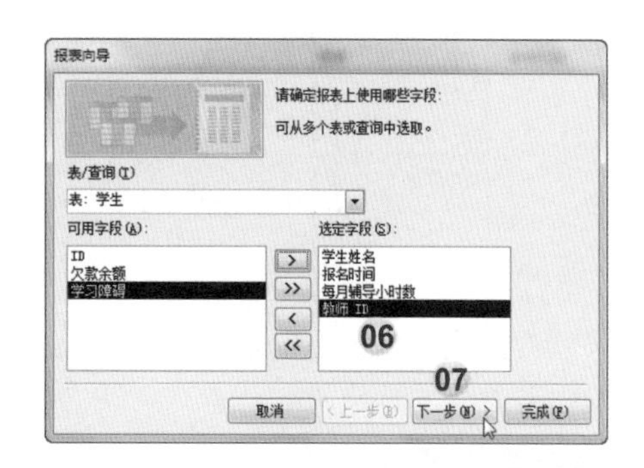

08 在“是否添加分组级别”对话框中接受所有其他的默认设置，单击“下一步”按钮；

09 在“请确定明细信息所用的排序次序和汇总信息”对话框中接受所有其他的默认设置，单击“下一步”按钮；

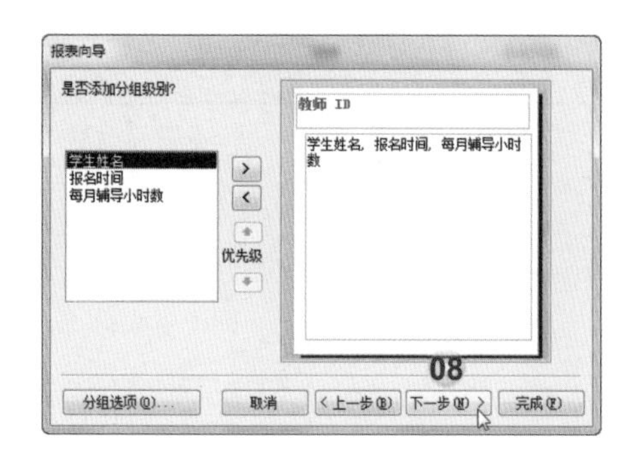

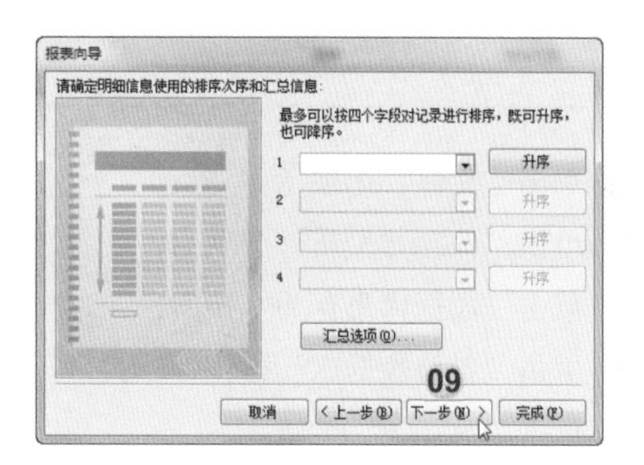

10 在“请确定报表的布局方式”对话框中接受所有其他的默认设置，单击“下一步”按钮；

11 在“请为报表指定标题”文本框中输入“学生报表”；

12 单击“完成”按钮，完成该报表；

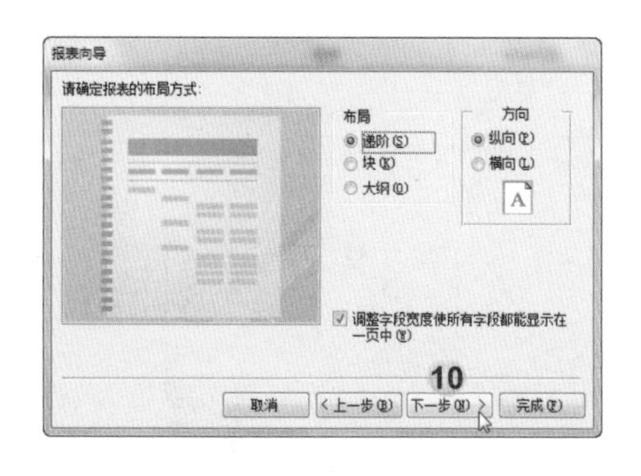

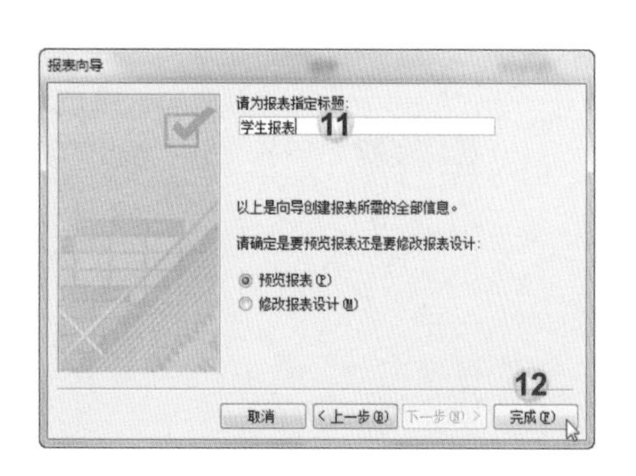

13 单击“保存”按钮，保存该报表。

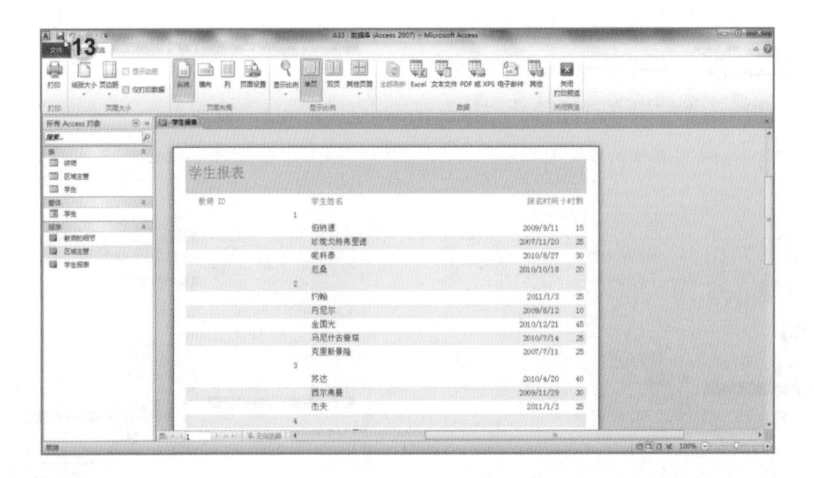

题目34

将数据库备份到“文档”文件夹，并使用文件名“备份”。（注意：接受所有其他的默认设置）

打开练习文档（Access练习题组/A34.accdb）。

解法

01 单击“文件”选项卡；

02 单击“保存并发布”选项卡；

03 单击“数据库另存为”按钮；

04 单击“备份数据库”按钮；

05 单击“另存为”按钮；

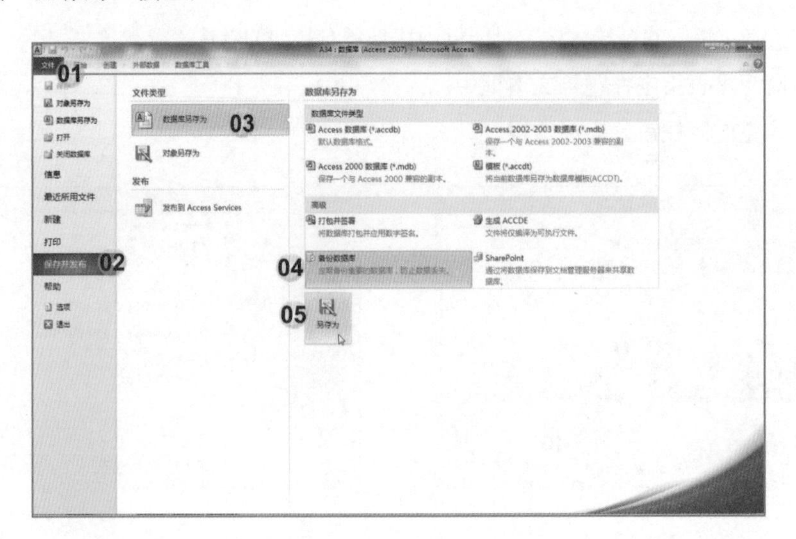

06 在“另存为”对话框的“保存位置”处选择“文档”文件夹；

07 在“文件名”文本框中输入“备份”；

08 单击“保存”按钮，完成数据库的备份。

第五章

Outlook 2010

Outlook 2010认证题组共38题，包括“管理Outlook环境”、“创建项目内容并设置其格式”、“管理电子邮件”、“管理联系人”、“管理日历对象”及“使用任务、便笺和日记条目”六项技能，满分1 000分，及格所需分数为700分。

题号	模拟题目	类别	页码
1	设置选项，在“纯文本”格式中撰写邮件	管理 Outlook 环境	207
2	使用“Test Delivery Printer 2010”打印机，以“周历样式”打印目前月份的“日历”。将文件命名为“周”，保存在“文档”文件夹中	管理 Outlook 环境	208
3	删除“导航窗格”上的“快捷方式”按钮	管理 Outlook 环境	209
4	将预定下周四举行的日历项目“周会”标示为“重要性 - 高”	管理 Outlook 环境	210
5	建立一个全新搜索文件夹，使其包含与“余伟”的所有往来邮件	管理 Outlook 环境	211
6	新建电子邮件寄给“张静宜”，信中需附加“MOS-2010.docx”，该文件位于“我的文档”文件夹中。在“主题”行中输入“认证信息”，并在邮件正文中输入“请立即发布”。发送邮件	创建项目内容并设置其格式	212
7	将草稿文件夹的邮件“国际认证”更改为“纯文本”。保存草稿，不要发送	创建项目内容并设置其格式	214
8	在“草稿”文件夹的邮件“MOS 考点”中，将文字“劲园信息科技（成都）有限公司”新建超链接至 www.jyic.net.cn。保存草稿，不要发送	创建项目内容并设置其格式	215
9	在“草稿”文件夹的邮件“劲园国际”中插入“GOOD.jpg”图片，这个文件位于“图片”文件夹中。保存草稿，不要发送	创建项目内容并设置其格式	217
10	将“草稿”文件夹的邮件“地图”中正文的第 2 句，套用“明显强调”样式。保存草稿，不要发送	创建项目内容并设置其格式	218
11	向联系人组“认证团队”发送电子邮件，各项字段请设置如下： “主题”栏填入培训 在邮件正文中填入自费参加? 在电子邮件中设置“是；否”投票选项。 发送电子邮件	创建项目内容并设置其格式	219
12	发送电子邮件给“张静宜”使用以下设置： “主题”行填入协调会议 在邮件正文填入国际会议厅 将设置文本格式更改为“RTF”，然后发送邮件	创建项目内容并设置其格式	221
13	更新“草稿”文件夹的邮件“新考试价格”，寄给“特里”、艾米与布莱恩。同时将邮件副本寄给吉姆，但不要让其他人知道“吉姆”已经收到邮件的副本。发送邮件	创建项目内容并设置其格式	223

题号	模拟题目	类别	页码
14	将任务“美术课”附加至“草稿”文件夹的邮件“课程”中。发送邮件	创建项目内容并设置其格式	225
15	将 test@mos.com 添加至“安全的发件人”列表	管理电子邮件	226
16	设置选项，将经过清理的项目移至“清理”文件夹中	管理电子邮件	227
17	更改“垃圾邮件”设置，筛选后仅接收“仅安全的列表”内的邮件	管理电子邮件	229
18	仅向“草稿”文件夹的邮件“地图”添加“个人”签名。发送该邮件	管理电子邮件	230
19	将“新邮件”、“答复”与“转发”套用的预设签名更改为“大师”签名	管理电子邮件	231
20	建立一个规则，将“叶佳敏”是唯一收件人的所有邮件移到“个人”文件夹中	管理电子邮件	233
21	建立一个规则：当收到来自“张静宜”的邮件时，播放“ding.wav/ 叮咚 .wav”文件，该文件位于“媒体”文件夹中	管理电子邮件	235
22	删除“宣传活动”规则	管理电子邮件	238
23	忽略主题为“会议”的会话	管理电子邮件	239
24	将 Wu Terry 新建为新联系人，并有下列联系信息： “职称”：认证讲师 “单位”：ChengTai “电子邮件”：WTerry@chengtai.com	管理联系人	240
25	将 www.chengtai.com 网站新建至“麦克尔”的联系信息中	管理联系人	241
26	将“张静宜”从“认证团队”“联系人组”中删除，并将“叶欣语”(cheeryye @chengtai.com) 新建至组，作为“新建电子邮件联系人”。保存并关闭组(注意：接受其他所有的预设设置)	管理联系人	242
27	将“艾米”的联系信息转发给“福比”，作为“Outlook 联系人”。在邮件正文中输入“技术伙伴”	管理联系人	244
28	将安排下周五举行的“下月的开课计划”会议转发至“认证团队”联系人组。	管理联系人	245

题号	模拟题目	类别	页码
29	使用“用电子邮件答复所有人”功能，联系出席下周一“会议”的与会者。在邮件正文中输入“请务必参加会议”，然后发送邮件	管理日历对象	247
30	更改预定下周二举行的“排课”会议设置，在会议举行前一日提醒所有与会者。发送会议更新	管理日历对象	248
31	取消下周三举行的“培训”会议。在邮件正文中输入“讲师出国延期”，然后发送取消通知。	管理日历对象	249
32	使用“Test Delivery Printer 2010”打印机打印下周六举行的“招生”会议。将文件命名为“详细信息 .xps”，储存在“文档”文件夹中。	管理日历对象	251
33	更改“日历”，将“任务时间”显示为凌晨 2:00(2:00) 至上午 10:00(10:00)。	管理日历对象	252
34	在日历中添加第 2 个时区，显示仰光的时间“GMT+06:30 仰光”。将第 2 时区的标签命名为“仰光”。	管理日历对象	253
35	使用主题“通知讲师”创建任务。将任务标示为“私密”与优先级 - 高。保存并关闭任务	使用任务、便笺和日记条目	254
36	将“做报告”任务分配给“张静宜”，并标示为“优先级 - 高”。发送任务	使用任务、便笺和日记条目	255
37	建立类型为“电话呼叫”的“日记条目”，包括以下项目： “单位”：ChengTai 承泰信息 “持续时间”：30 分钟 “主题”：预订	使用任务、便笺和日记条目	257
38	建立便笺，内容为发送提醒。关闭便笺	使用任务、便笺和日记条目	258

练习前准备任务：

由于Outlook 2010认证不同于其他认证项目采用文件操作的形式，而是以记录Outlook 2010的各项操作过程为主，而且为了避免影响个人现行运作的Outlook数据，建议以光盘中所附的配置文件（MOS练习.pst），模拟特定身份，先行配置模拟环境进行练习，配置流程如下：

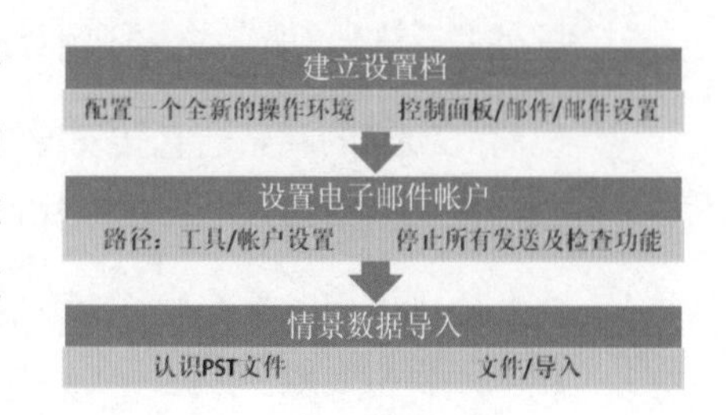

Outlook 2010

由于附档的建档日期为2012年9月3日，使用Outlook 2010在新建约会或分配任务时，不可能建立一个已逾时的约会或任务，所以建议先行将系统的日期调整回到2012年9月3日。

1．双击“控制面板”窗口中的“邮件”图标，开启“邮件设置—Outlook”对话框，单击“显示设置文件”按钮。

2．单击“显示设置文件”按钮，在“邮件”对话框中单击“添加”按钮，建立新配置文件名称（以“MOS练习”为例），单击“确定”按钮。

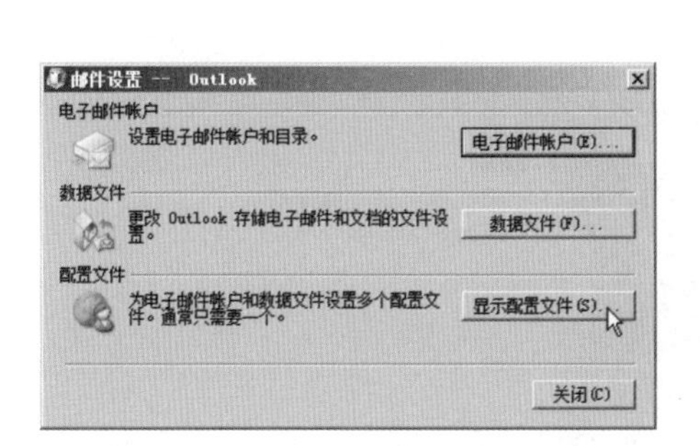

3．在“添加新账户”对话框中进行以下设置：

（1）选择“电子邮件账户”，再单击“下一步”按钮；

（2）选择“手动配置服务器设置或其他服务器类型”，再单击“下一步”按钮；

（3）选择“Internet电子邮件”，单击“下一步”按钮；

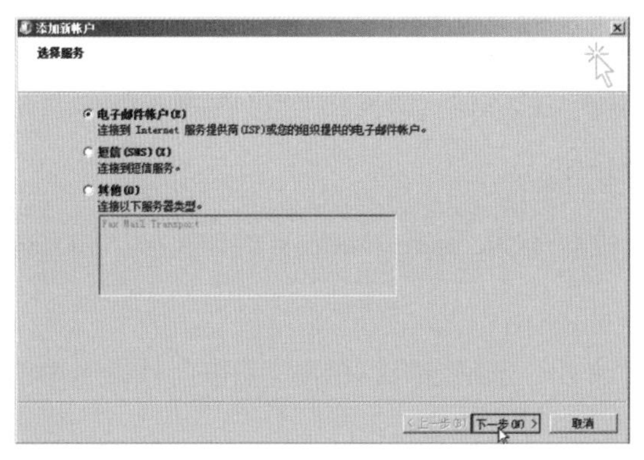

4．在“Internet电子邮件设置”中设置以下特定角色：

（1）“用户信息”中名称为“test”；电子邮件地址为“test@mos.com”；

（2）“服务器信息”中“接收邮件服务器”及“发送邮件服务器”皆设为“test.mos.com”；

（3）取消勾选“单击下一步按钮测试账户设置”复选框；

（4）单击“下一步”按钮；

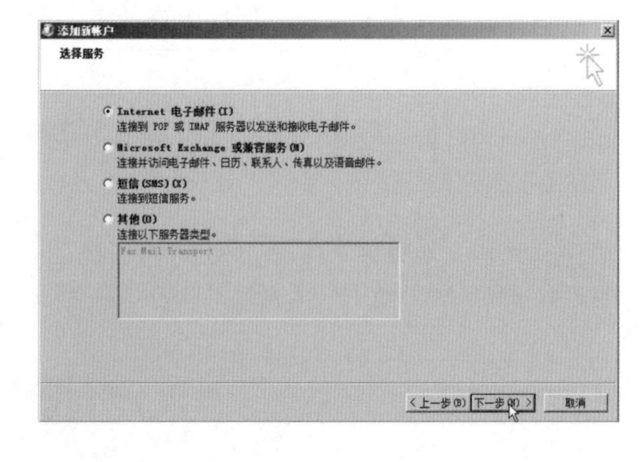

5．单击“完成”按钮关闭“添加新账户”对话框。

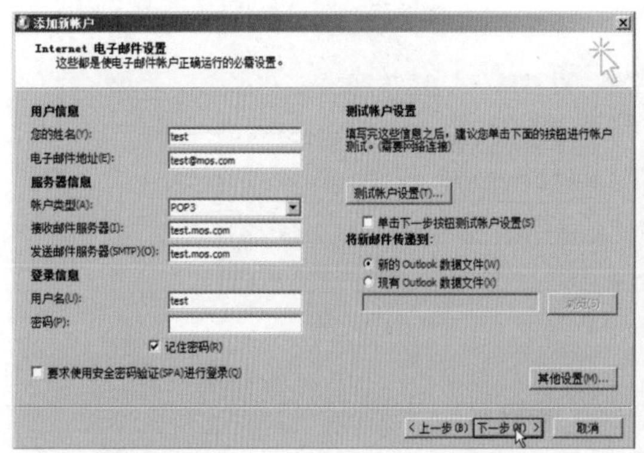

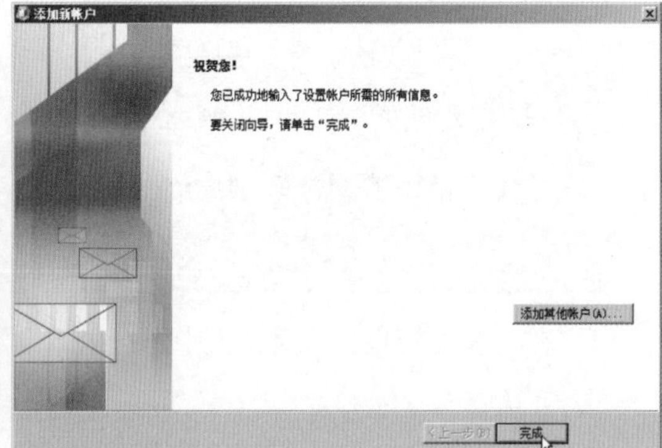

NOTE

由于Outlook日历中的约会或会议的开启或更改，必须是该约会或会议的召集人，所以练习前必须设置为特定角色，以便后续导入练习所使用的个人资料。

6．在“启动Microsoft Outlook时使用此配置文件”处选择“提示要使用的配置文件”。

7．单击“确定”按钮完成“邮件”对话框的设置。

8．避免练习时Outlook会实时发送邮件，可以启动Microsoft Outlook 2010选择“MOS练习”配置文件后，单击“确定”按钮。

9．开启Microsoft Outlook 2010后，单击“文件”选项卡，再单击“打开”选项卡中的“导入”。

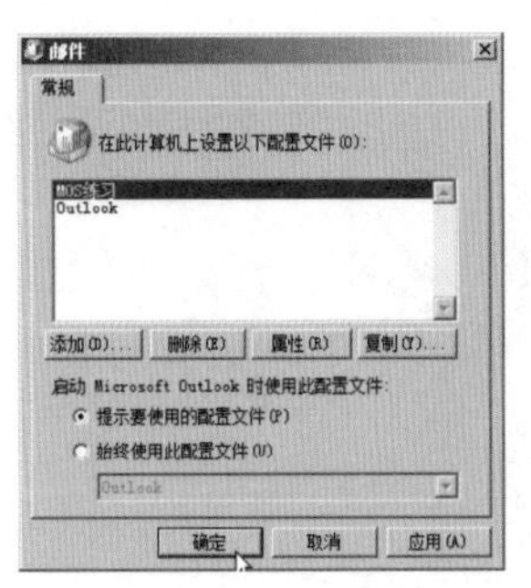

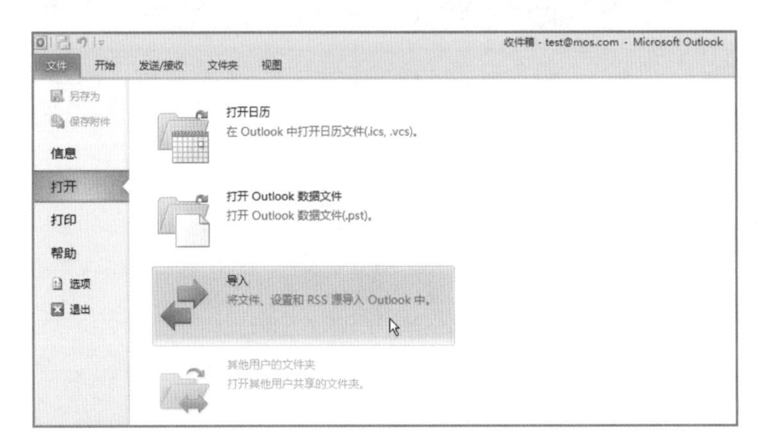

10．在开启的“导入和导出向导”对话框中依序设置：

（1）“请选择要执行的操作”为“从另一程序或文件导入”；

（2）导入的文件类型为“Outlook数据文件(.pst)”；

（3）导入的文件为“MOS练习.pst”；

（4）单击“下一步”按钮；

（5）最后，单击“完成”按钮。

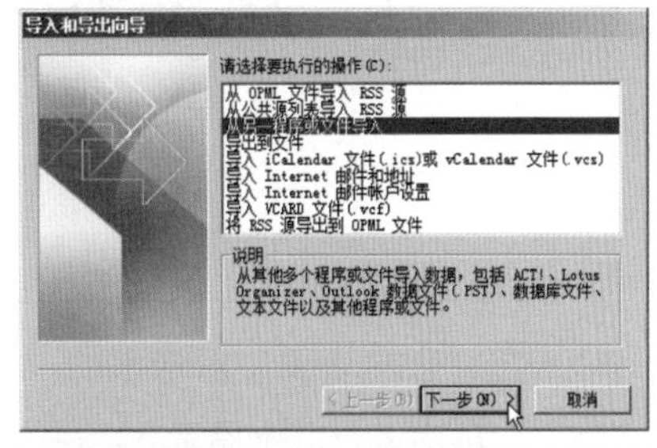

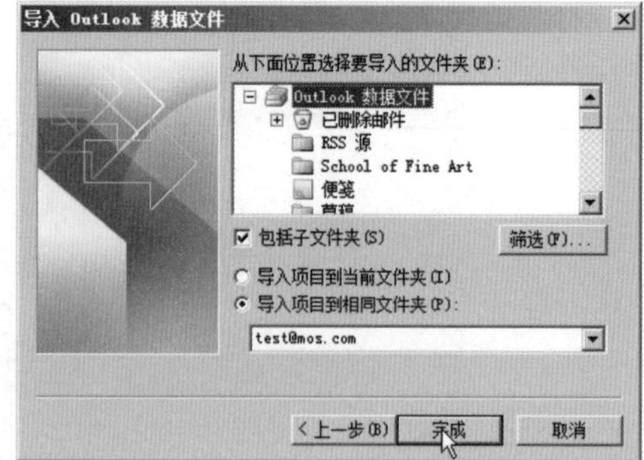

11．单击“文件”选项卡，再单击“信息”选项卡中“账户设置”下拉列表中的“账户设置”，弹出“账户设置”对话框。

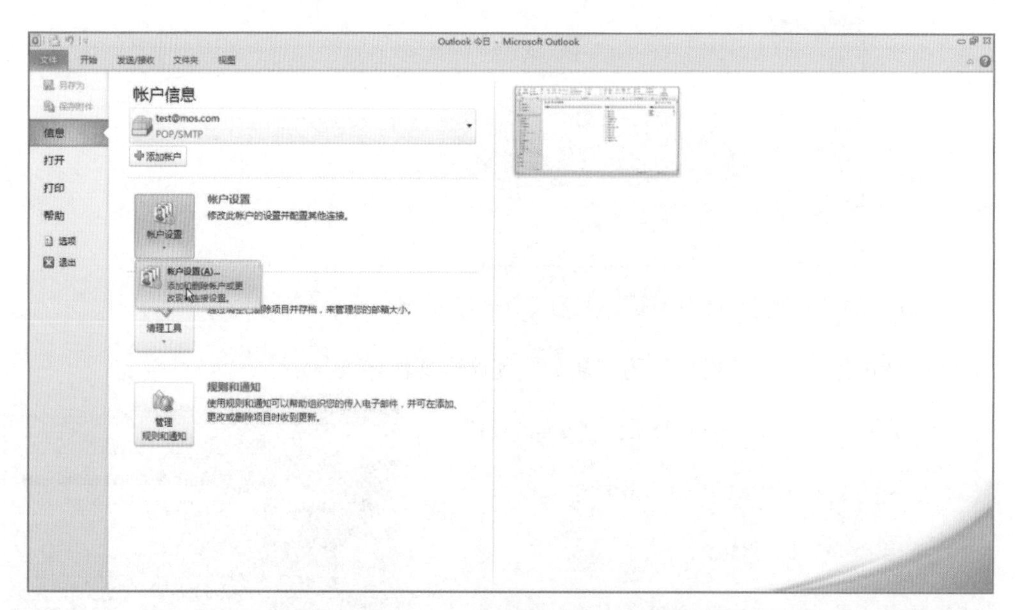

12．在“账户设置”对话框的“数据文件”选项中进行以下设置：

（1）单击“设置”按钮，弹出“Outlook数据文件”对话框；

（2）更改“名称”为“叶佳敏”；

（3）单击“确定”按钮，关闭“Outlook数据文件”对话框；

（4）单击“关闭”按钮，关闭“账户设置”对话框。

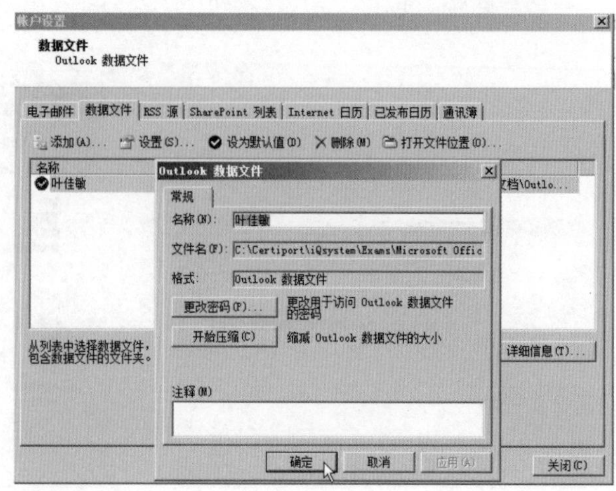

另外，必须附带的说明，在Outlook 2010中要成立一个会议，就要有人先提出开会的主题，而这个人可能是提案单位或是主导者。而在 Outlook 2010 中，这样的身份就是“召集人”，而“您”就是担任这个“召集者”的身份。

由仿真系统所提供的PST数据中，其建立者势必为“召集者”本人，因此其他人在使用练习时，皆无法对已建立的会议进行主导式的更新。所以必须请读者依步骤建立特定用户信息，方能顺利进行练习。

练习完毕后，可删除配置文件，快速清除所有练习数据，但务必重新调整系统日期，以免影响现行Outlook 2010的运作。

题目1

设置选项，在“纯文本”格式中撰写邮件。

解法

01 单击“文件”选项卡；

02 单击“选项”选项卡，弹出“Outlook选项”对话框。

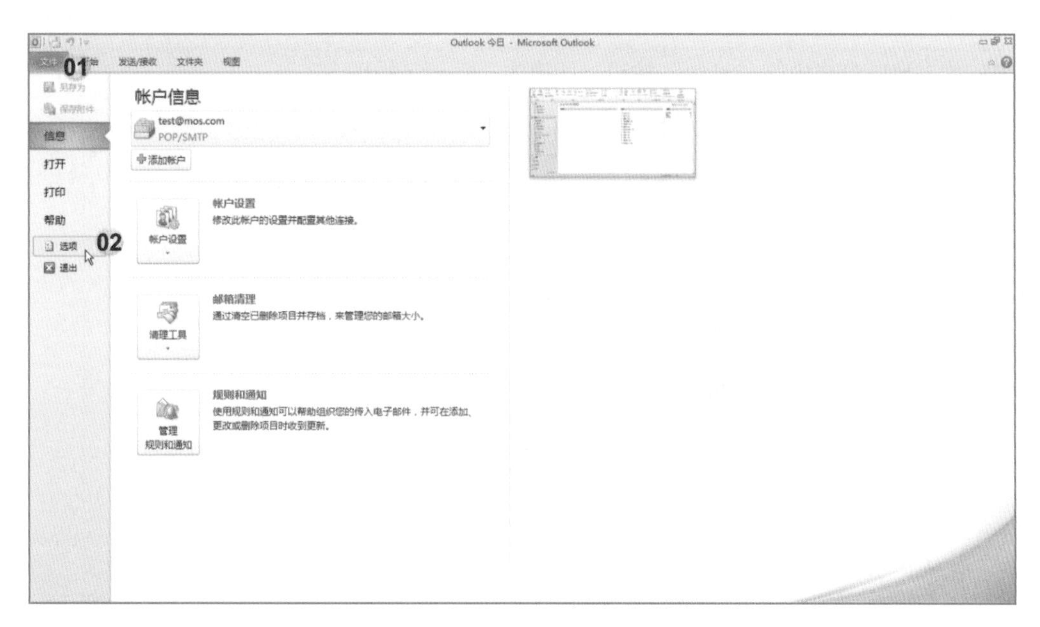

03 单击“Outlook选项”对话框中的“邮件”选项卡；

04 在“使用此格式撰写邮件”下拉列表中选择“纯文本”。

05 单击“确定”按钮关闭对话框。

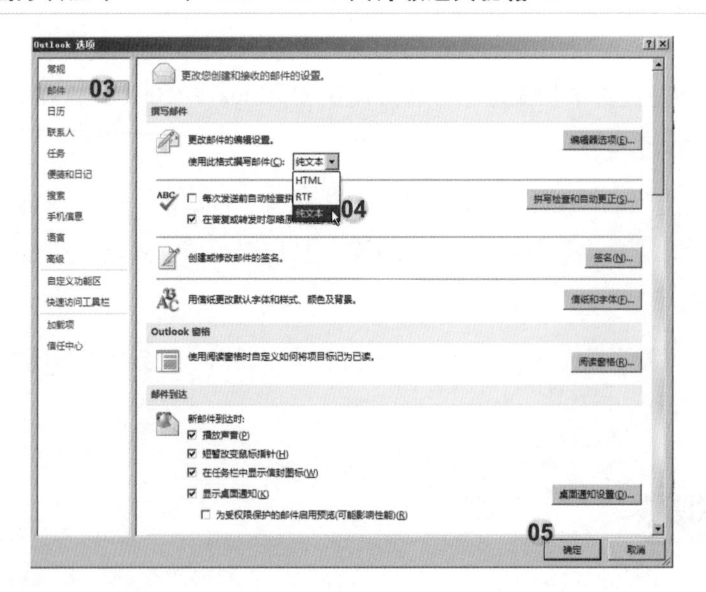

题目2

使用“Test Delivery Printer 2010”打印机以“周历样式”打印目前月份的“日历”。将文件命名为“周”，保存在“文档”文件夹中。

解法

01 单击导航窗格中的“日历”按钮，切换为“日历”视图。

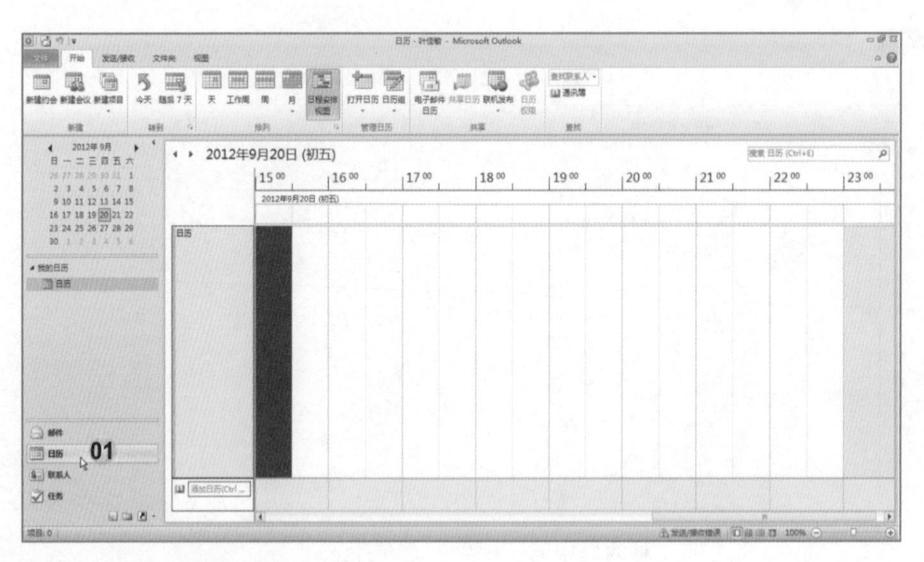

02 单击“文件”选项卡；

03 单击“打印”选项卡：

04 选择打印机为“Test Delivery Printer 2010”；

05 在“设置”组中选择“周历样式”；

06 单击“打印”按钮，弹出“文件另存为”对话框；

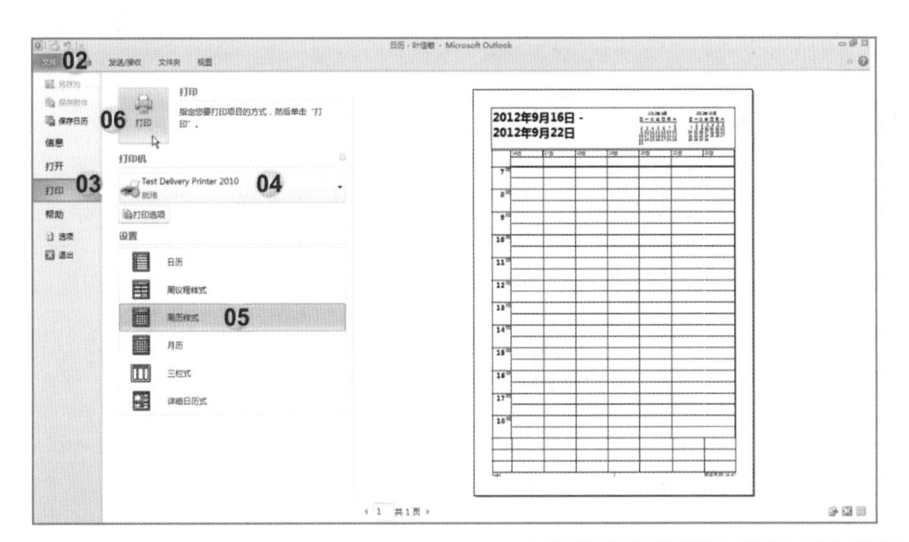

07 在“文件另存为”对话框的“保存位置”选择“文档”文件夹；

08 设置“文件名”为“周”；

09 单击“保存”按钮。

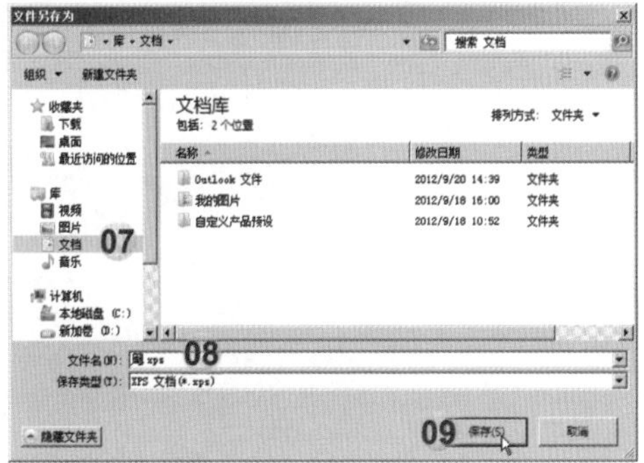

题目3

删除“导航窗格”上的“快捷方式”按钮。

解法

01 单击“视图”选项卡；

02 单击“布局”组中的“导航窗格”下拉按钮；

03 选择“选项”，弹出“导航窗格选项”对话框；

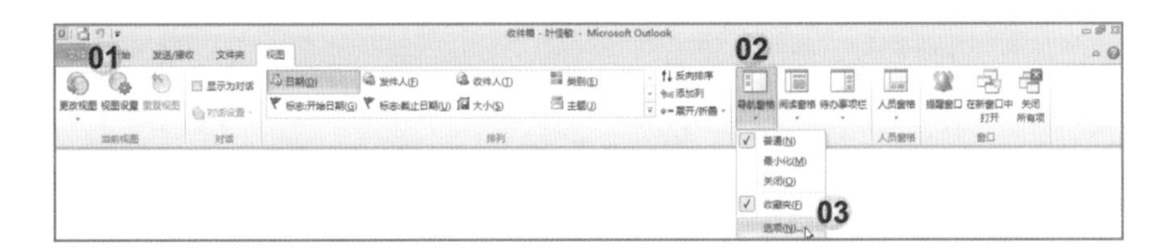

04 在“导航窗格选项”对话框中取消勾选“快捷方式”复选框；

05 单击“确定”按钮关闭对话框。

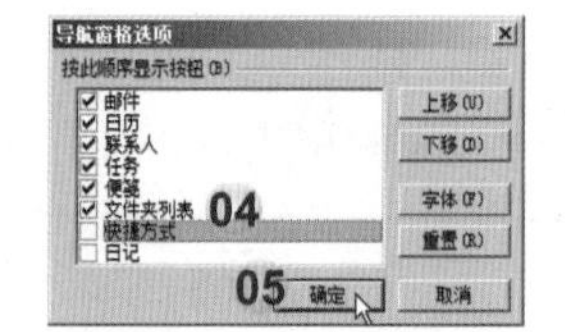

题目4

将预定下周四举行的日历项目“周会”标示为“重要性-高”。

解法

01 单击导航窗格中的“日历”按钮，切换“日历”视图。

02 单击“开始”选项卡；

03 单击“排列”组中的“月”按钮，显示当月日历。

04 双击周四举行的“周会”日历项目，开启“会议”窗口；

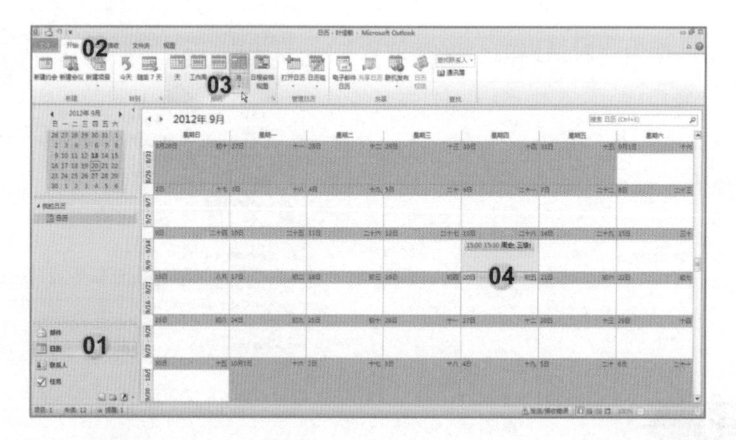

05 单击“会议”选项卡；

06 单击“标记”组中的“重要性-高”按钮。

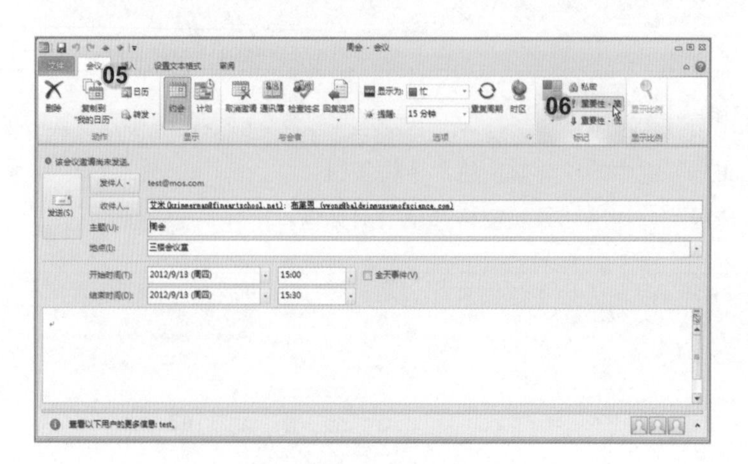

Outlook 2010

建立一个全新搜索文件夹，使其包含与“余伟”的所有往来邮件。

解法

01 单击导航窗格中的“邮件”按钮，切换为“邮件”视图。

02 右击“搜索文件夹”按钮，在弹出的快捷菜单中选择“新建搜索文件夹”命令，弹出“新建搜索文件夹”对话框。

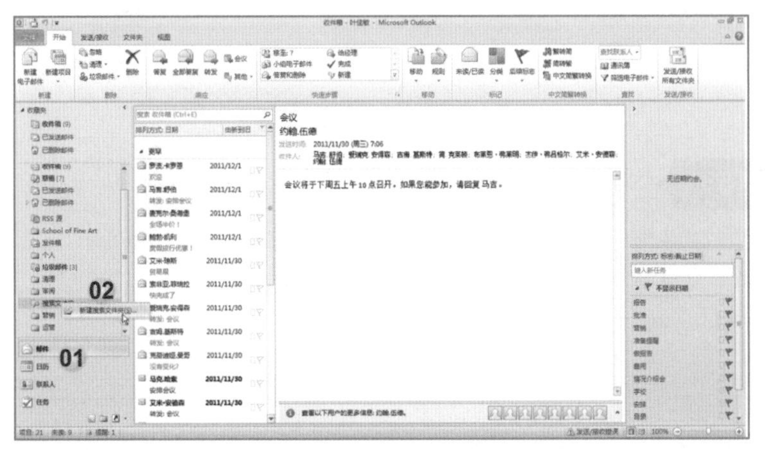

03 在“新建搜索文件夹”对话框中选择“来自或发送给特定人员的邮件”；

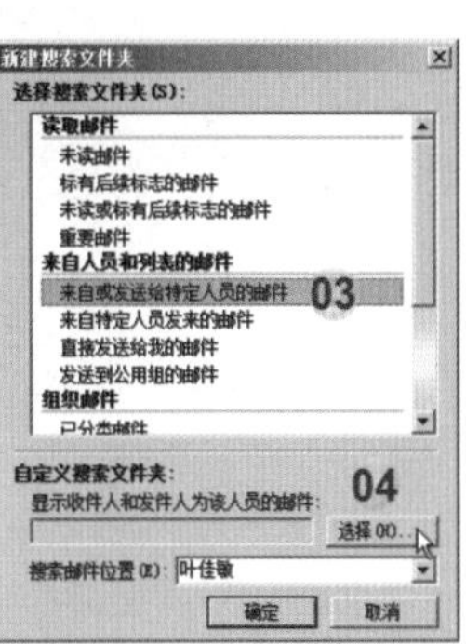

04 单击“显示收件人和发件人为该人员的邮件”的“选择”按钮；

05 在“选择姓名：联系人”对话框中，选择联系人“余伟”；

06 先单击“发件人或收件人”按钮，将“余伟”添加到“发件人或收件人”；

07 再单击“确定”按钮关闭“选择姓名：联系人”对话框；

08 单击“确定”按钮关闭“新建搜索文件夹”对话框，完成新建“余伟”往来邮件的搜索文件夹。

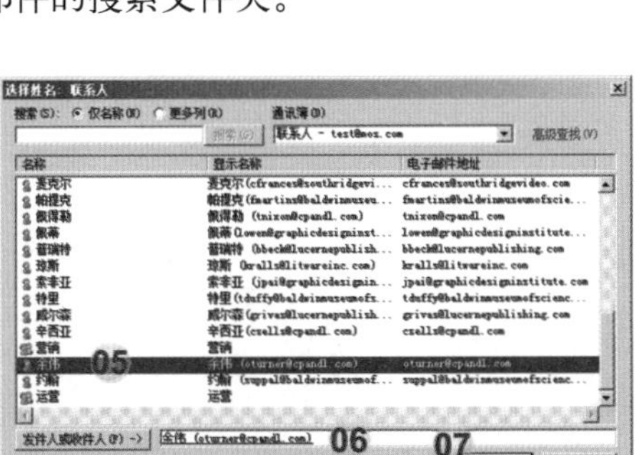

完成后效果如下图所示。

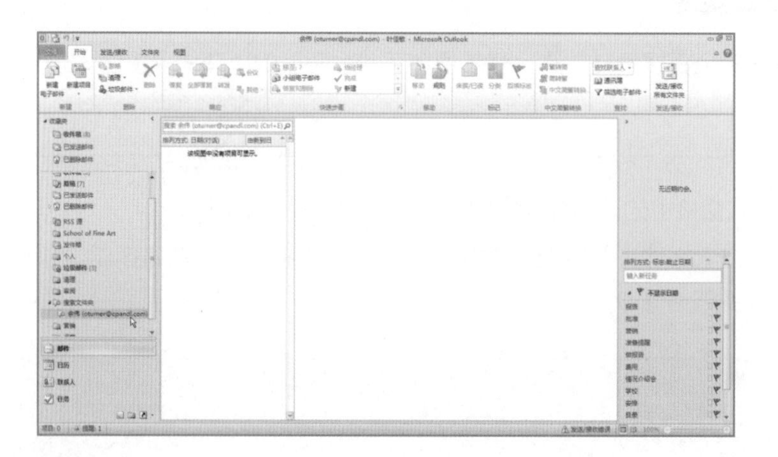

题目6

新建电子邮件寄给“张静宜”，信中需附加“MOS-2010.docx”，该文件位于“我的文档”文件夹中。在“主题”行中输入“认证信息”，并在邮件正文中输入“请立即发布”。发送邮件。

解法

01 单击导航窗格中的“邮件”按钮，切换为“邮件”视图；

02 单击“开始”选项卡；

03 单击“新建”组中的“新建电子邮件”按钮；

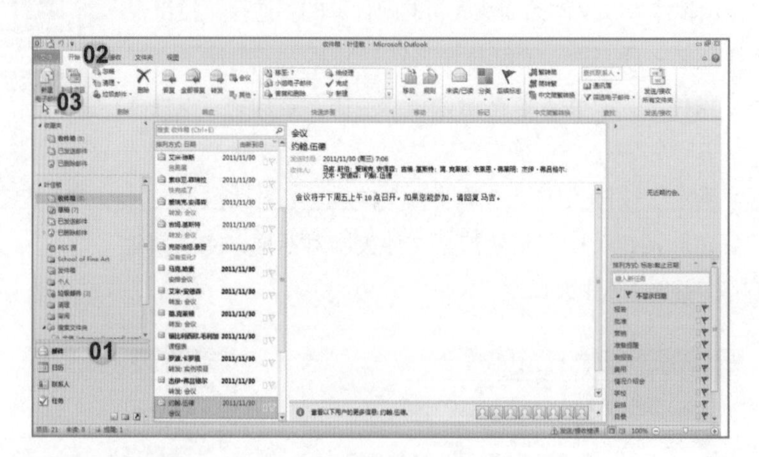

04 在未命名的新邮件中单击“收件人”按钮；

05 由“选择姓名：联系人”对话框中选择联系人“张静宜”；

06 单击“收件人”按钮，设为收件人；

07 单击“确定”按钮，关闭“选择姓名：联系人”对话框；

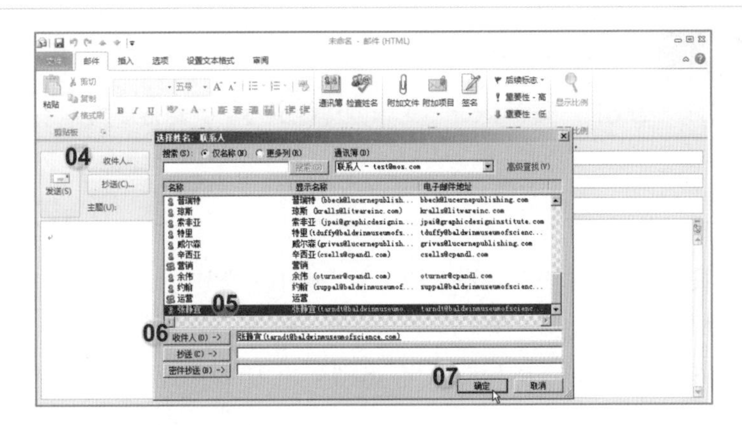

08 在“主题”文本框中输入“认证信息”；

09 在正文中输入“请立即发布”；

10 单击“邮件”选项卡“新建”组中的“附加文件”按钮；

11 在“插入文件”对话框中选择“MOS-2010.docx”文件；

12 单击“插入”按钮，完成插入附件文件的操作；

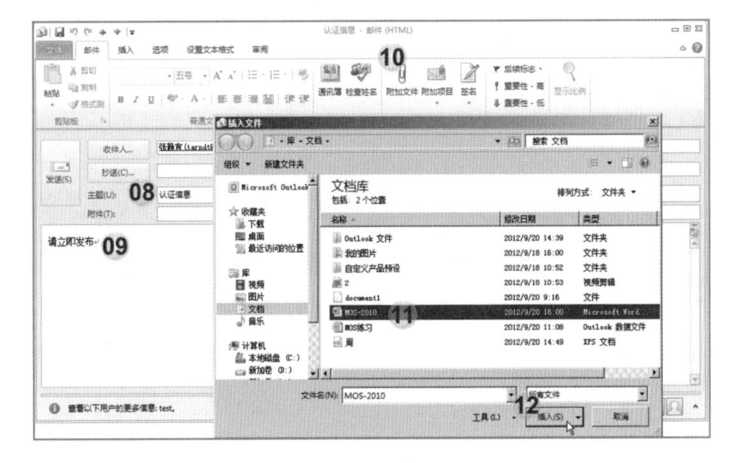

13 单击“发送”按钮发送邮件。

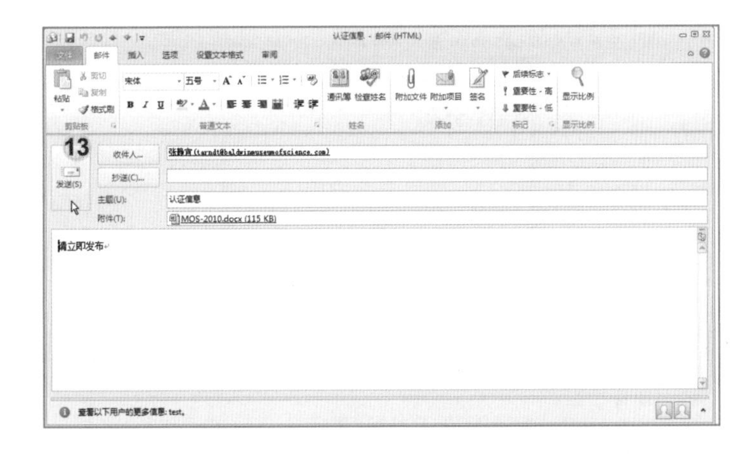

题目7

将草稿文件夹的邮件“国际认证”更改为“纯文本”。保存草稿，不要发送。

解法

01 单击导航窗格中的“邮件”按钮，切换为“邮件”视图。

02 选择“草稿”文件夹；

03 双击主题为“国际认证”的邮件，开启邮件；

04 在开启的“国际认证”邮件中单击“设置文本格式”选项卡；

05 单击“格式”组中的“纯文本”按钮；

06 在“Microsoft Outlook兼容性检查器”对话框中单击“继续”按钮将格式化文本转换为纯文本。

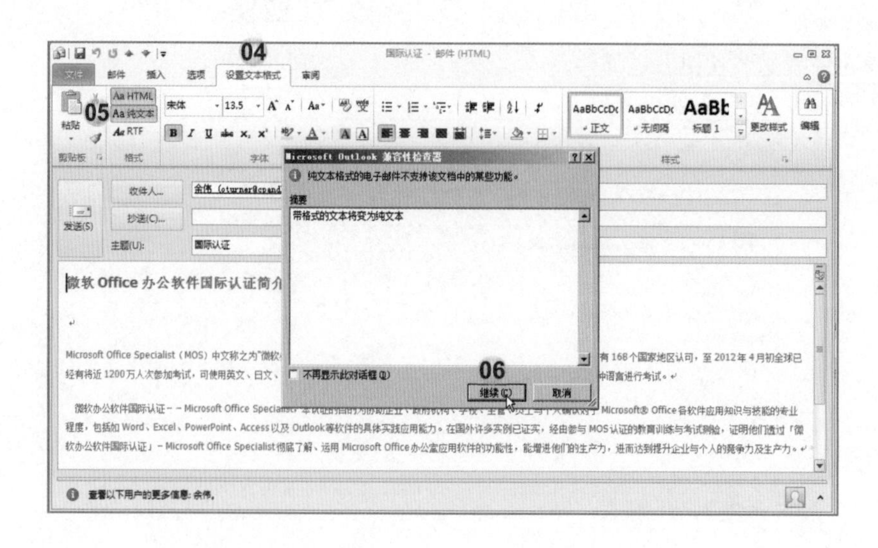

07 单击“保存”按钮。完成后效果如下图所示。

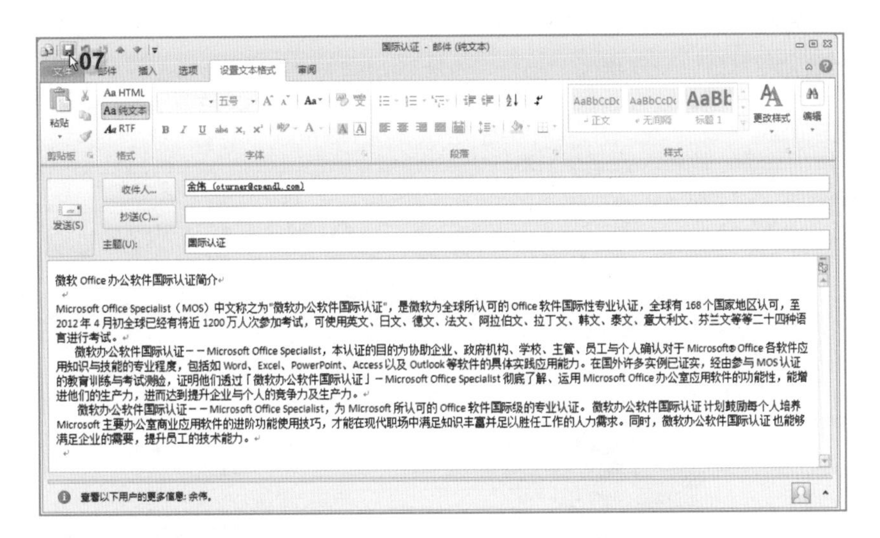

题目8

在“草稿”文件夹的邮件“MOS考点”中，将文字“劲园信息科技（成都）有限公司”新建超链接至www.jyic.net.cn。保存草稿，不要发送。

解法

01 单击导航窗格中的“邮件”按钮，切换为“邮件”视图；

02 选择“草稿”文件夹；

03 双击主题为“MOS考点”的邮件，开启邮件；

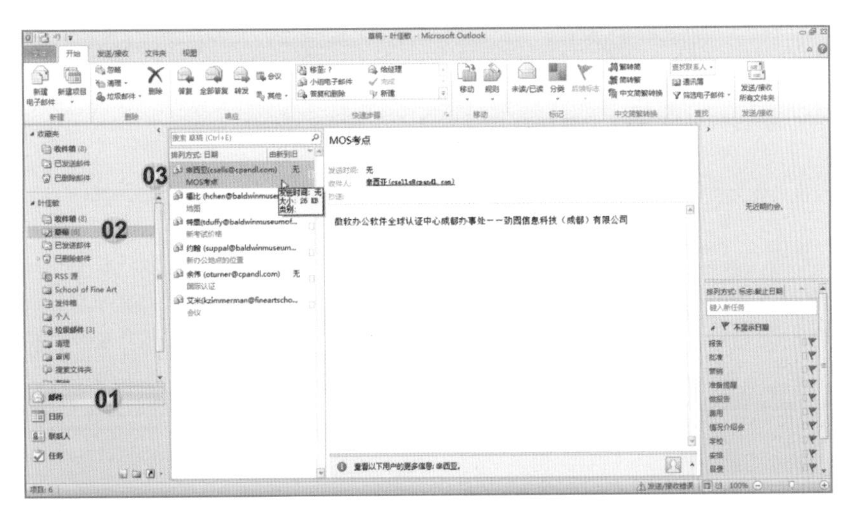

04 在开启的“MOS考点”邮件中选择文字“劲园信息科技（成都）有限公司”；

05 单击“插入”选项卡；

06 单击“链接”组中的“超链接”按钮；

07 在“插入超链接”对话框的“地址”文本框中输入“http://www.jyic.net.cn”；

08 然后单击“确定”按钮关闭对话框；

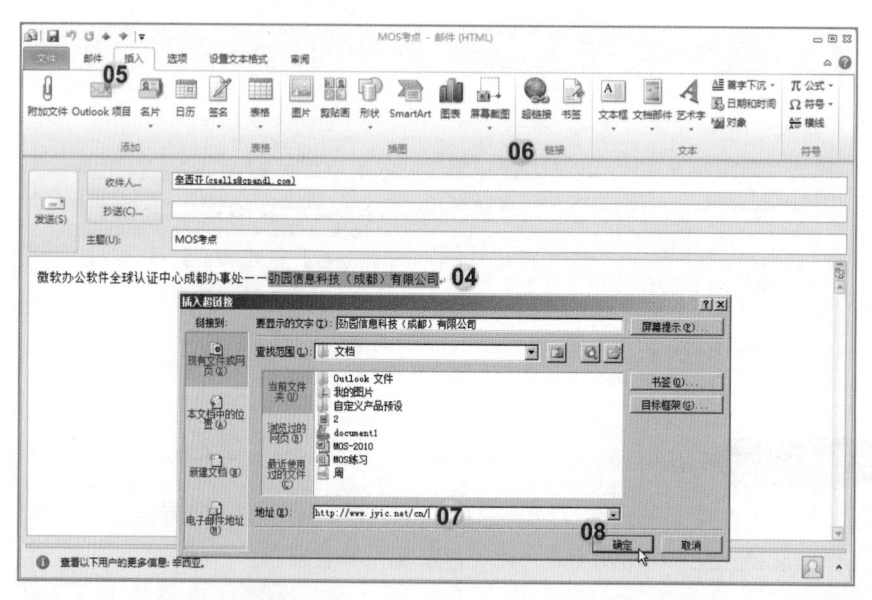

09 单击“保存”按钮保存草稿。

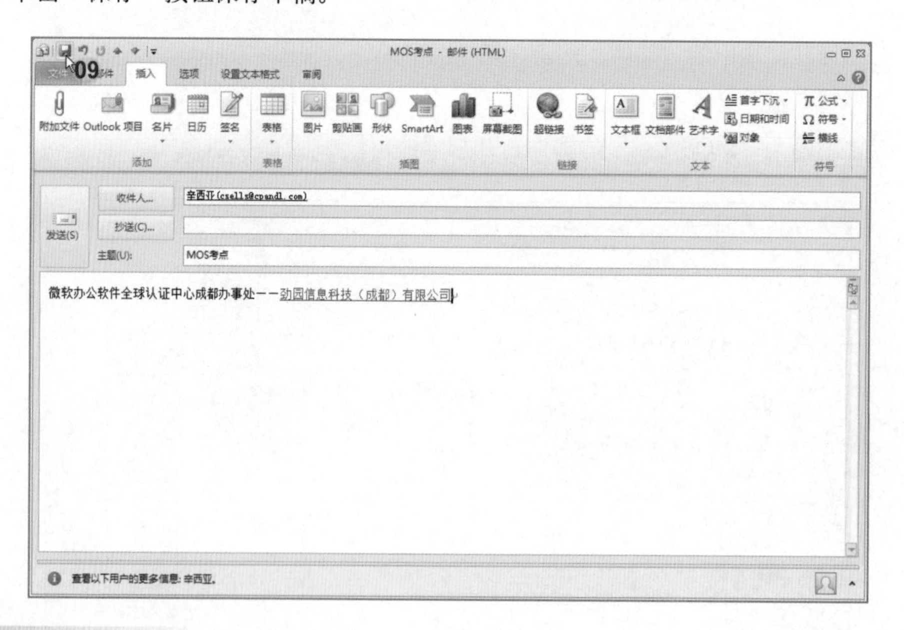

NOTE

因邮件内容要插入超链接，所以设置文本格式不可为纯文本格式。若无法执行插入超链接功能，需要设置文本格式为“HTML”或“RTF”格式。

题目9

在“草稿”文件夹的邮件“劲园国际”中插入“GOOD.jpg”图片，该文件位于“图片”文件夹中。保存草稿，不要发送。

解法

01 单击导航窗格中“邮件”钮，切换为“邮件”视图；

02 选择“草稿”文件夹；

03 双击主题为“劲园国际”的邮件，开启该邮件；

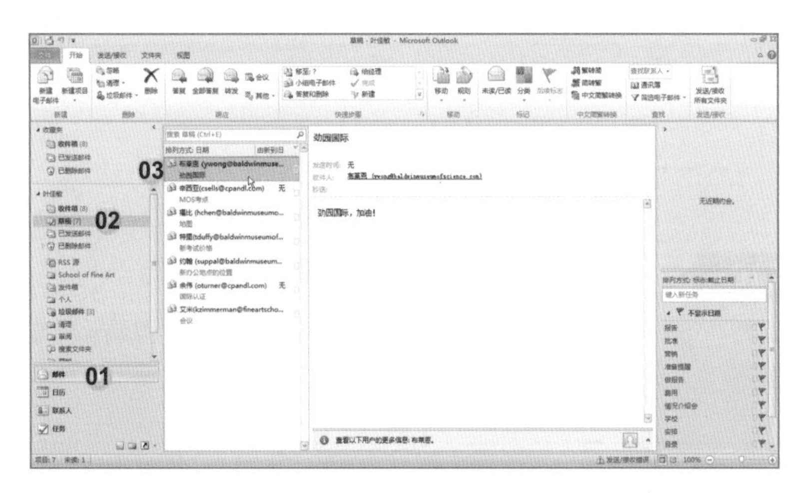

04 在开启的“劲园国际”邮件中单击“插入”选项卡；

05 单击“插图”组中的“图片”按钮；

06 在“插入图片”对话框中选择“图片”文件夹中的“GOOD.jpg”图片；

07 然后单击“插入”按钮关闭对话框。

08 单击“保存”按钮保存邮件。

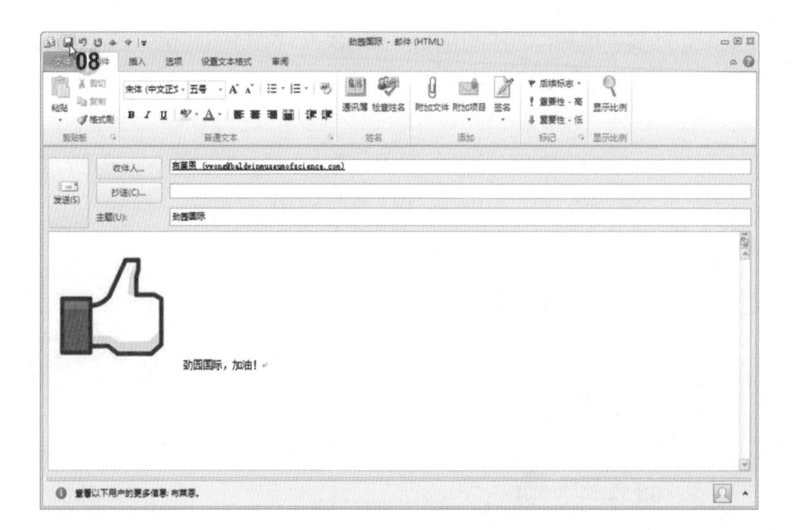

题目10

将“草稿”文件夹邮件“地图”中正文的第2句套用“明显强调”样式。保存草稿，不要发送。

解法

01 单击导航窗格中“邮件”按钮，切换为“邮件”视图；

02 选择“草稿”文件夹；

03 双击主题为“地图”的邮件，开启该邮件；

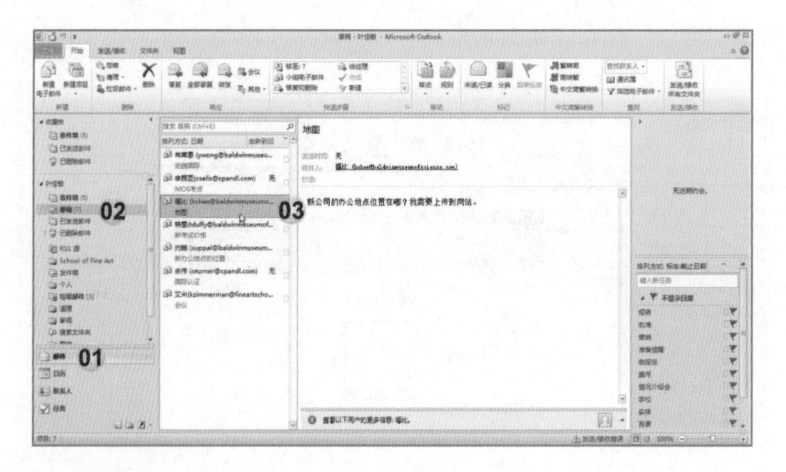

04 在开启的“地图”邮件中框选正文第二句文字；

05 单击“设置文本格式”选项卡；

06 单击“样式”功能群组中的“明显强调”样式按钮；

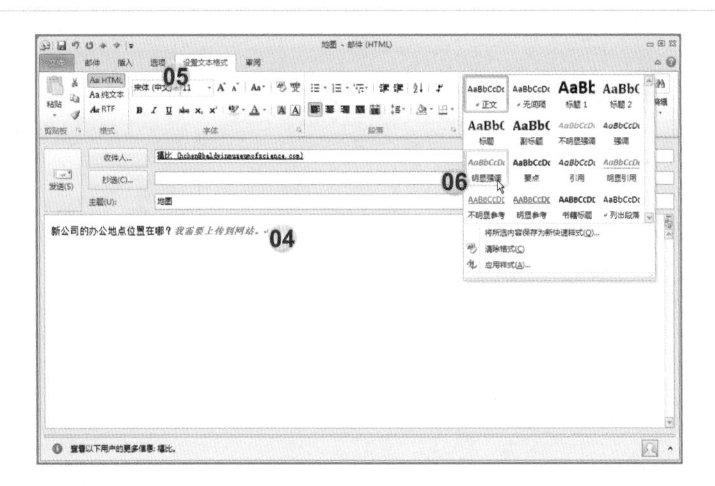

07 单击按钮保存文件。

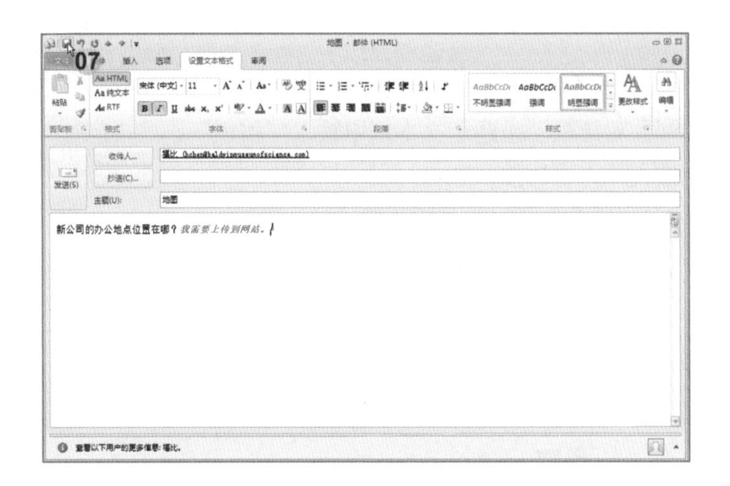

NOTE

邮件内容欲套用样式，设置文本格式不可为纯文本格式，若无法执行套用样式功能，请将设置文本格式设为“HTML”或“RTF”格式。

题目11

向联系人组“认证团队”发送电子邮件，各项字段请设置如下：

(1) “主题”栏填入“培训”。

(2) 在邮件正文中填入“自费参加？”。

(3) 在电子邮件中设置“是;否”投票选项。

(4) 发送电子邮件。

解法

01 单击导航窗格中“邮件”钮，切换为“邮件”视图；

02 单击“开始”选项卡；

03 单击“新建”组中的“新建电子邮件”按钮。

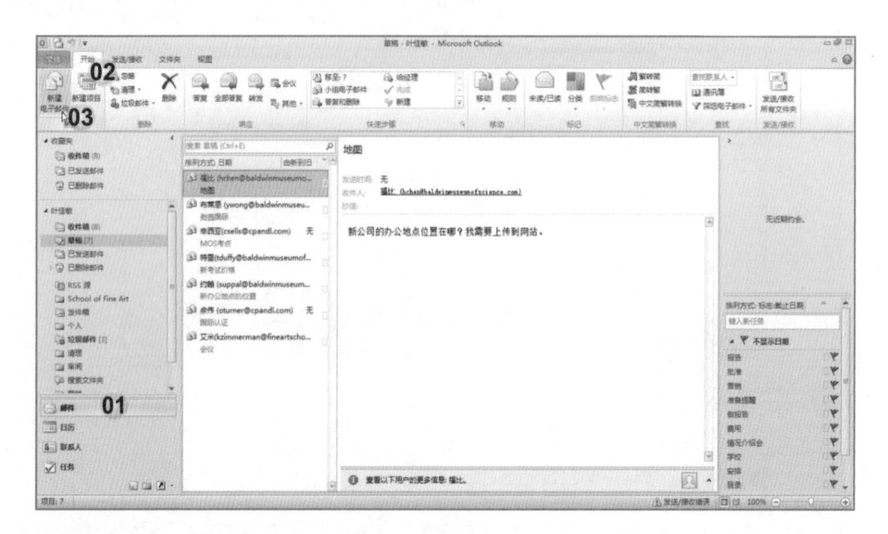

04 在开启的新邮件对话框“主题”文本框中输入“培训”；

05 邮件正文中输入“自费参加？”；

06 单击“收件人”按钮；

07 在“选择姓名：联系人”对话框中选择联系人“认证团队”；

08 单击“收件人”按钮，将其添加到收件人；

09 再单击“确定”按钮返回邮件；

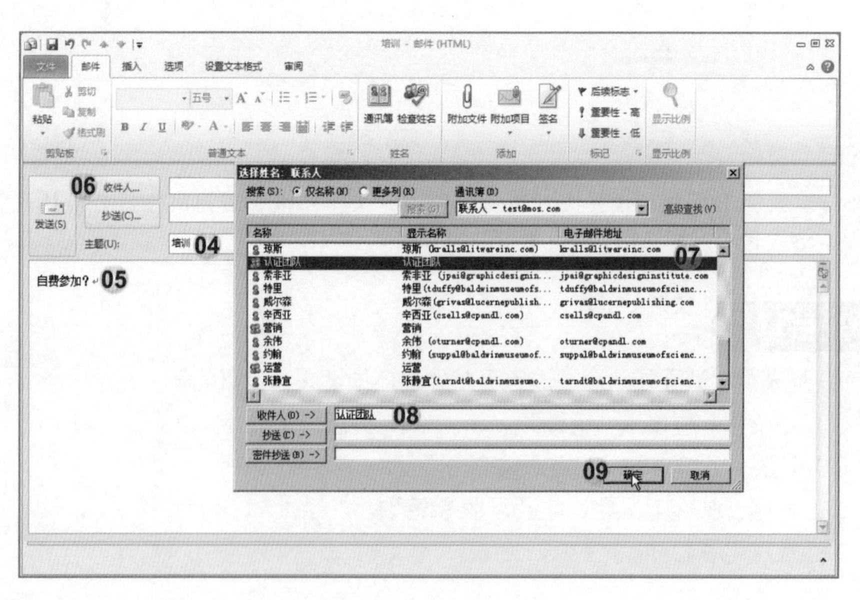

10 单击“选项”选项卡；

11 单击“跟踪”组中的“使用投票按钮”下拉按钮；

12 选择“是；否”；

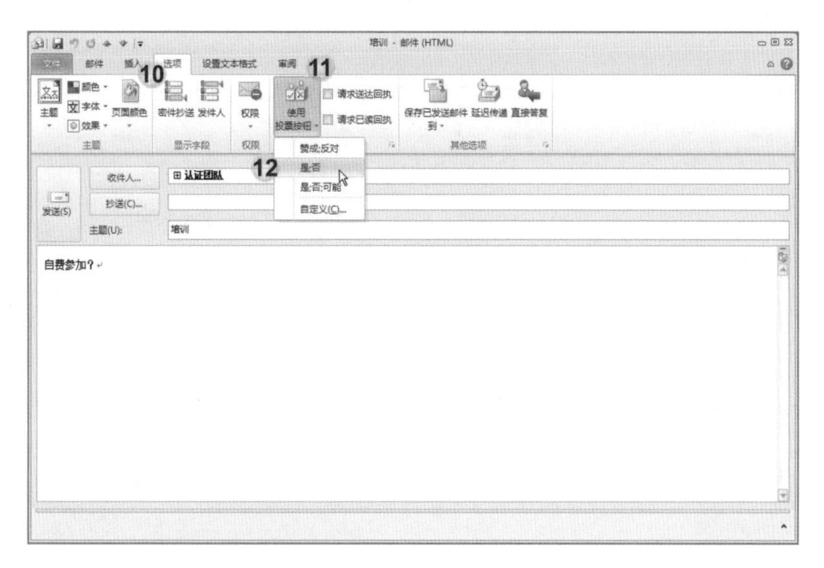

13 单击“发送”按钮发送电子邮件。

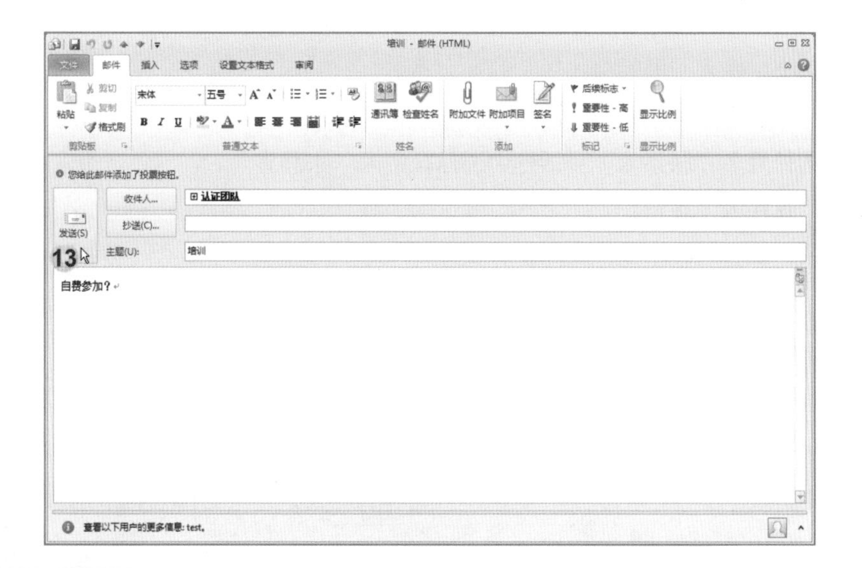

题目12

发送电子邮件给“张静宜”使用以下设置：

（1）“主题”文本框中输入“协调会议”。

（2）在邮件正文中输入“国际会议厅”。

（3）将设置文本格式更改为“RTF”，然后发送邮件。

解法

01 单击导航窗格中的“邮件”按钮，切换为“邮件”视图；

02 单击“开始”选项卡；

03 单击“新建”组中的“新建电子邮件”按钮；

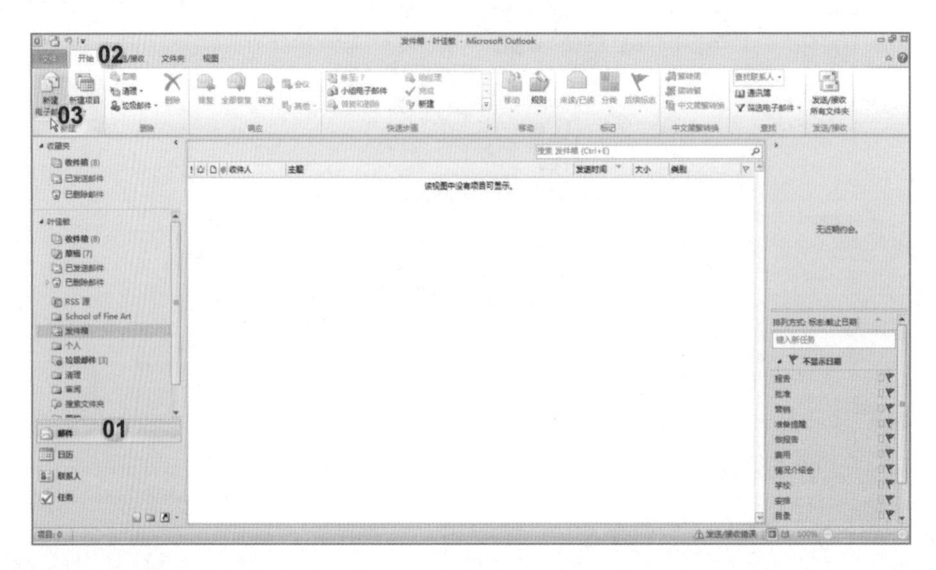

04 在开启的新邮件对话框“主题”文本框中输入“协调会议”；

05 邮件正文中输入“国际会议厅”；

06 单击“收件人”按钮；

07 在“选择姓名：联系人”对话框中选择联系人“张静宜”；

08 单击“收件人”按钮；

09 再单击“确定”按钮返回邮件窗口；

10 单击“设置文本格式”选项卡；

11 单击“格式”组中的“RTF”按钮；

12 单击“发送”按钮发送电子邮件。

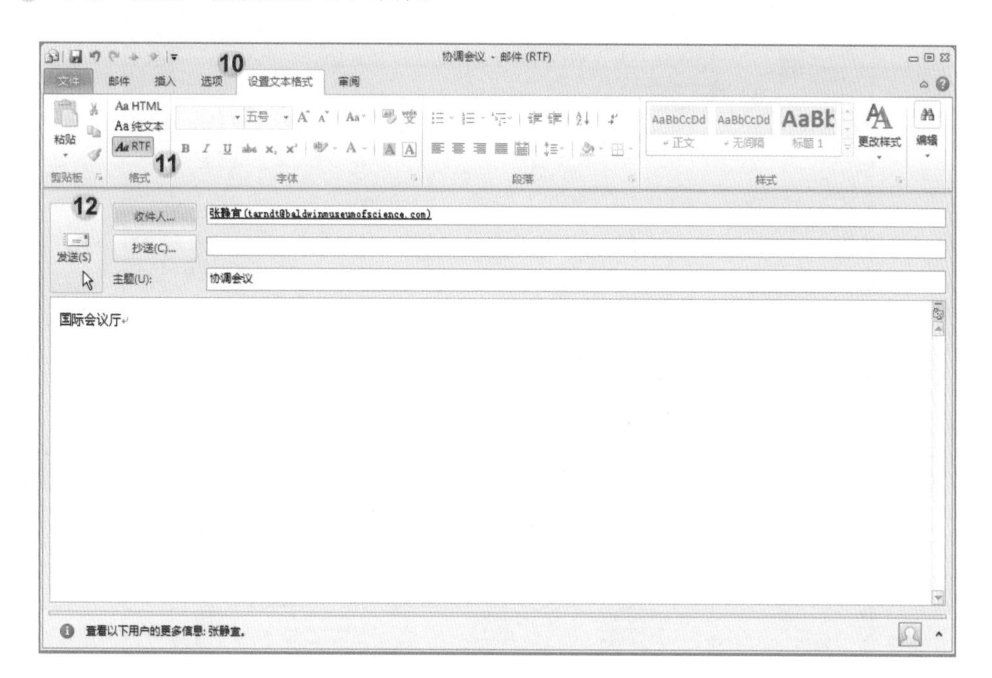

题目13

更新“草稿”文件夹中的邮件“新考试价格”，寄给特里、艾米与布莱恩。同时将邮件副本寄给“吉姆”，但不要让其他人知道“吉姆”已经收到邮件的副本。

解法

01 单击导航窗格中的“邮件”按钮，切换为“邮件”视图；

02 选择“草稿”文件夹；

03 双击主题为“新考试价格”的邮件，开启该邮件；

04 在“新考试价格”邮件中，单击“收件人”按钮，开启“选择姓名：联系人”对话框。

05 在“选择姓名：联系人”对话框中，按住【Ctrl】键分别选择联系人“特里”、“艾米”及“布莱恩”；

06 单击“收件人”按钮，将“特里”、“艾米”及“布莱恩”设置为收件人；

07 选择联系人“吉姆”；

08 单击“密件抄送”按钮，将其设置为密件抄送收件人；

09 单击“确定”按钮。

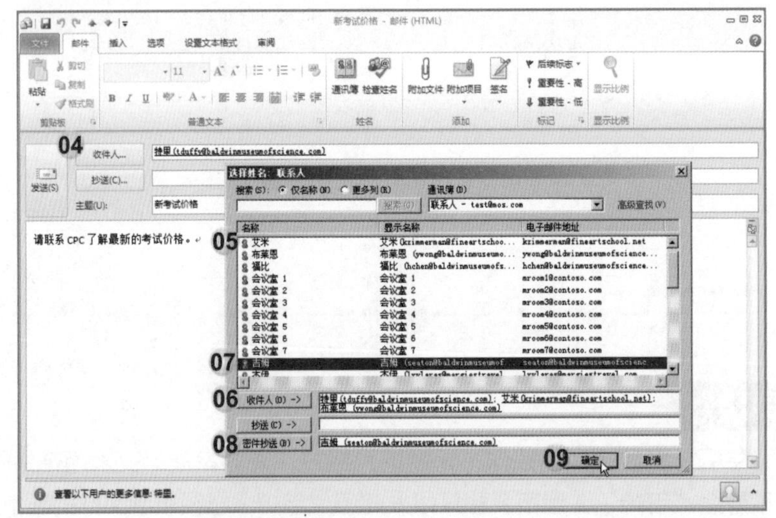

10 单击“发送”按钮发送邮件。

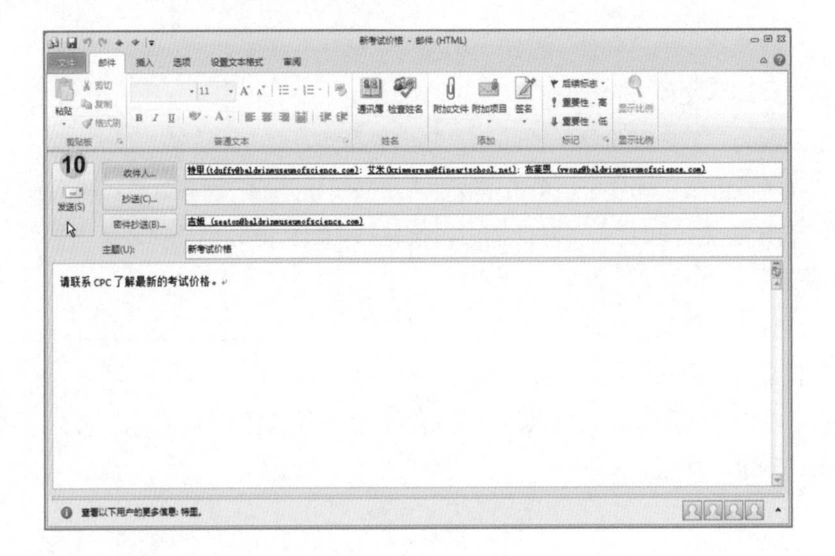

题目14

将任务“美术课”附加至“草稿”文件夹的邮件“课程”中。发送邮件。

解法

01 单击导航窗格中的“邮件”按钮，切换为“邮件”视图；

02 选择“草稿”文件夹；

03 双击主题为“课程”的邮件，开启该邮件；

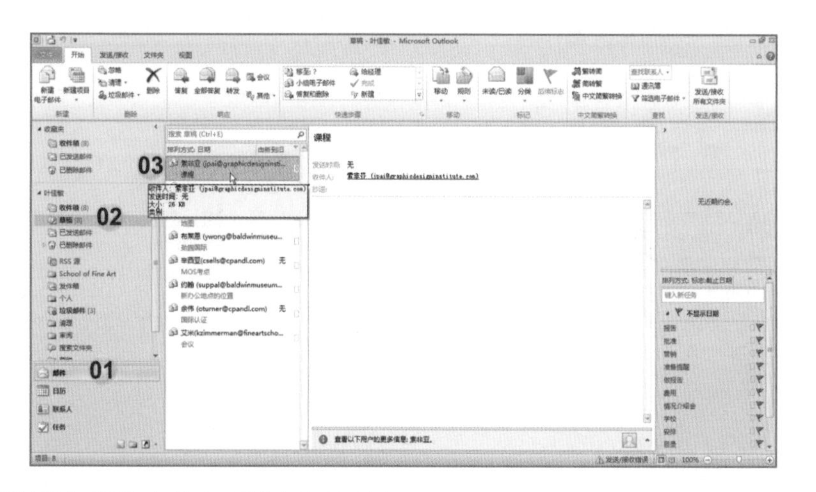

04 在“课程”邮件中单击“插入”选项卡；

05 单击“添加”组中的“Outlook项目”按钮，弹出“插入项目”对话框。

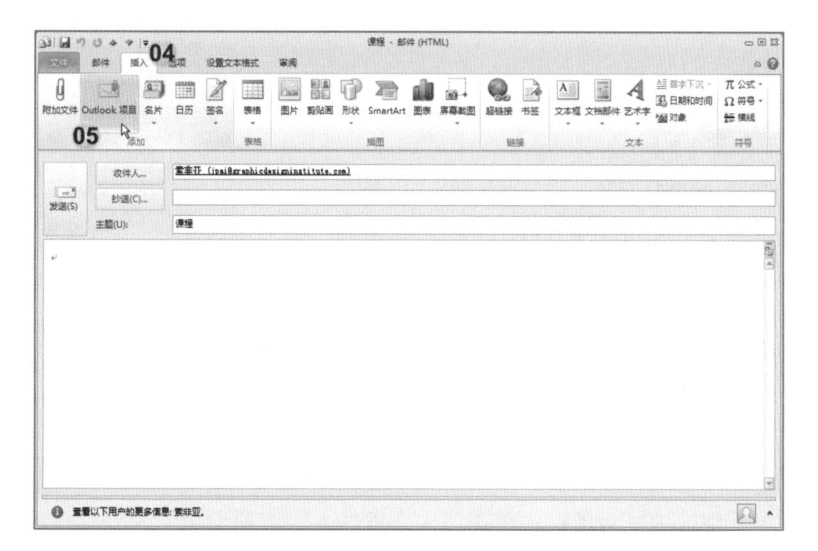

06 在“插入项目”对话框中选择“查询”列表中的“任务”类别；

07 选择“美术课”任务；

08 然后单击“确定”按钮，关闭“插入项目”对话框；

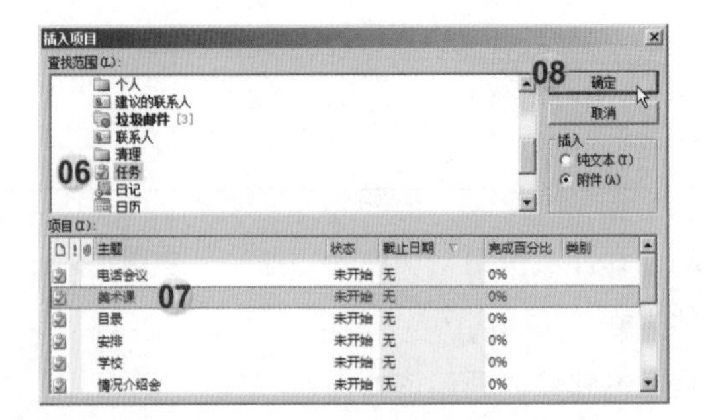

09 单击“发送”按钮发送邮件。

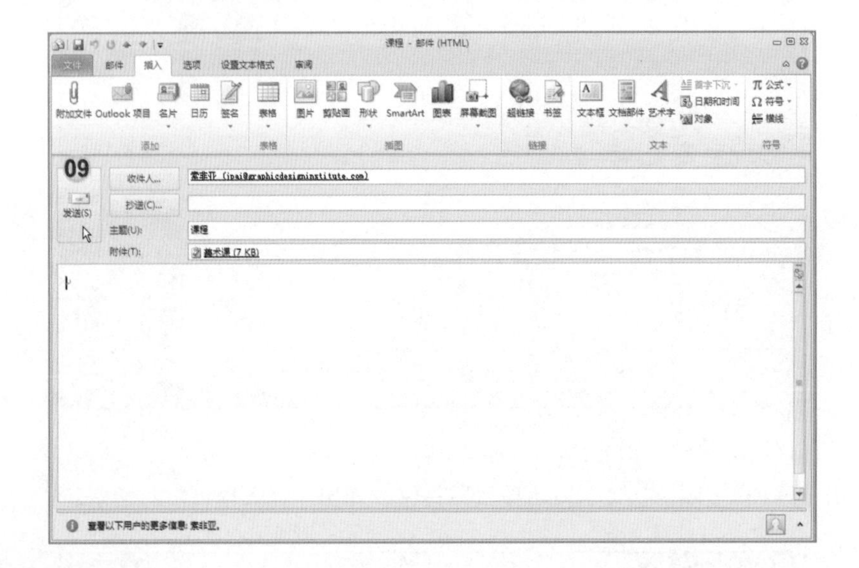

题目15

将test@mos.com添加至“安全的发件人”列表。

解法

01 单击导航窗格中的“邮件”按钮，切换为“邮件”视图；

02 单击“开始”选项卡；

03 单击“删除”组中的“垃圾邮件”下拉按钮；

04 选择“垃圾邮件选项”项目，弹出“垃圾邮件选项”对话框；

05 在“垃圾邮件选项”对话框中单击“安全发件人”选项卡；

06 单击“添加”按钮，弹出“添加地址或域”对话框；

07 输入要新建至列表的电子邮件地址“test@mos.com”；

08 单击“确定”按钮关闭对话框。

09 单击“确定”按钮关闭“垃圾邮件选项”对话框。

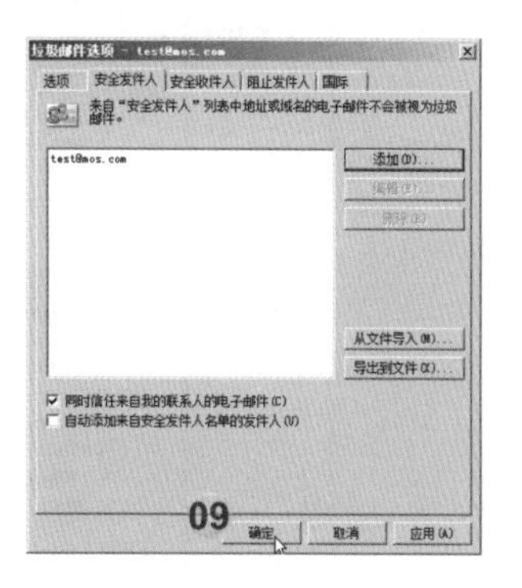

题目16

设置选项，将经过清理的项目移至“清理”文件夹中。

解法

01 单击“文件”选项卡；

02 单击“选项”按钮，弹出“Outlook选项”对话框。

03 单击“Outlook选项”对话框中的“邮件”选项；

04 单击“对话清理”组中“已清理的项目将移到此文件夹”右方的“浏览”按钮，弹出“选择文件夹”对话框：

05 选择“清理”文件夹；

06 单击“确定”按钮；

07 单击“确定”按钮关闭“Outlook选项”对话框。

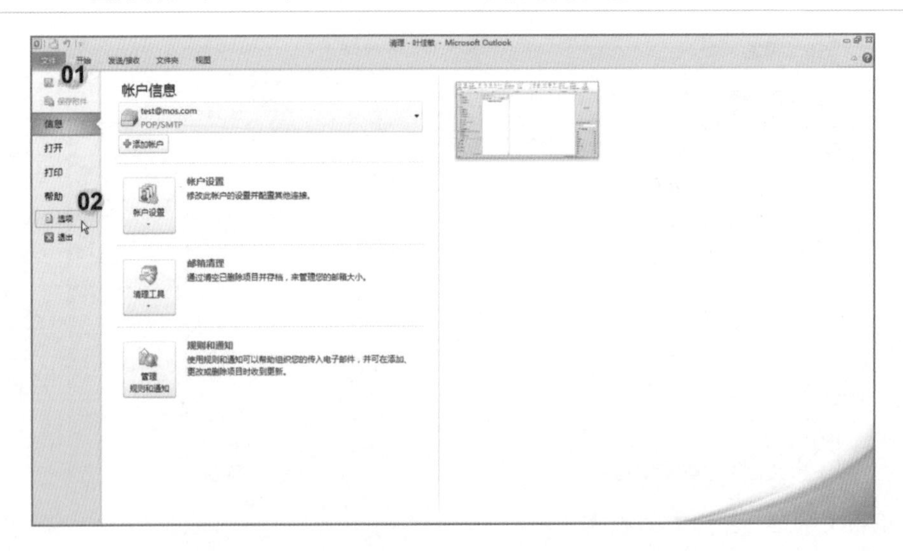

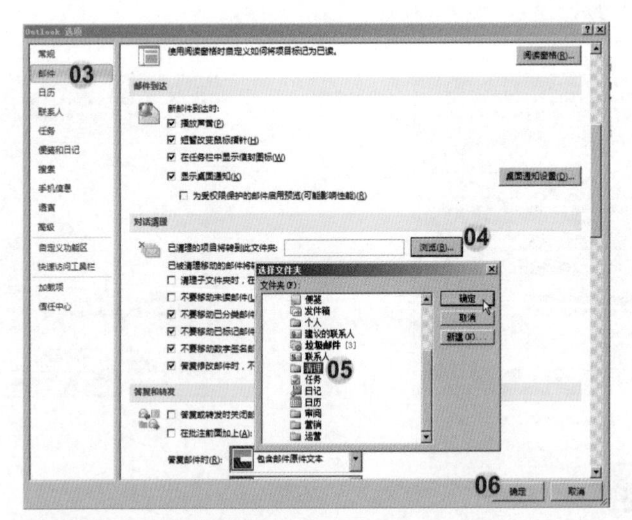

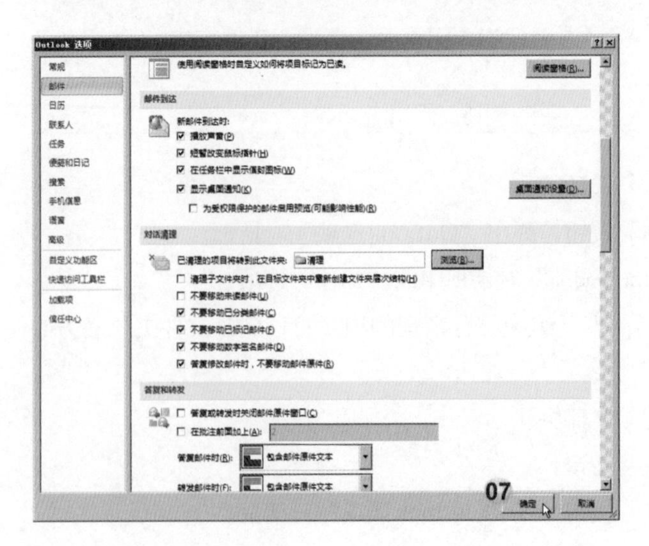

Outlook 2010

题目17

更改“垃圾邮件”设置，筛选后仅接收“仅安全的列表”内的邮件。

解法

01 单击导航窗格中的“邮件”按钮，切换为“邮件”视图；

02 单击“开始”选项卡；

03 单击“删除”组中的“垃圾邮件”下拉按钮；

04 选择“垃圾邮件选项”项目，弹出“垃圾邮件选项”对话框；

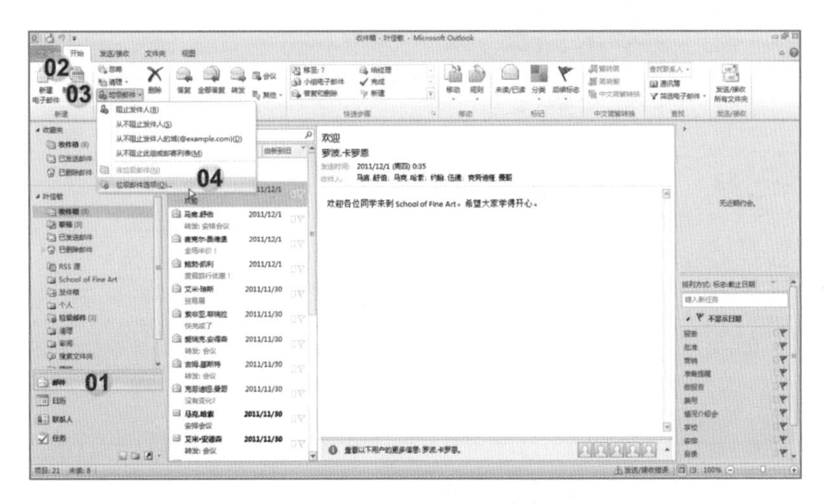

05 在“垃圾邮件选项”对话框中选择“仅安全的列表”单选按钮；

06 单击“确定”按钮关闭对话框。

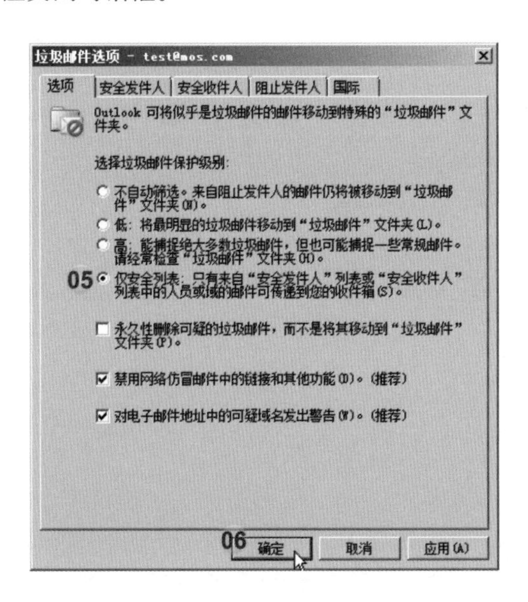

题目18

仅向“草稿”文件夹的邮件“地图”添加“个人”签名。发送该邮件。

解法

01 单击导航窗格中的“邮件”按钮，切换为“邮件”视图；

02 选择“草稿”文件夹；

03 双击主题为“地图”的邮件，开启该邮件；

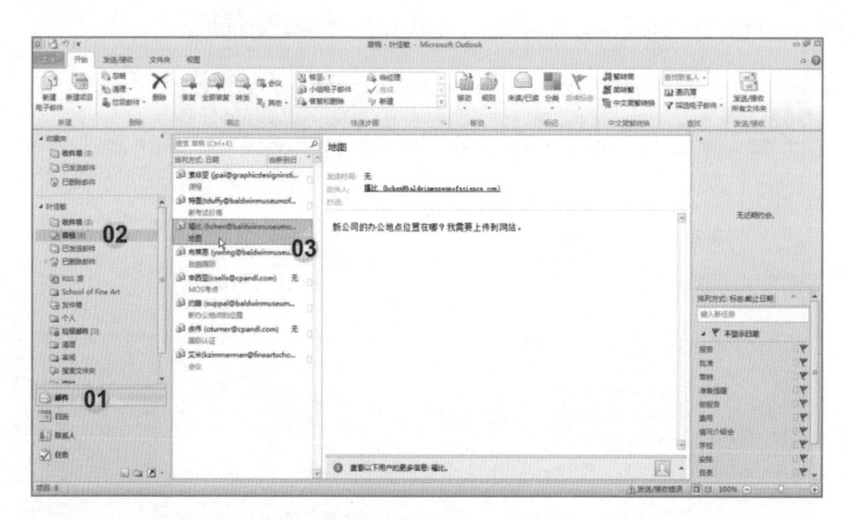

04 在“地图”邮件中单击“插入”选项卡；

05 单击“添加”组中的“签名”下拉按钮；

06 选择“个人”签名；

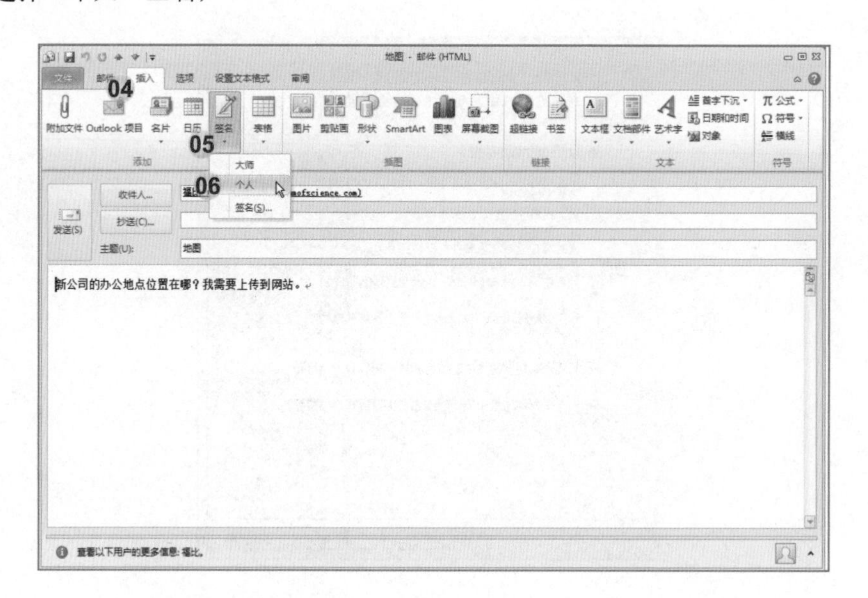

07 单击“发送”按钮发送邮件。

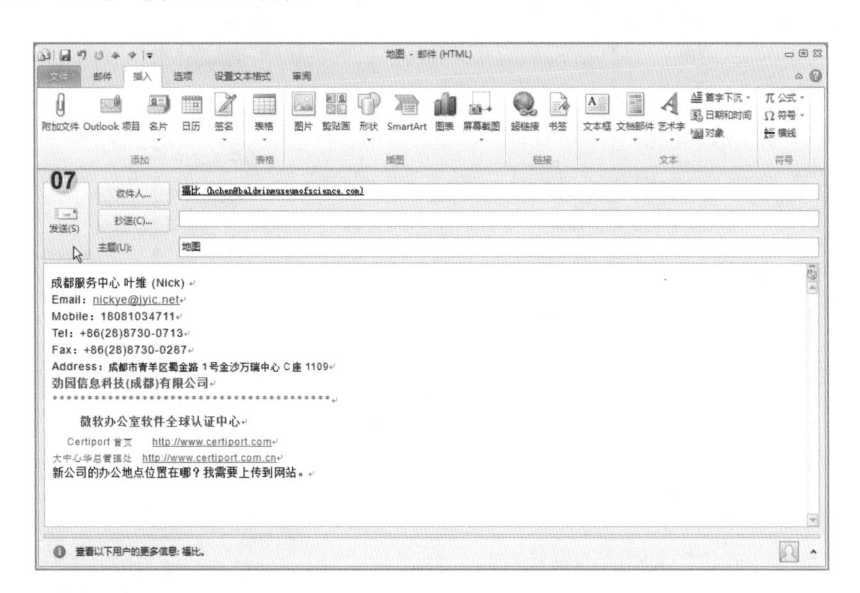

题目19

将“新邮件”、“答复”与“转发”套用的预设签名更改为“大师”签名。

解法

01 单击“文件”选项卡；

02 单击“选项”按钮，弹出“Outlook选项”对话框。

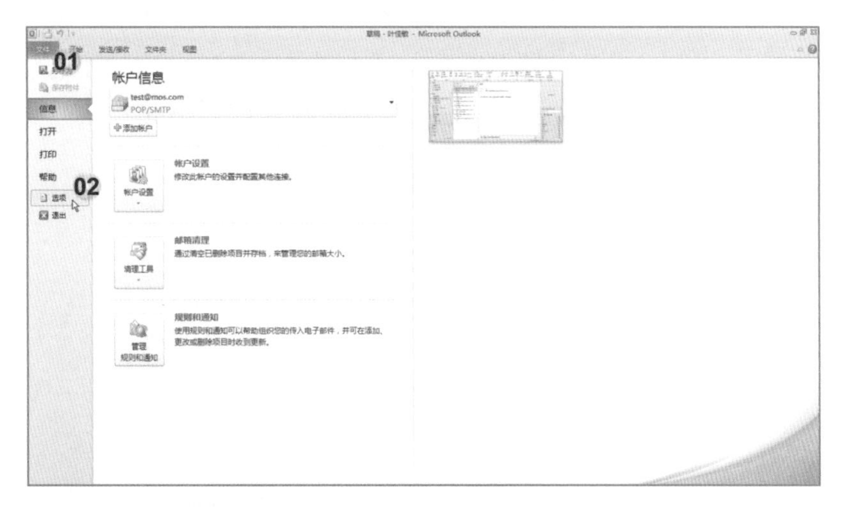

03 在“Outlook选项”对话框中单击“邮件”选项；

04 单击“签名”按钮，弹出“签名和信纸”对话框。

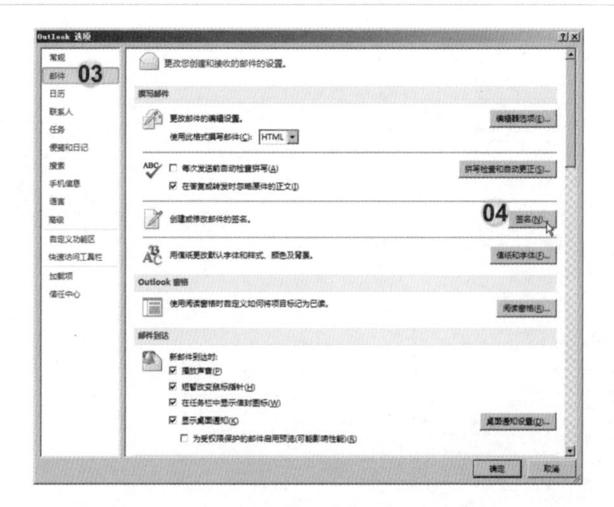

05 在“签名和信纸”对话框中单击“新邮件”右方的☑按钮，选择“大师”签名；

06 同样方法单击“答复/转发”右方的☑按钮，选择“大师”签名；

07 然后单击“确定”按钮关闭对话框；

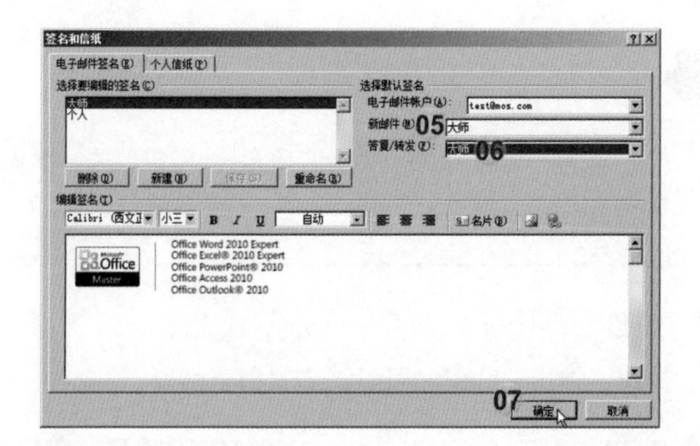

08 单击“确定”按钮，关闭“Outlook选项”对话框。

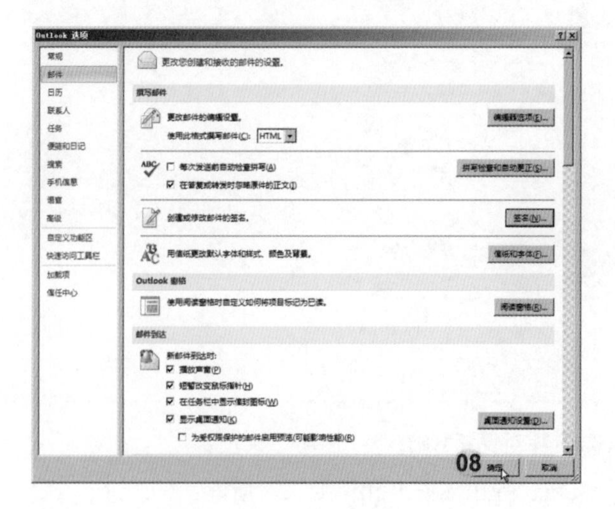

题目20

建立一个规则，将“叶佳敏”是唯一收件人的所有邮件移到“个人”文件夹中。

解法

01 单击“文件”选项卡；

02 单击“信息”选项卡；

03 单击“管理规则和通知”按钮，弹出“规则和通知”对话框；

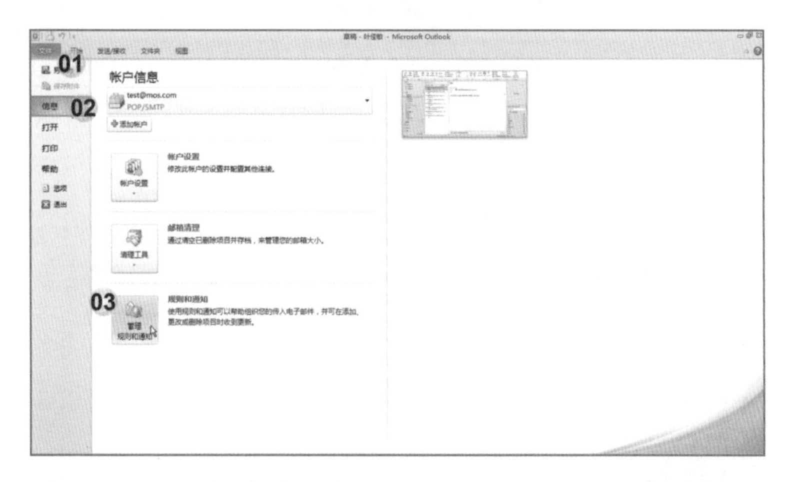

04 在“规则和通知”对话框中单击“新建规则”按钮，弹出“规则向导”对话框；

05 在“规则向导”的步骤1中选择“将某人发来的邮件移至文件夹”；

06 单击“下一步”按钮；

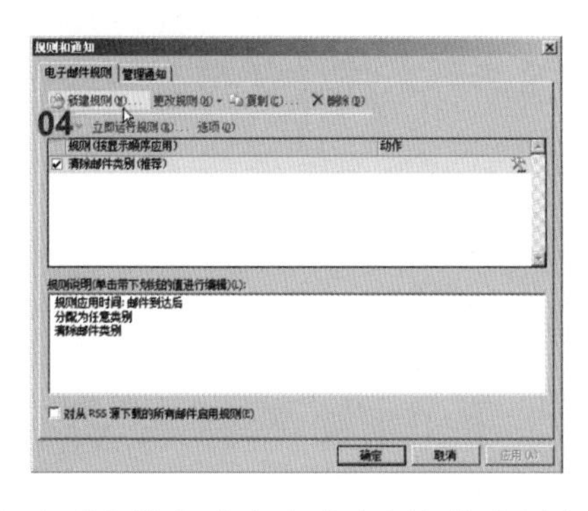

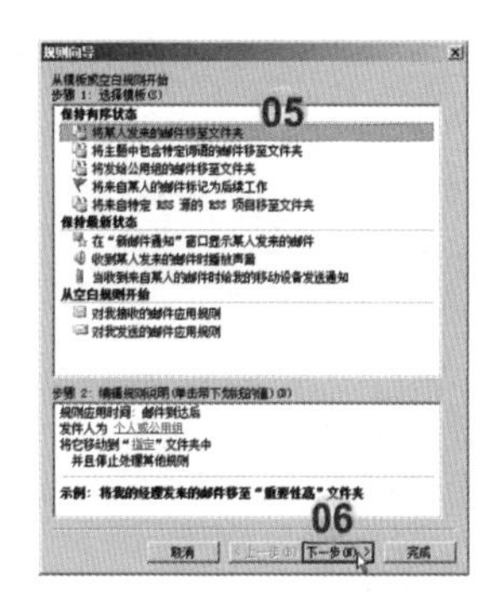

07 取消勾选“发件人为个人或公用组”复选框；

08 勾选“只发送给我”复选框；

09 单击“步骤2”列表框中的“指定”超链接，弹出“规则和通知”对话框；

10 选择“个人”文件夹；

11 单击“确定”按钮返回；

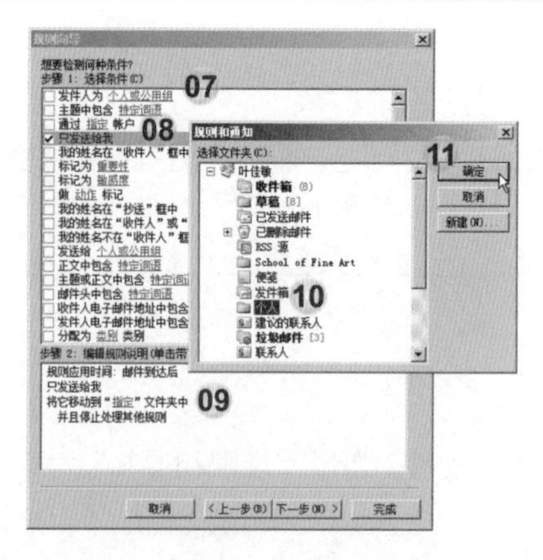

12 在“规则向导”对话框中单击“下一步”按钮；

13 继续单击“下一步”按钮；

14 继续单击“下一步”按钮；

15 最后单击“完成”按钮关闭“规则向导”对话框；

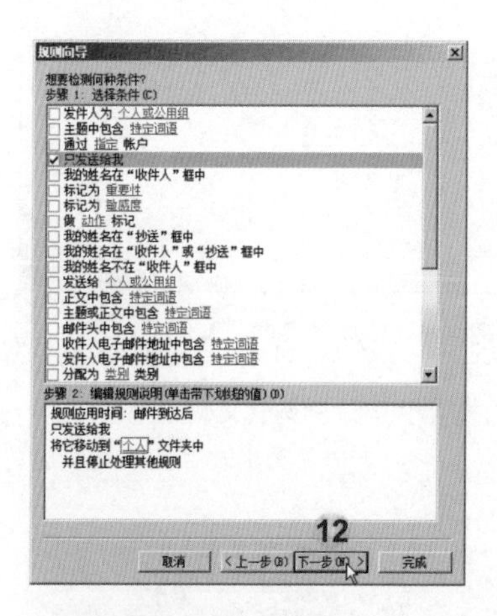

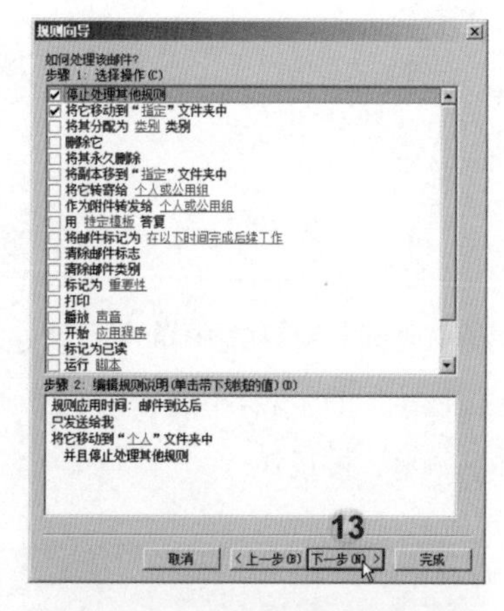

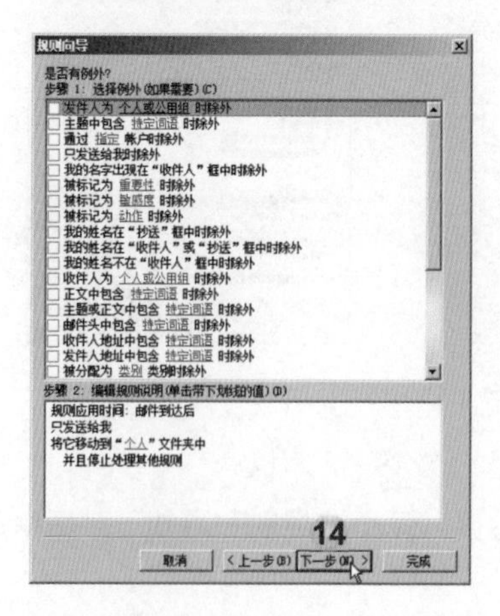

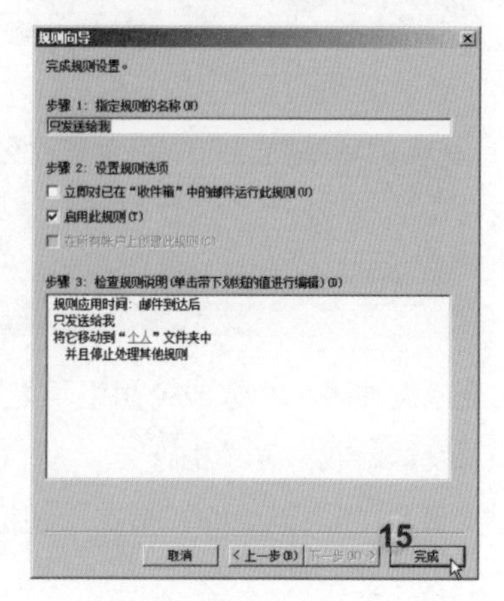

16 新建“只发送给我”规则后，单击“确定”按钮关闭对话框。

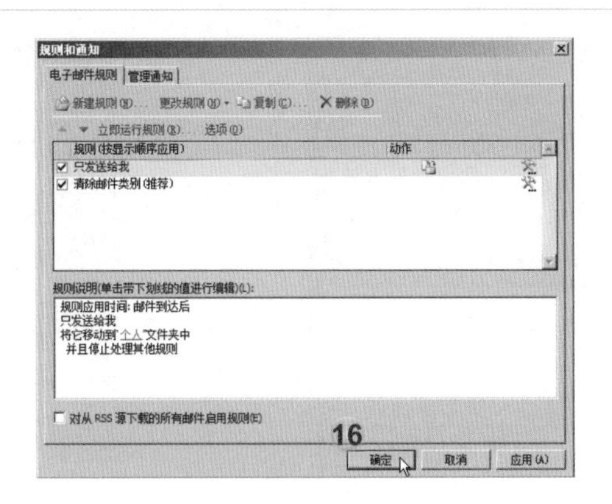

NOTE

Outlook当前所设置的账户就是“叶佳敏”本人。

题目21

建立一个规则，收到来自“张静宜”的邮件时，播放“ding.wav/叮咚.wav”文件，该文件位于“媒体”文件夹中。

解法

01 单击“文件”选项卡；

02 单击“信息”选项卡；

03 单击“管理规则和通知”按钮，弹出“规则和通知”对话框；

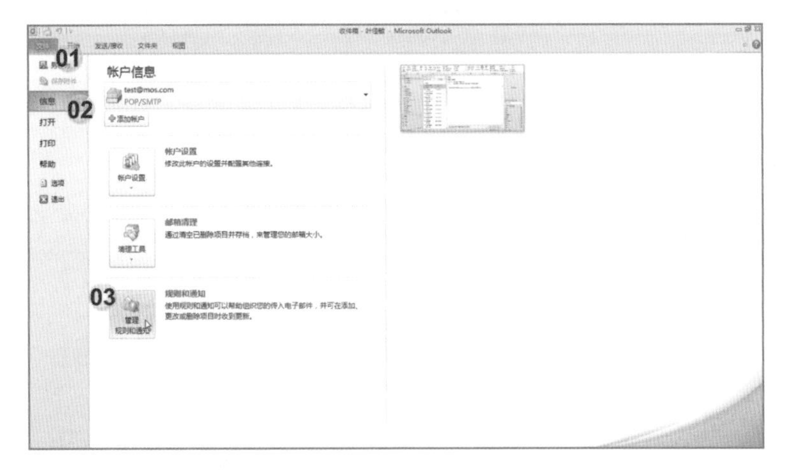

04 在“规则和通知”对话框中单击“新建规则”按钮，弹出“规则向导”对话框；

05 选择“收到某人发来的邮件时播放声音”；

06 单击“步骤2”列表框中的“个人或公用组”超链接；

07 在“规则地址”对话框的列表框中选择“张静宜”；

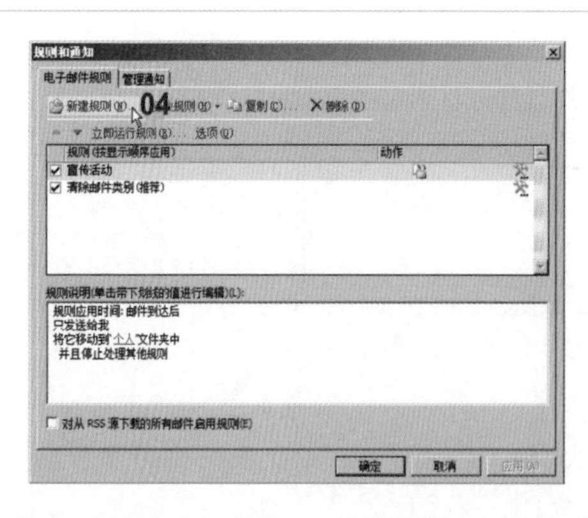

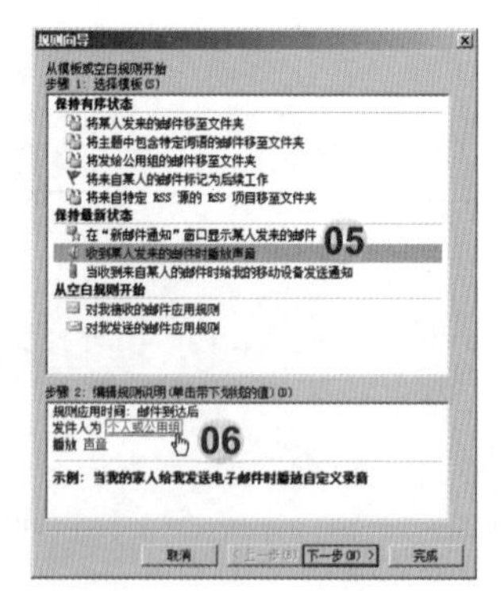

08 单击“发件人”按钮，将其添加为发件人；

09 单击“确定”按钮，关闭“规则地址”对话框；

10 单击“步骤2”列表框中的“声音”超链接；

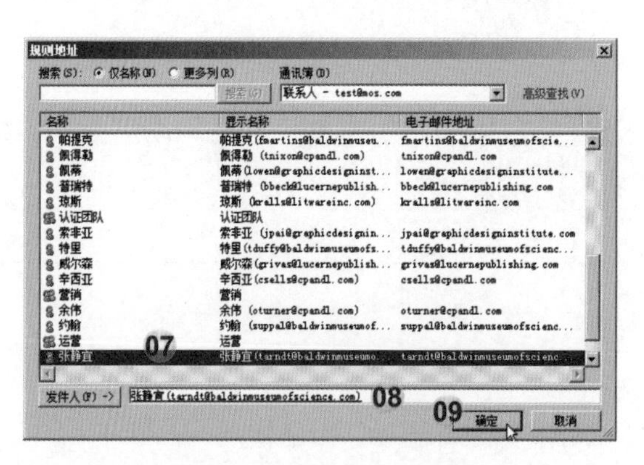

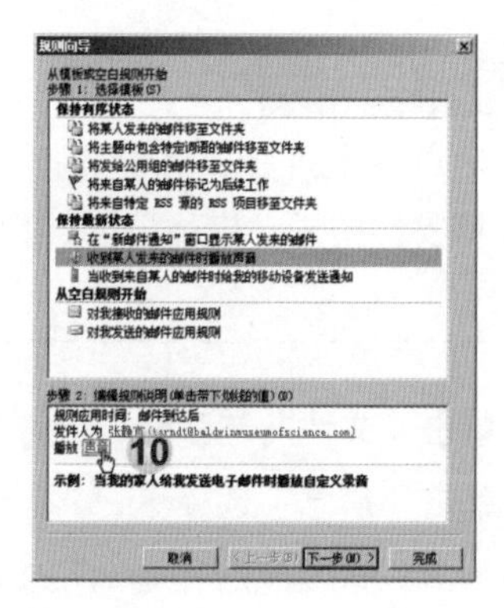

11 在“选择播放的声音”对话框中选择“媒体”；

12 选择“Windows ding.wav”声音文件；

13 单击“打开”按钮；

14 在“规则向导”对话框中单击“下一步”按钮；

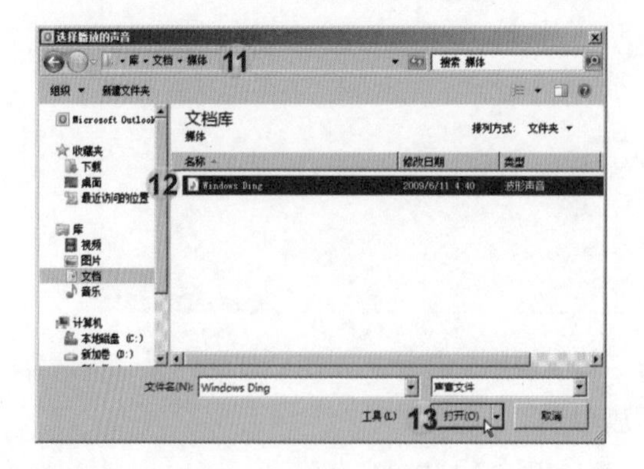

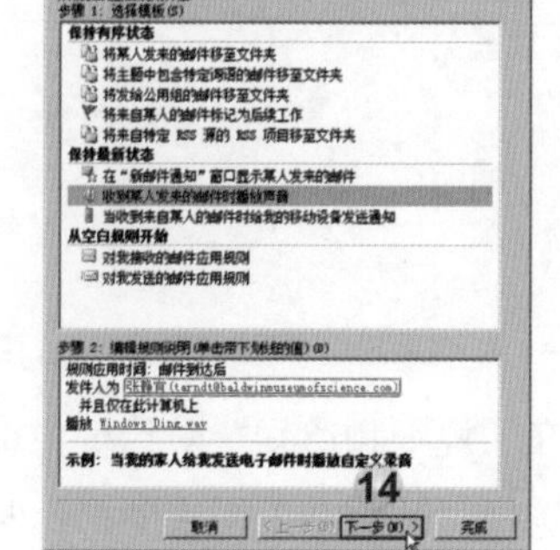

15 继续单击“下一步”按钮；

16 继续单击“下一步”按钮；

17 再单击“下一步”钮；

18 最后单击“完成”按钮关闭“规则向导”对话框；

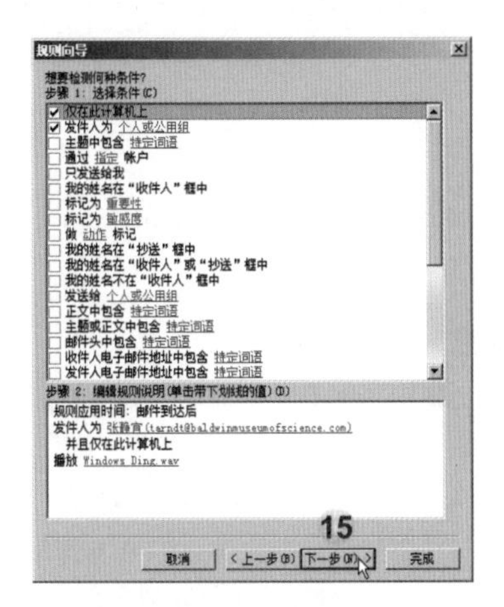

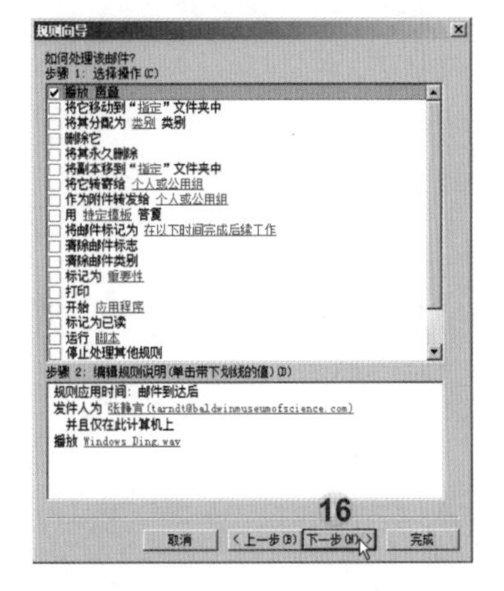

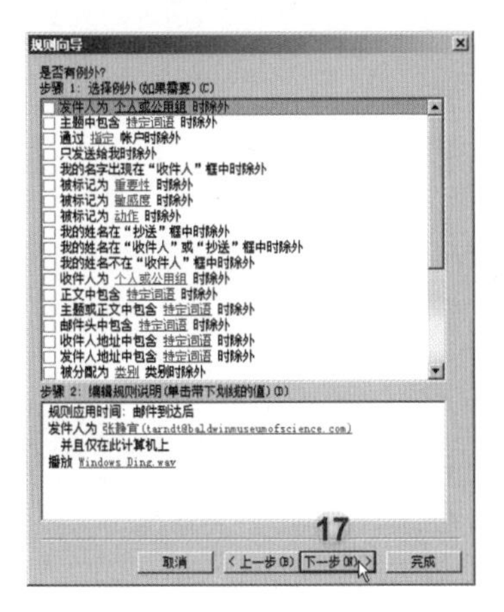

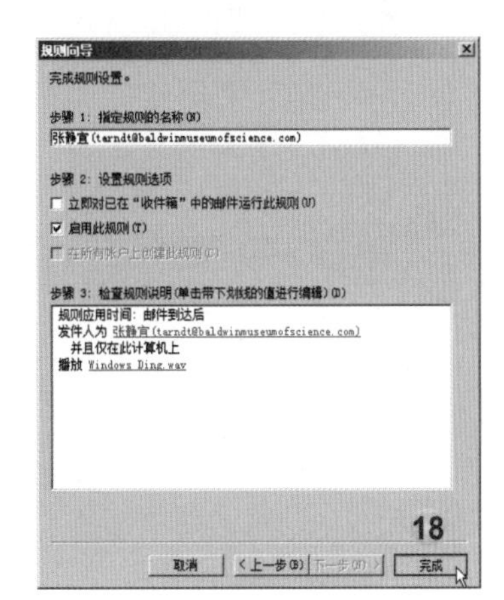

19 新建“张静宜(tarndt@baldwinmuseumofscience.com)”规则，并确认勾选；

20 单击“确定”按钮关闭对话框。

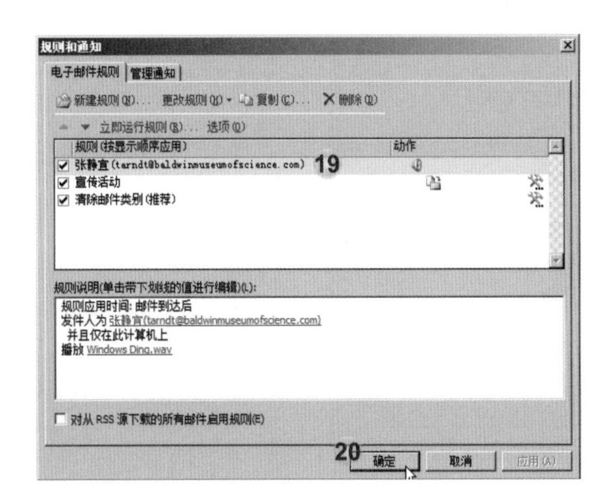

题目22

删除“宣传活动”规则。

解法

01 单击“文件”选项卡；

02 单击“信息”选项卡；

03 单击“管理规则和通知”按钮，弹出“规则和通知”对话框；

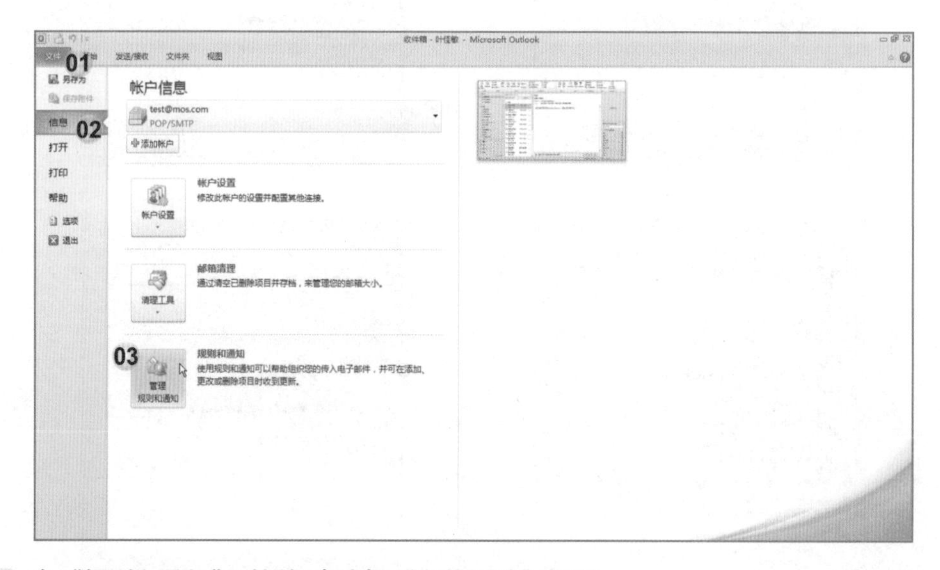

04 在“规则和通知”对话框中选择“宣传活动”规则；

05 然后单击“删除”按钮；

06 并在弹出的“Microsoft Outlook”对话框中单击“是”按钮删除规则。

07 单击“确定”按钮关闭对话框。

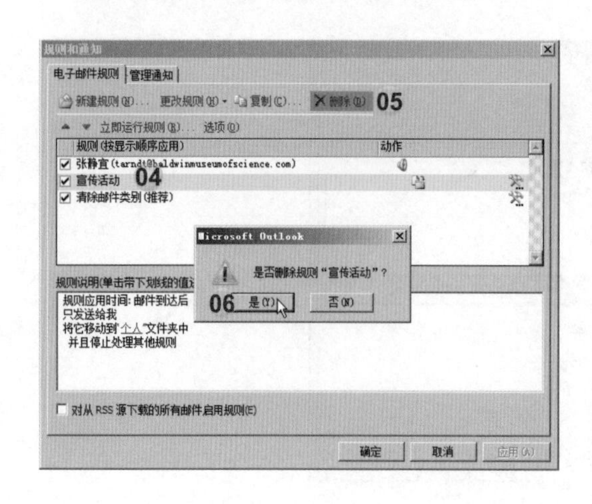

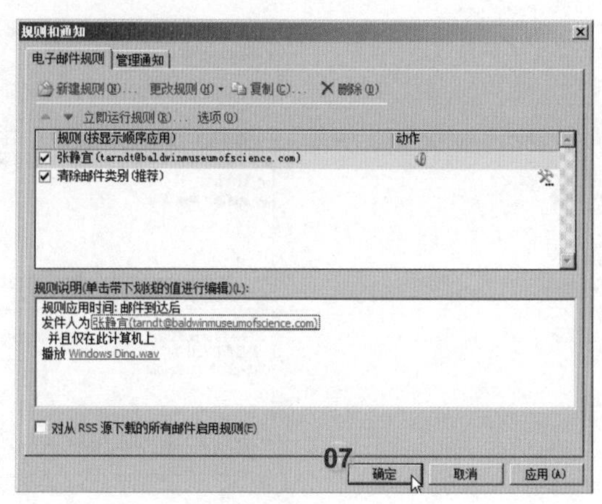

题目23

忽略主题为“会议”的会话。

解法

01 单击导航窗格中的“邮件”按钮，切换为“邮件”视图；

02 单击“收件箱”；

03 在收件箱列表中选择任意一封主题为“会议”的邮件；

04 单击“开始”选项卡“删除”组中的“忽略”按钮，弹出“忽略对话”对话框；

05 单击“忽略对话”按钮关闭对话框。

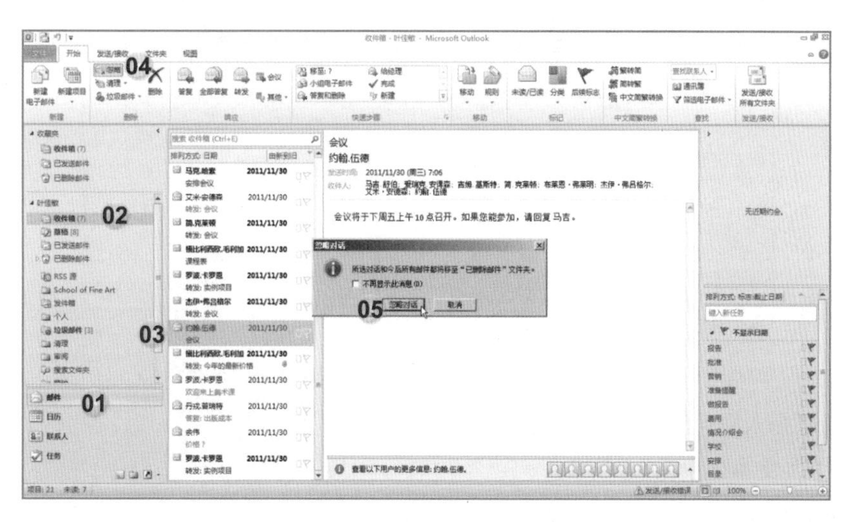

完成忽略对话后，所有主题为“会议”的邮件将会移至“已删除邮件”文件夹中，效果如下图。

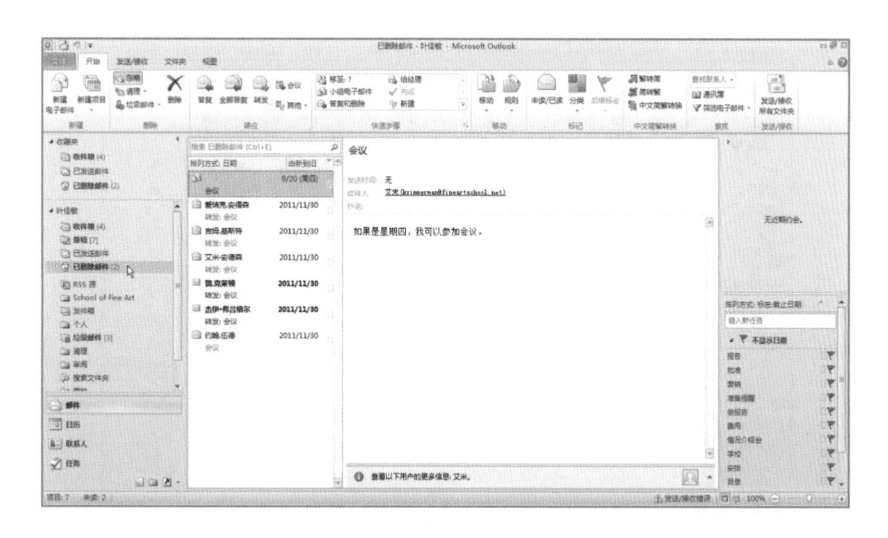

题目24

将Wu Terry新建为新联系人，并有下列联系信息：

（1）“职称”：认证讲师。

（2）“单位”：ChengTai。

（3）“电子邮件”：WTerry@chengtai.com。

解法

01 单击导航窗格中的“联系人”按钮，切换为“联系人”视图；

02 单击“开始”选项卡“新建”组中的“新建联系人”按钮，进行新建联系人。

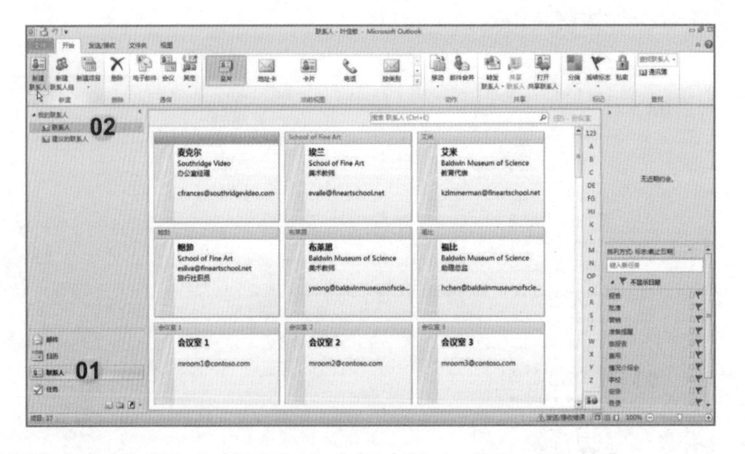

03 在新联系人窗口的“姓氏/名字”文本框中输入“Wu Terry”；

04“单位”文本框中输入“ChengTai”；

05“部门/职称”右方文本框中输入“认证讲师”；

06“电子邮件”文本框中输入“WTerry@chengtai.com”；

07 单击“保存并关闭”按钮。

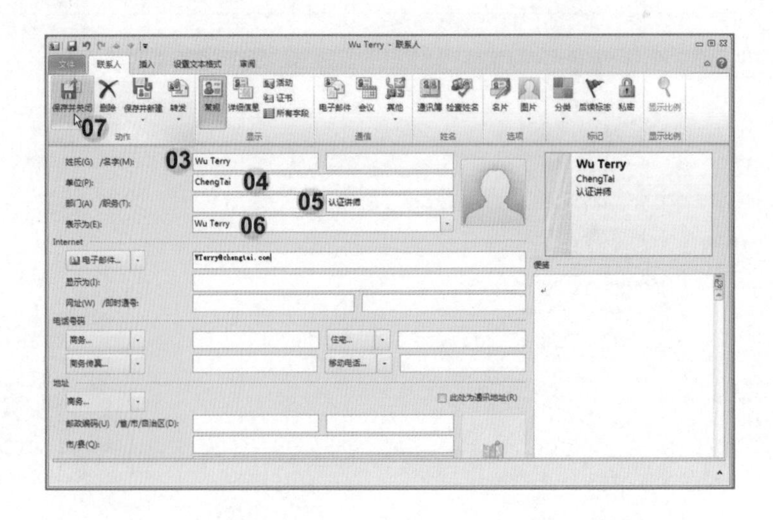

将www.chengtai.com网站新建至“麦克尔”的联系信息中。

解法

01 单击导航窗格中的“联系人”按钮，切换为“联系人”视图；

02 双击“联系人”文件夹中“麦克尔”联系人名片，开启“麦克尔-联系人”信息窗口。

03 在“麦克尔-联系人”信息窗口“网址/即时通号”左方文本框中输入“www.chengtai.com”；

04 单击“保存并关闭”按钮。

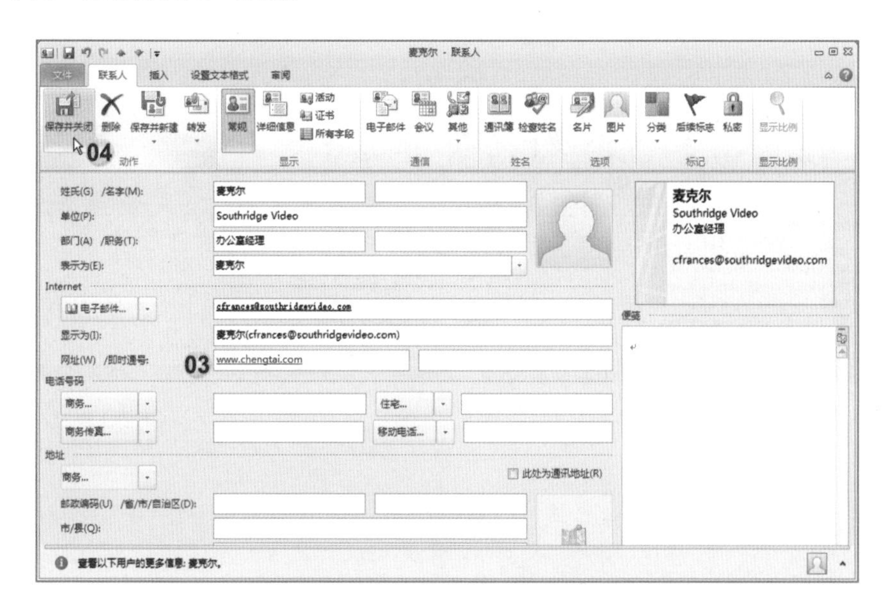

题目26

将“张静宜”从“认证团队”联系人组中删除，并将“叶欣语”(cheeryye@chengtai.com)新建至组，作为“新建电子邮件联系人”。保存并关闭组。（注意：接受其他所有的预设设置）

解法

01 单击导航窗格中的“联系人”按钮，切换为“联系人”视图；

02 双击“联系人”文件夹中“认证团队”联系人组，开启“认证团队-联系人组”窗口。

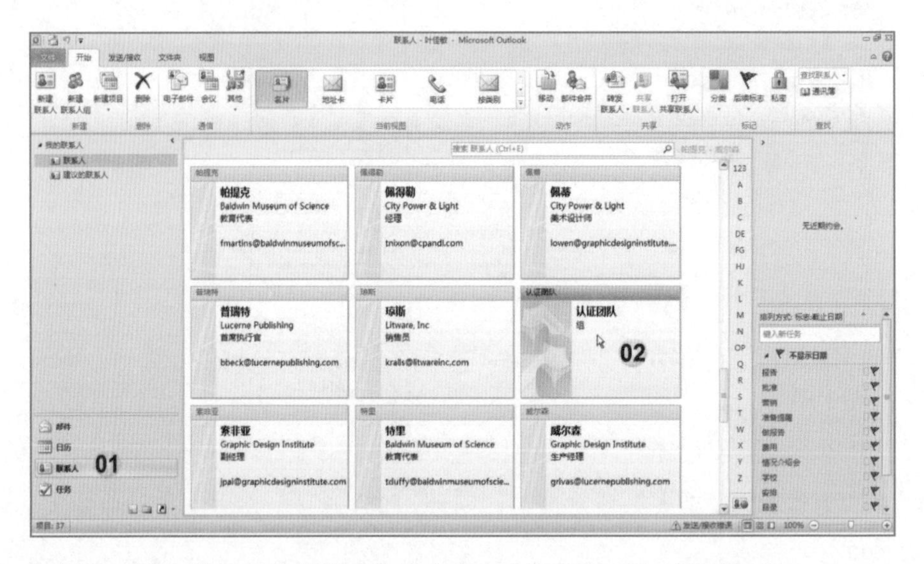

03 在“认证团队-联系人组”联系人信息窗口中选择联系人“张静宜”；

04 然后单击“删除成员”按钮；

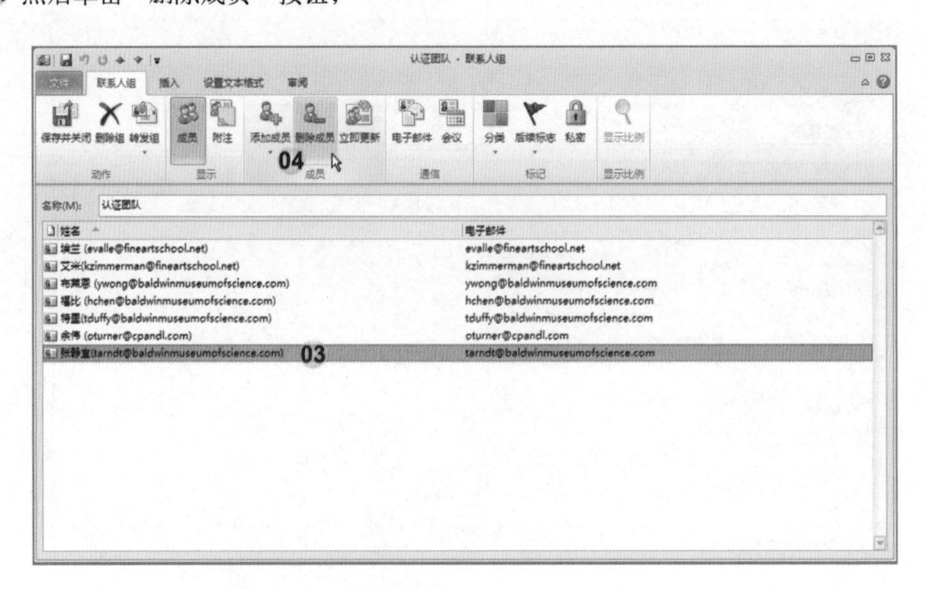

05 继续在“认证团队-联系人组”联系人信息窗口中单击“添加成员”下拉按钮；

06 选择“新建电子邮件联系人”项目，弹出“添加成员”对话框；

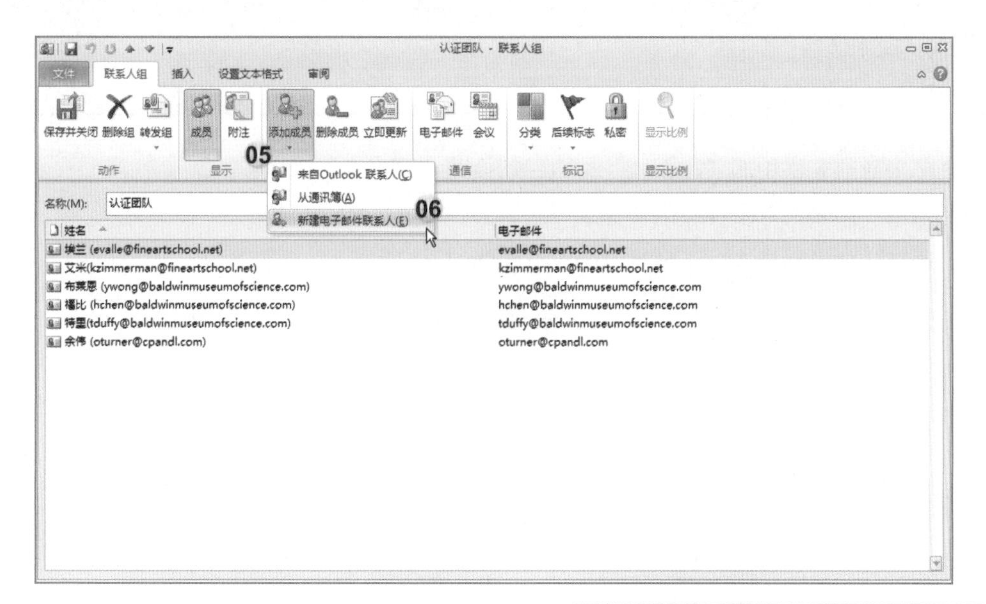

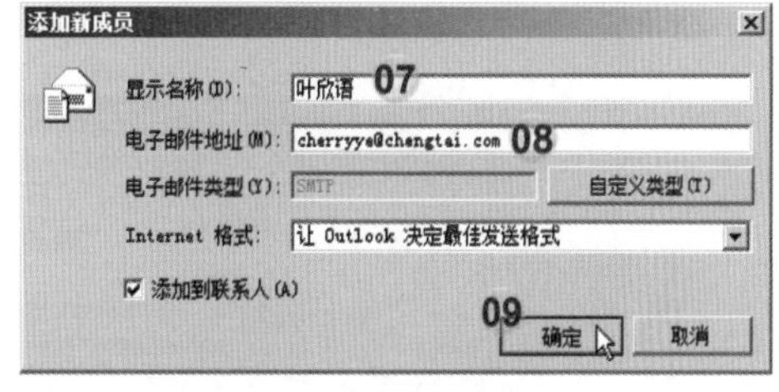

07 在“显示名称”文本框中输入“叶欣语”；

08 在“电子邮件地址”文本框中输入“cheeryye @chengtai.com”；

09 单击“确定”按钮关闭对话框；

10 单击“保存并关闭”按钮关闭“认证团队-联系人组”信息窗口。

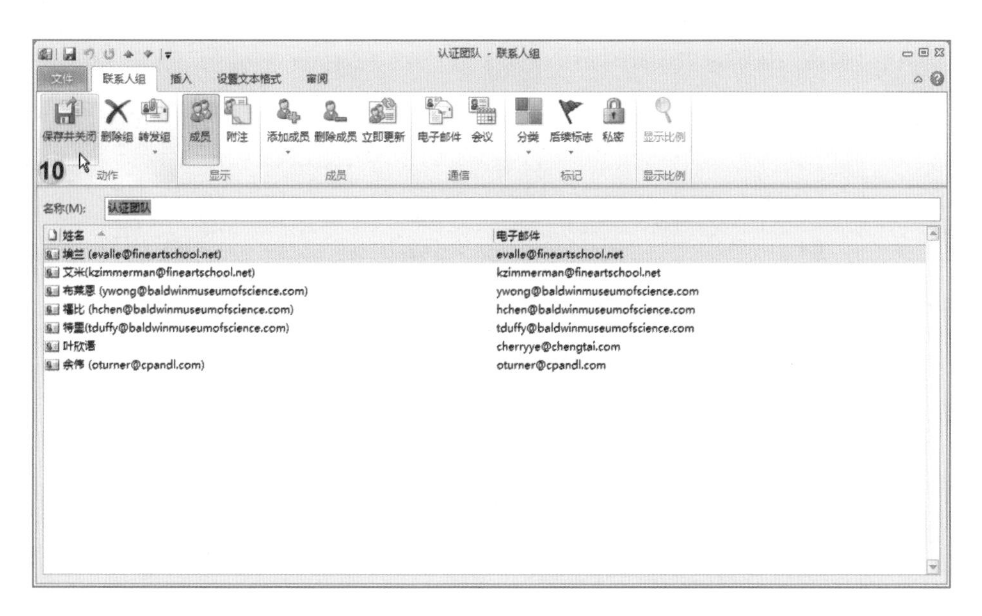

题目27

将“艾米”的联系信息转发给“福比”，作为“Outlook联系人”。在邮件正文中输入“技术伙伴”。

解法

01 单击导航窗格中的“联系人”按钮，切换为“联系人”视图；

02 右击“联系人”文件夹的“艾米”联系人；

03 选择“转发联系人”子项目中的“作为Outlook联系人”，开启新邮件窗口；

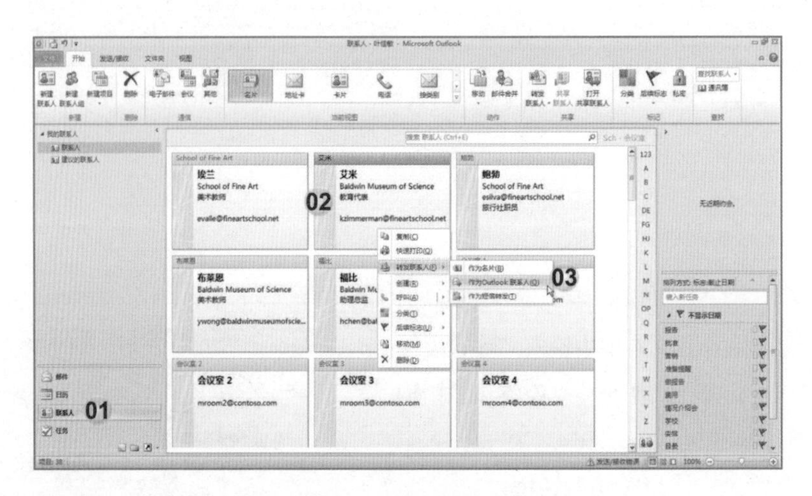

04 在“转发:艾米–邮件”窗口中单击“收件人”按钮；

05 在“选择姓名：联系人”对话框中选择“福比”；

06 单击“收件人”按钮，设为收件人；

07 单击“确定”按钮，关闭此对话框；

08 单击“发送”按钮发送邮件。

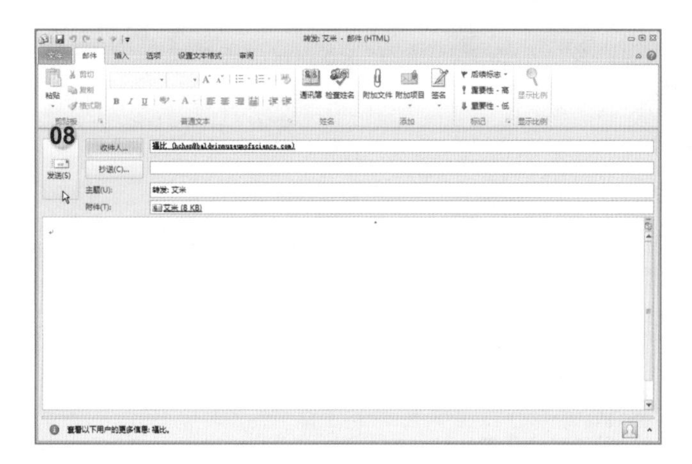

题目28

将安排下周五举行的“下月的开课计划”会议转发至“认证团队”联系人组。

解法

01 单击导航窗格中的“日历”按钮，切换为“日历”视图；

02 按“开始”选项卡“排列”组中“月”钮，显示当月日历；

03 双击，开启下周五的“下月的开课计划”会议；

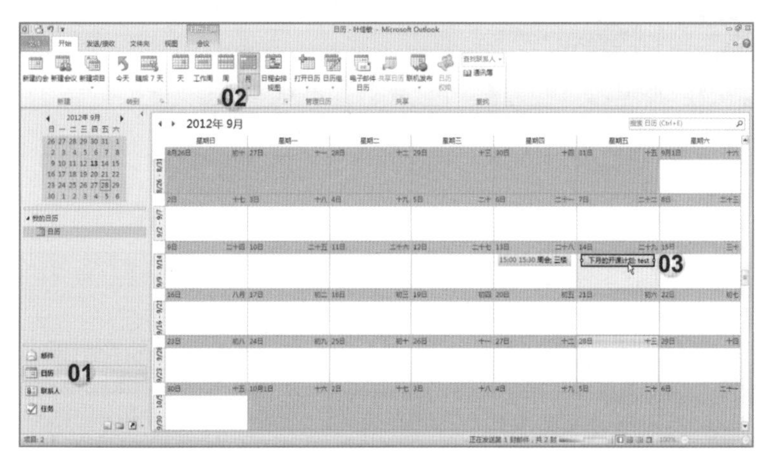

04 单击“邀请事件”选项卡；

05 单击“动作”组的“转发”按钮；

06 在“转发:下月的开课计划”邮件中单击“收件人”按钮，弹出“选择与会者资源:联系人”对话框；

07 选择“认证团队”联系人组；

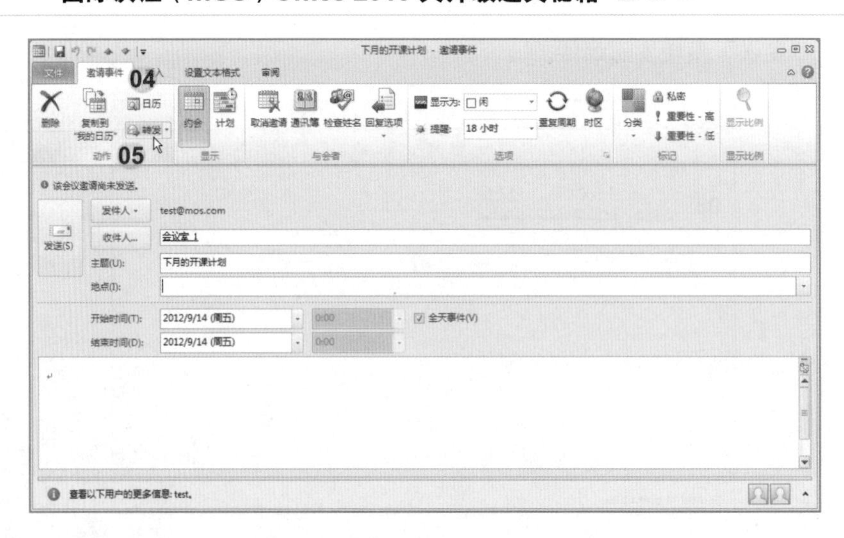

08 单击“必选”按钮，将“认证团队”联系人组填入必选收件人字段中；

09 单击“确定”按钮关闭对话框；

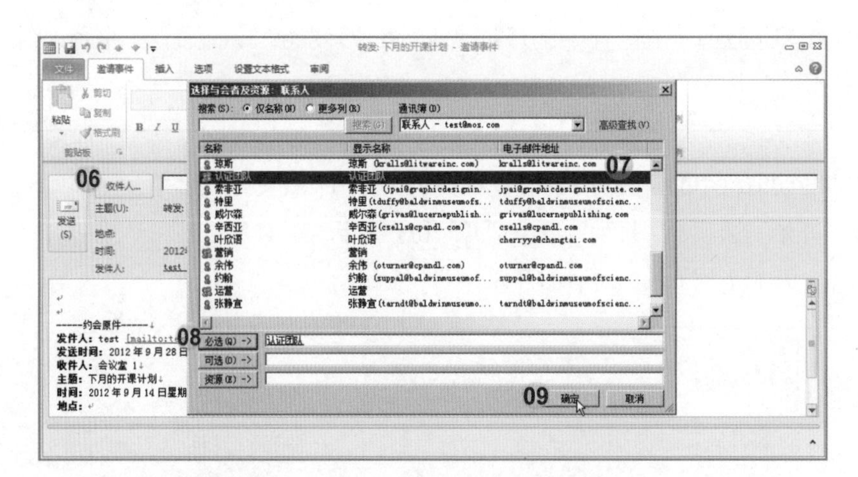

10 单击“发送”按钮发送邮件。

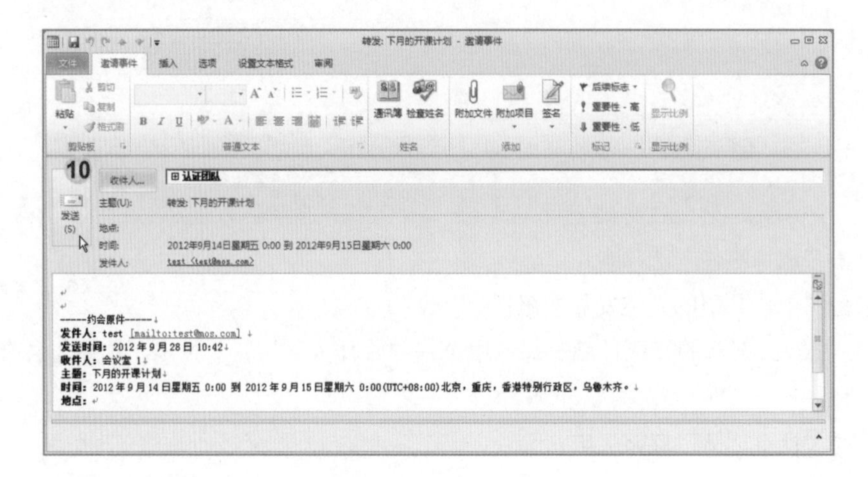

题目29

使用“用电子邮件答复所有人”功能联系出席下周一“会议”的与会者。在邮件正文中输入“请务必参加会议”，然后发送邮件。

解法

01 单击导航窗格中的“日历”按钮，切换为“日历”视图；

02 单击“开始”选项卡“排列”组中的“月”按钮，显示当月日历；

03 双击，开启下周一的“会议”会议；

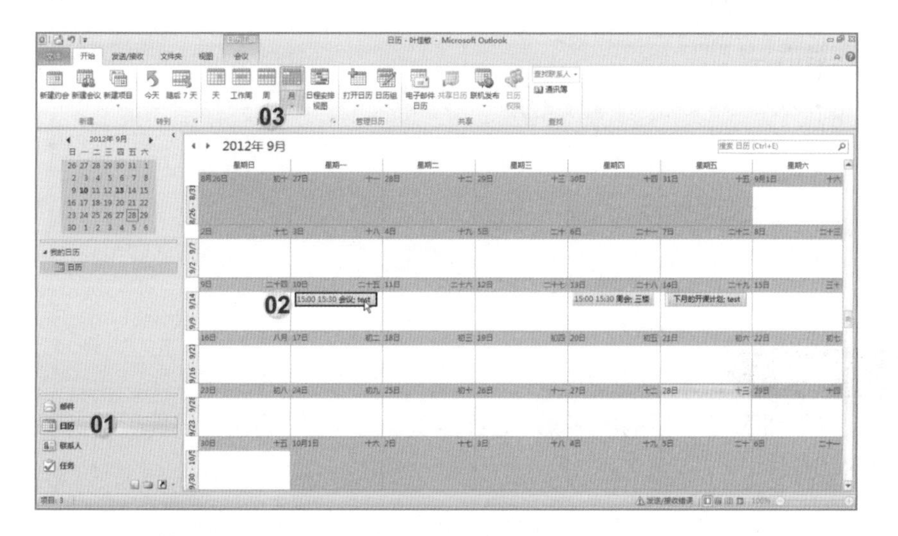

04 单击“会议”选项卡；

05 单击“与会者”组“联系与会者”下拉按钮；

06 选择“用电子邮件答复所有人”，开启新邮件；

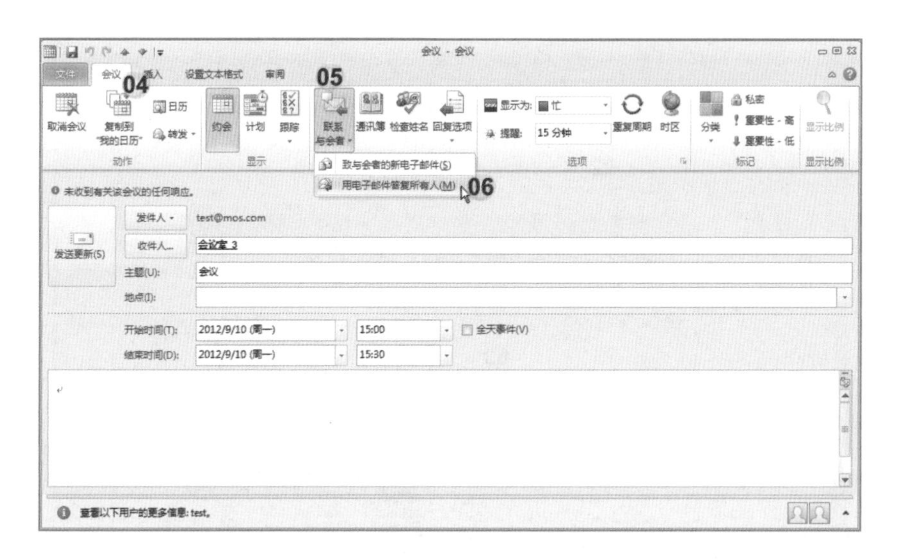

07 在“答复:会议”邮件正文中输入文字“请务必参加会议”；

08 单击“发送”按钮发送邮件。

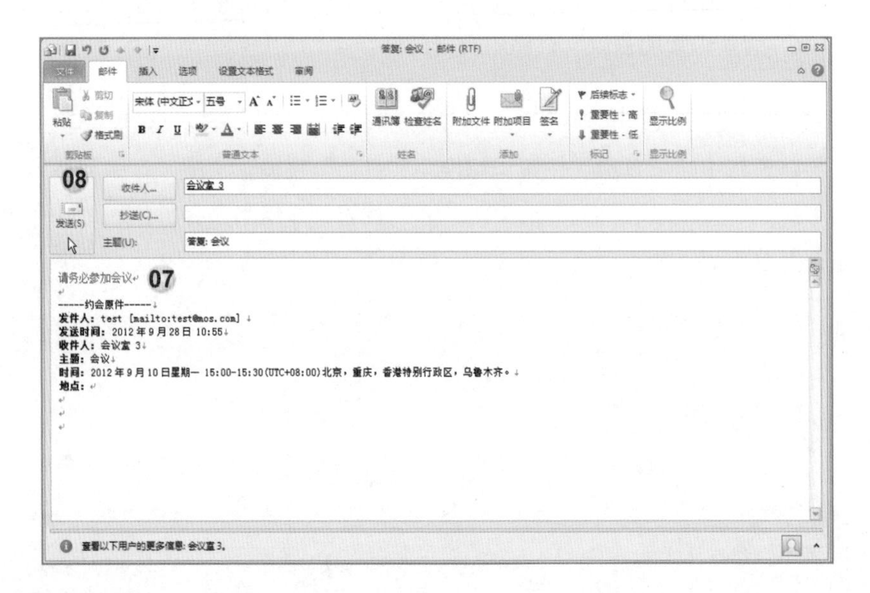

题目30

更改预定下周二举行的“排课”会议设置，在会议举行前一日提醒所有与会者。发送会议更新。

解法

01 单击导航窗格中的“日历”按钮，切换为“日历”视图；

02 单击“开始”选项卡“排列”组中的“月”按钮，显示当月日历；

03 双击，开启下周二的“排课”会议；

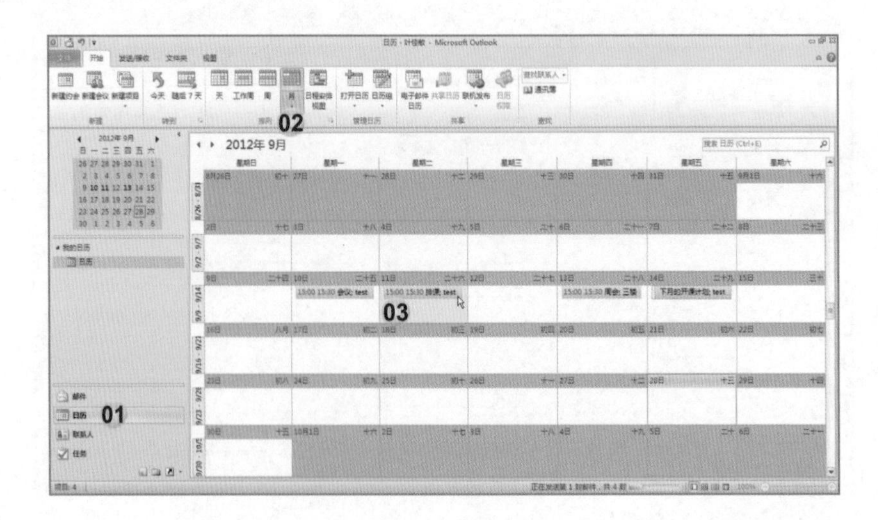

04 单击“会议”选项卡；

05 单击“选项”组“提醒”右方下拉按钮；

06 选择为“1天”。

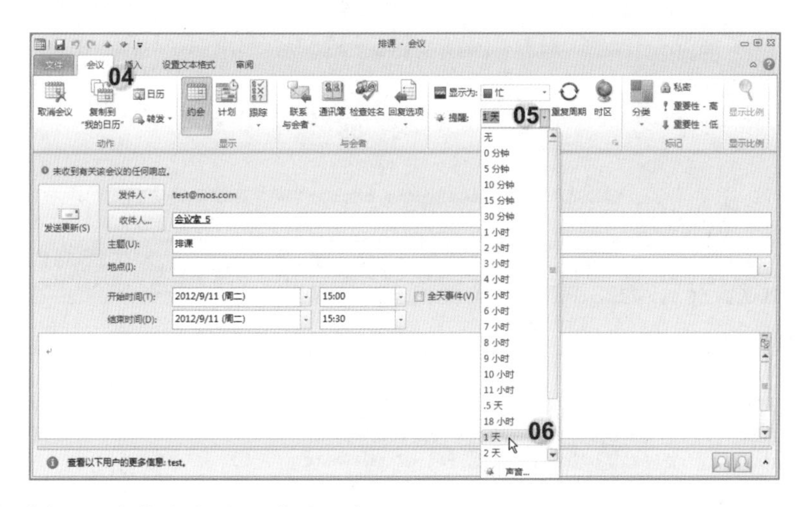

07 单击“发送更新”按钮发送会议更新。

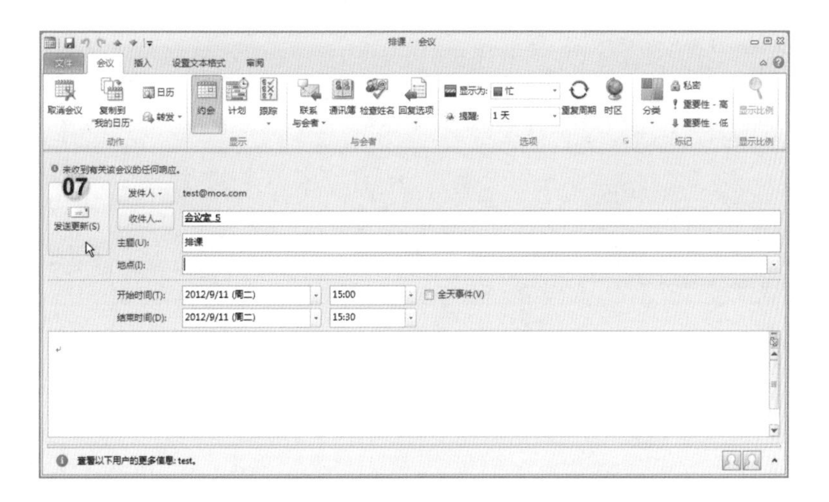

题目31

取消下周三举行的“培训”会议。在邮件正文中输入“讲师出国延期”，然后发送取消通知。

解法

01 单击导航窗格中的“日历”按钮，切换为“日历”视图；

02 单击“开始”选项卡“排列”组中的“月”按钮，显示当月日历；

03 双击，开启下周三的“培训”会议；

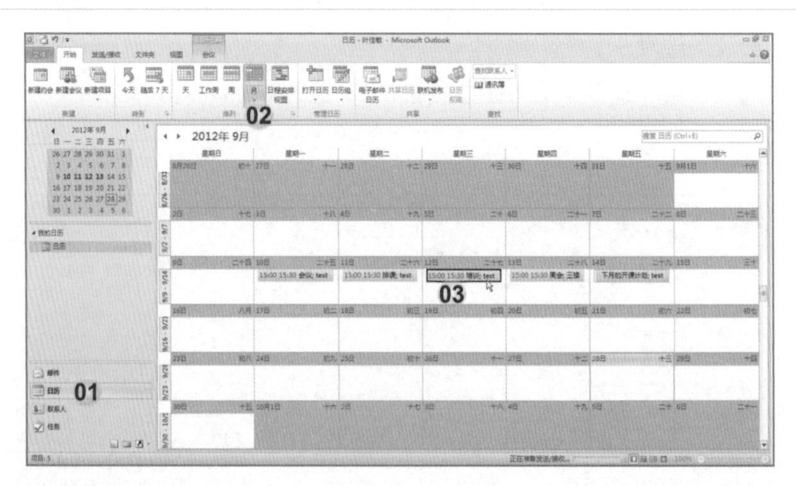

04 在“培训–邀请事件”会议中：单击“会议”选项卡“动作”组中的“取消会议”按钮；

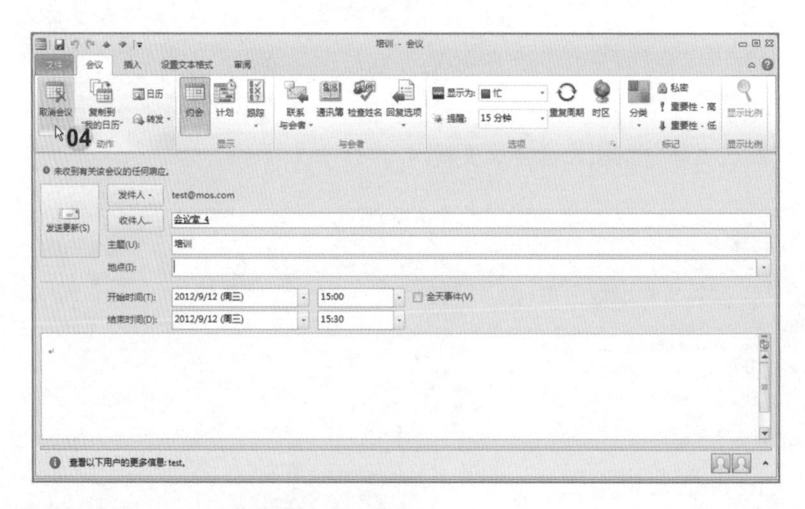

05 在邮件正文中输入文字“讲师出国延期”；

06 单击“发送取消通知”按钮发送取消通知。

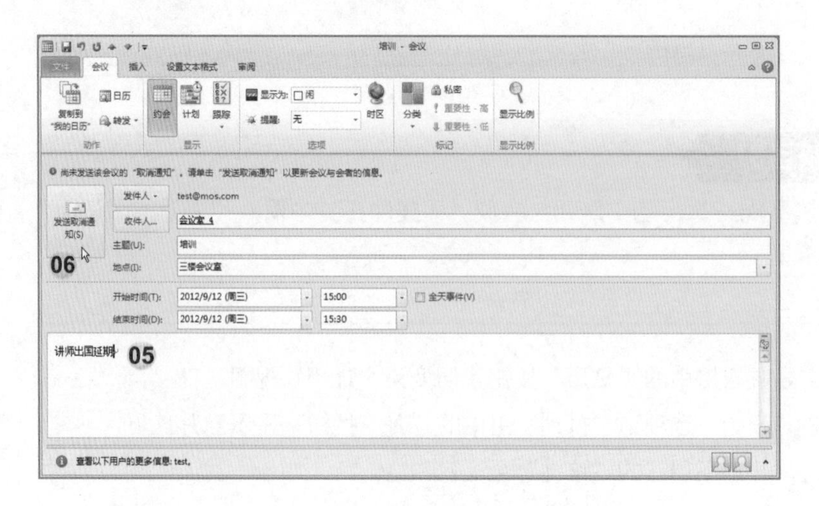

题目32

使用“Test Delivery Printer 2010”打印机打印下周六举行的“招生”会议。将文件命名为“详细信息.xps”，保存在“文档”文件夹中。

解法

01 单击导航窗格中的“日历”按钮，切换为“日历”视图；

02 单击“开始”选项卡“排列”组中“月”按钮，显示当月日历；

03 双击，开启下周六的“招生”会议；

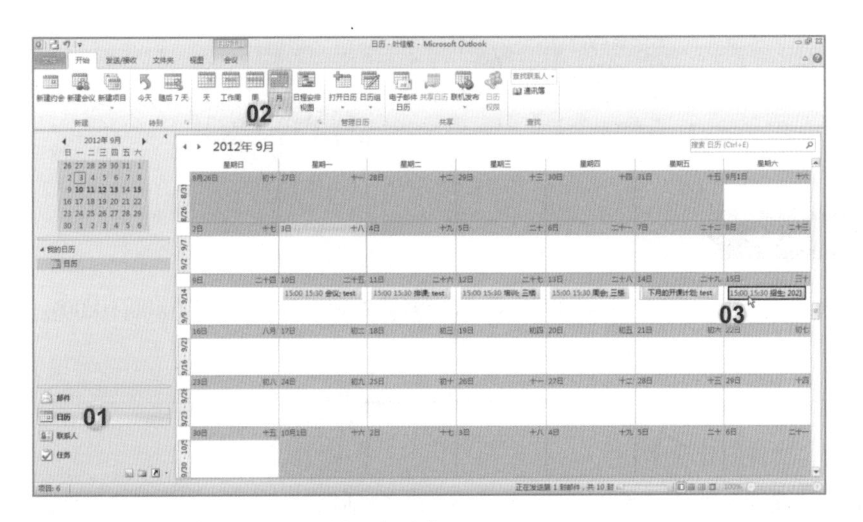

04 在“招生-会议”中单击“文件”选项卡；

05 单击“打印”按钮；

06 选择“打印机”为“Test Delivery Printer 2010”；

07 单击“打印”按钮，弹出“文件另存为”对话框；

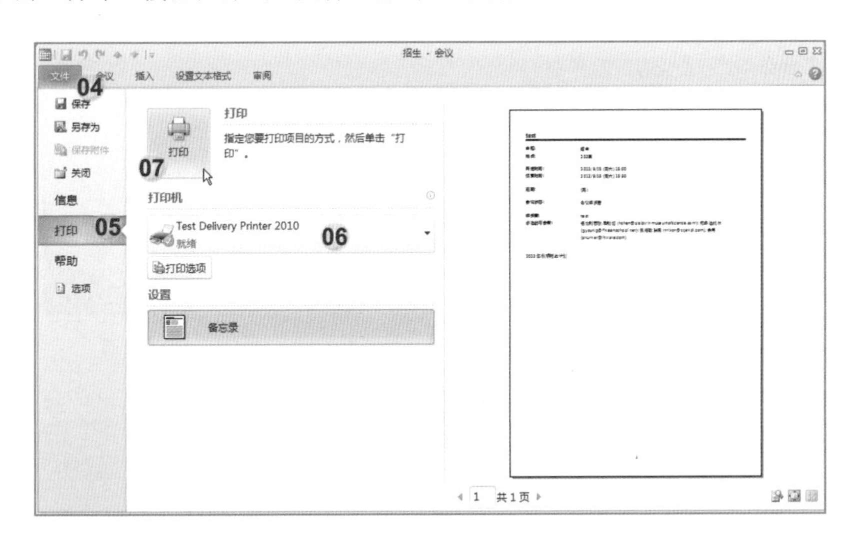

08 在“文件另存为”对话框中设置储存位置为“文档”文件夹；

09 在“文件名”文本框中输入“详细信息”；

10 单击“保存”按钮。

题目33

更改“日历”，将“任务时间”显示为凌晨2:00(2:00)至上午10:00(10:00)。

解法

01 单击“文件”选项卡；

02 单击“选项”按钮，弹出“Outlook选项”对话框；

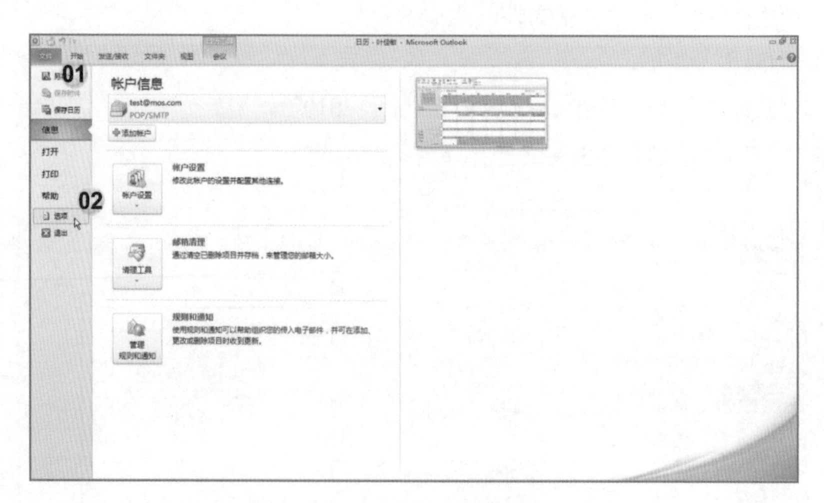

03 单击“Outlook选项”对话框中的“日历”选项卡；

04 设置“工作时间”群组项目的“开始时间”为“AM 02:00”；

05 “结束时间”为“AM 10:00”；

06 单击“确定”按钮关闭“Outlook选项”对话框。

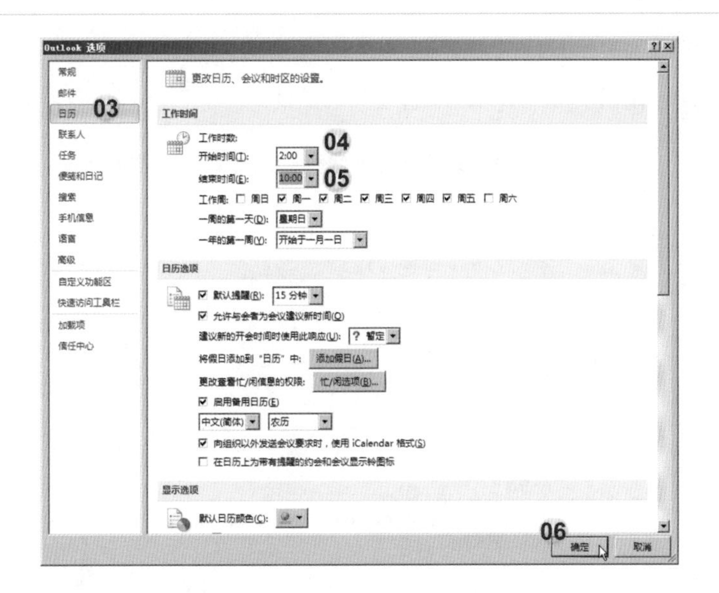

题目34

在日历中添加第二个时区，显示仰光的时间为“GMT+06:30仰光”，将第二时区的标签命名为“仰光”。

解法

01 单击“文件”选项卡；

02 单击“选项”按钮，弹出“Outlook选项”对话框；

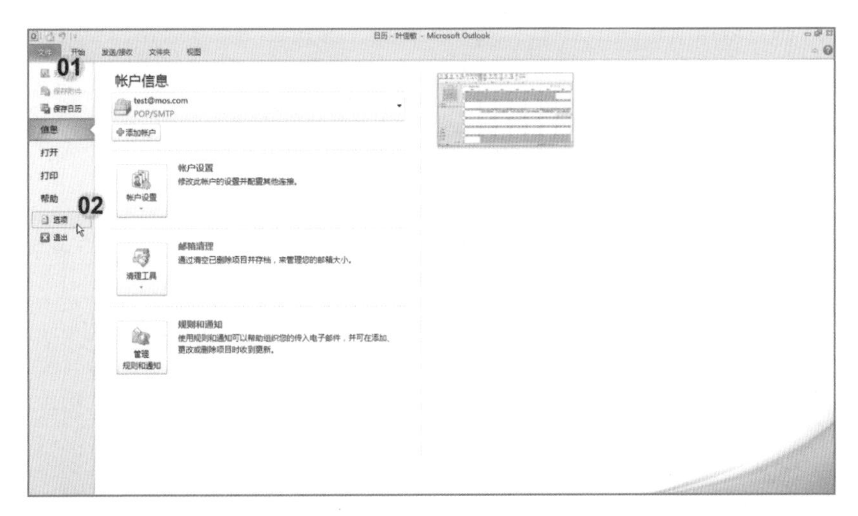

03 单击“Outlook选项”对话框中的“日历”选项；

04 在“时区”组中勾选“显示附加时区”选框；

05 在“标签”文本框中输入“仰光”；

06 单击“时区”右方的▾按钮，选择“(GMT+06:30) 仰光”；

07 单击“确定”按钮关闭“Outlook选项”对话框。

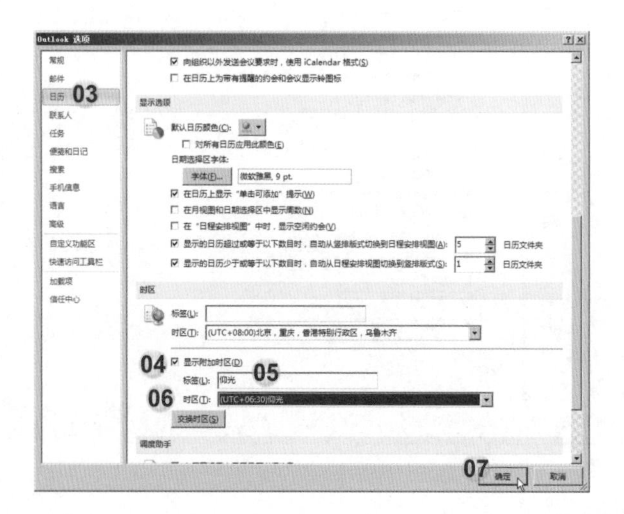

题目35

使用主题“通知讲师”创建任务。将任务标示为“私密”与“优先级-高”。保存并关闭任务。

解法

01 单击导航窗格中的“任务”按钮，切换为“任务”视图；

02 按“开始”选项卡；

03 单击“新建”组中的“新建任务”按钮，开启新任务；

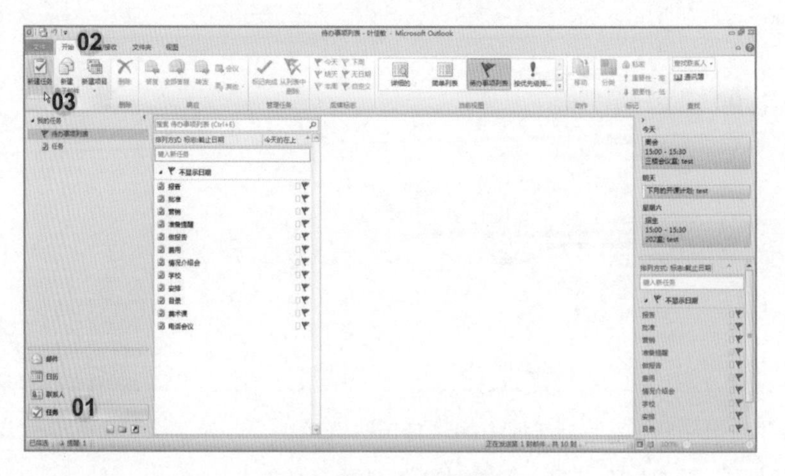

04 在新任务窗口的“主题”文本框中输入“通知讲师”；

05 单击“任务”选项卡“标记”组中的“私密”按钮；

06 单击“重要性-高”按钮；

07 单击“保存并关闭”按钮。

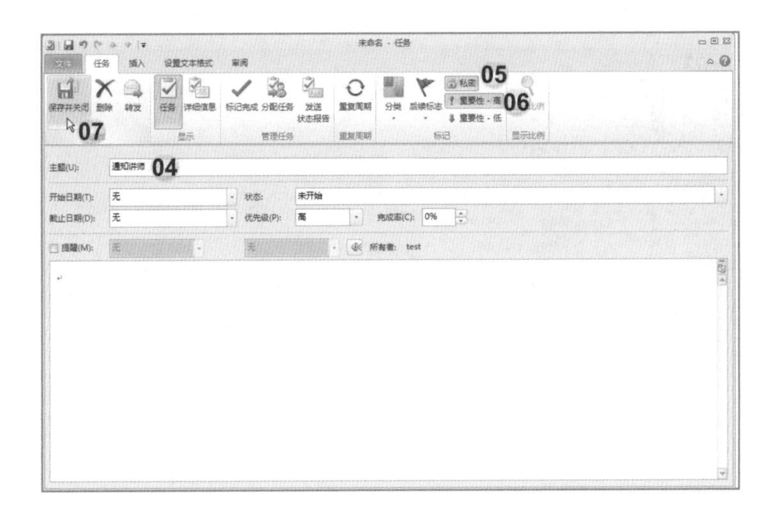

NOTE

题目中要求的“优先级-高”在实际操作界面中应为“重要性-高”，是题目翻译的问题。

题目36

将“做报告”任务分配给“张静宜”，并标示为“优先级-高”。发送任务。

解法

01 单击导航窗格中的“任务”按钮，切换为“任务”视图；

02 双击，开启主题为“做报告”的任务；

03 在“做报告–任务”窗口中单击“任务”选项卡；

04 单击“管理任务”组中的“分配任务”按钮；

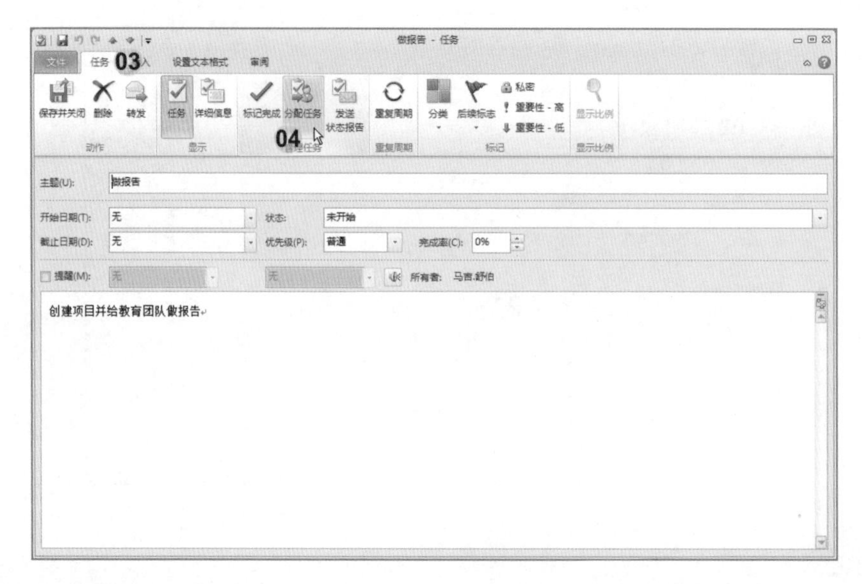

05 单击“收件人”按钮；

06 在“选择任务收件人:联系人”对话框中选择联系人“张静宜”；

07 单击“收件人”按钮，将其添加到收件人；

08 单击“确定”按钮，关闭该对话框；

09 单击“任务”选项卡“标记”组中的“重要性–高”按钮；

10 单击“发送”按钮发送任务。

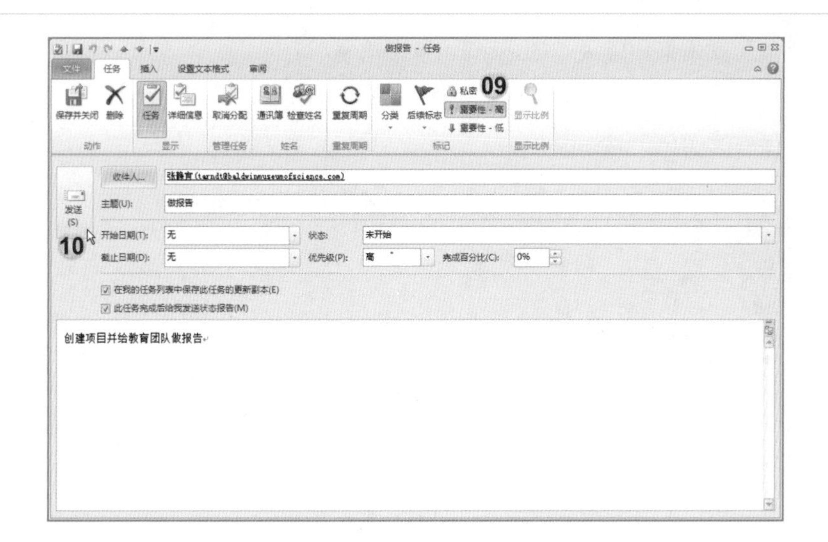

题目37

建立类型为“电话呼叫”的“日记条目”，包括以下项目：

（1）“单位”：ChengTai承泰信息。

（2）“持续时间”：30 min。

（3）“主题”：预订。

解法

01 单击“开始”选项卡；

02 单击“新建”组中的“新建项目”下拉按钮；

03 选择“其他项目”/“日记条目”，开启新的日记条目；

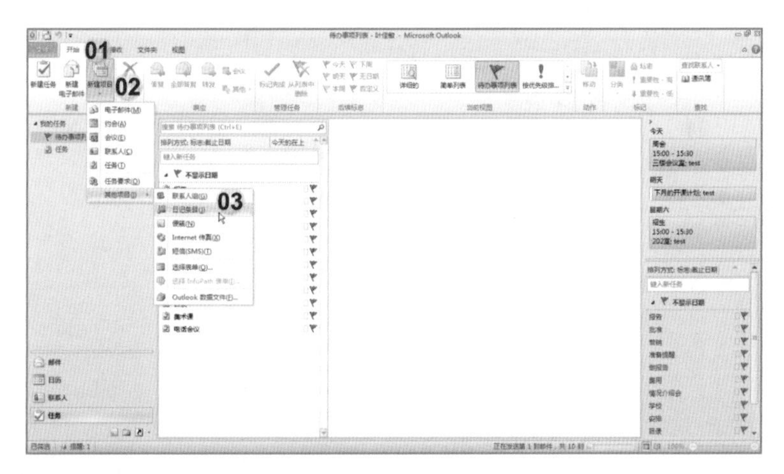

04 在新建的日记条目“主题”文本框中输入“预订”；

05 单击“条目类型”右方的按钮选择“电话呼叫”；

06 在“单位”文本框中输入“ChengTai承泰信息”；

07 单击“持续时间”右方的▾按钮，选择“30分钟”；

08 单击“保存并关闭”按钮。

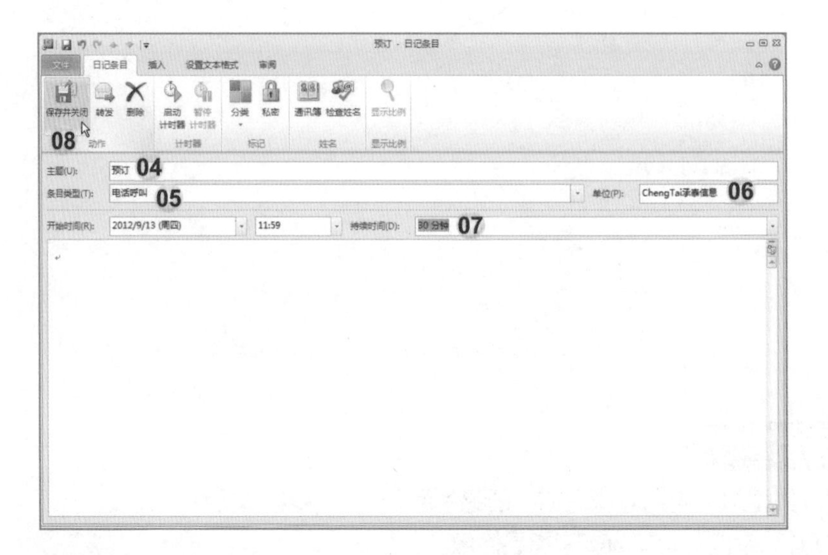

题目38

建立便笺，内容为发送提醒。关闭便笺。

解法

01 单击“开始”选项卡；

02 单击“新建”组中的“新建项目”下拉按钮；

03 选择“其他项目”/“便笺”，新建便笺；

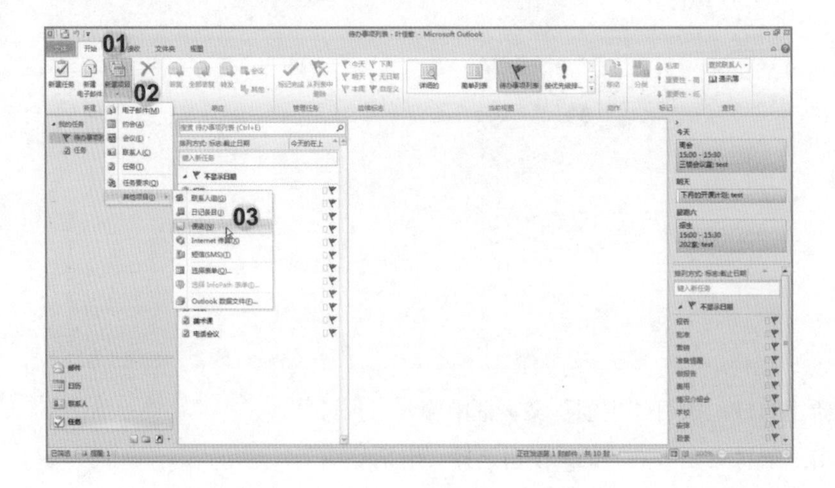

04 在新建的便笺中输入文字“发送提醒”；

05 然后单击“关闭”按钮关闭便笺。

另解：

01 单击导航窗格中的“便笺”按钮，切换为“便笺”视图；

02 单击“开始”选项卡；

03 单击“新建”组中的“新便笺”按钮，新建便笺；

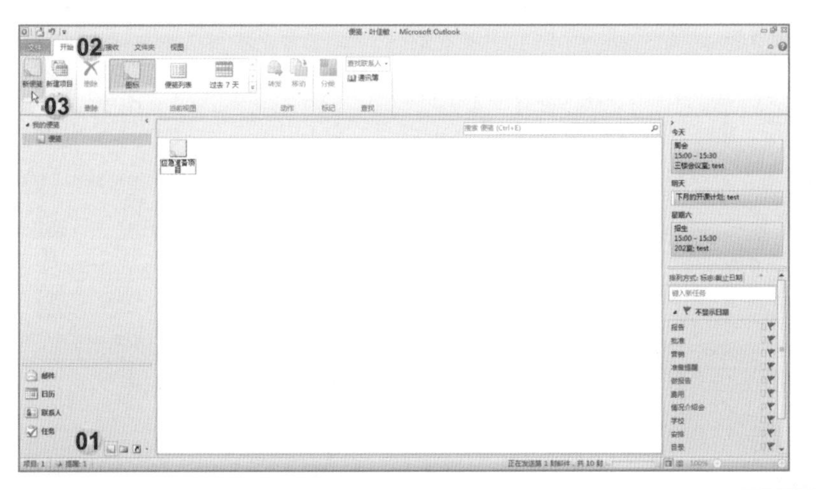

04 在新建的便笺中输入文字“发送提醒”；

05 然后单击“关闭”按钮关闭便笺。

新建便笺如下图所示。

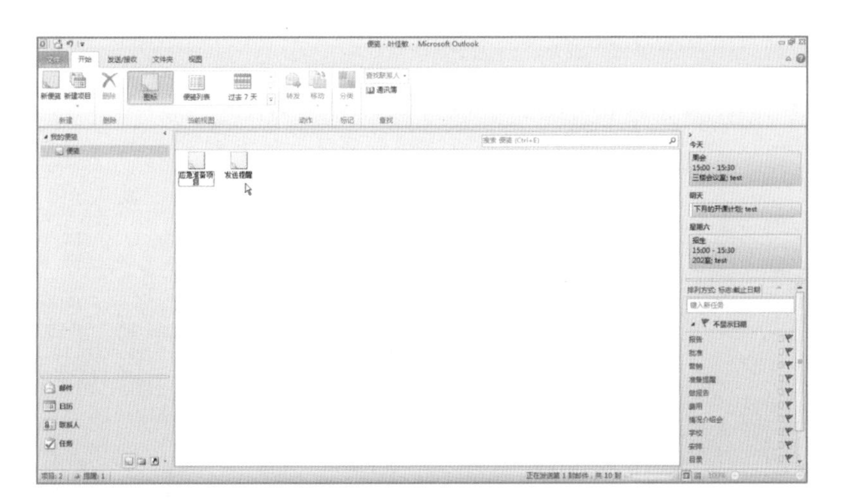